广西民族风俗艺术

卷壹

# 佳慧背带（上）

卷首

始

# 广西民族风俗艺术

吕胜中主编

## 总序

广西壮族自治区位于中国南部，南临北部湾，西南界越南，北连贵州、湖南，东接广东，西邻云南。在这片山岭绵延、江河纵横的土地上，六七十万年前就已有人类生活了。两千多年前『百越』中的西瓯、骆越部落就活跃在这里。历史的漫长路上，古人处处留下闪烁着智慧之光的创造——粗犷古拙的花山崖画，浑厚质朴的骆越铜鼓，『分派湘漓』的秦时灵渠，『杰构天南』的明代真武阁……为广西的山山水水构架出永久的美丽，也为广西五彩斑斓的民情风习铺衬好厚重的画布。

在这块画布前站立着十二个民族——壮、汉、瑶、苗、侗、仫佬、毛南、回、京、彝、水、仡佬族的兄弟姐妹，他们承继着祖先的业绩，以纯真、善良和崇尚美好的心灵，艺术般地开创着自己人生的路途，也把自己的生活幻化为不朽的艺术。民间艺术——劳动者的艺术。与文明世界艺术家的创造不同，他们没有『艺术品』的概念，也不是为着纯粹的审美目的。他们的创造基于民族、地域文化集体意识的根系，从作用于精神与生活实用的原则入手，去施展各自的聪慧和才智。

没有断裂过的民族的、历史的文化与他们一脉相承，没有清规戒律的本色创造能力又扩展着他们自在驰骋的不拘天地。因而，用现代文化人美术分类的方式去套叠民间艺术是极其愚蠢的，持着糊涂的自以为是永远不可能操持原本的清楚。鉴于此，本书不以技法、工具材料或形制分类的方式，而是从生活民俗的角度出发，深入到衣食住行、岁时节日、人生仪礼、民族信仰之中，去开掘探究广西各民族劳动者的艺术。《广西民族风俗艺术》将按卷次序列，以箱匣的方式逐次向大家推出。

也许有人会问，现在正是改革开放进入纵深的阶段，包括广西各少数民族在内的中国人民，无论在思想观念还是生活方式方面都在发生着巨大的变化，我们去研究这样的属于陈旧传统的文化箱底，有什么现实的意义吗？

明天，必定已不是从前。但是，如果我们不再简单地相信历史没有纰漏，我们便会以今天的判断重新选择：如果我们不再愿意当寄生的菟丝，我们就会在脚下的泥土中扎根；如果我们不再急功近利寻求一夜的暴发，我们就会留住青山——人类文化基因库里源源不断的柴薪，传递给后世一盏永远的启明灯。

那么，今天，我们是否再回首？

当人类踉跄着在必须前行的螺旋舷梯上艰难跋涉的时候，为了轻松些，为了完成自己的行程，随时会丢掉身上沉重的包袱，而那里边，往往有些珍贵的东西……

大家慢慢看吧。

一九九八年十月
于广西壮族自治区成立四十周年之际


本卷文字
吕胜中 姜全子

本卷主摄影
余亚万

本卷图片支持
吴崇基（侗族） 王梦祥 张小宁 刘广军 鲁忠民 黄闪夜（壮族） 玉时阶（壮族） 李桐


# 卷壹

# 娃崽背带（上）

# 序图·一脉相承百般爱

在我们还没打开本卷之前，你可能会疑惑：什么是娃崽背带？
它又与『艺术』有何相干？你打开了本卷，想看个究竟，
背带的『艺术』却仍迟迟不肯出现。且慢，
让我们先走进八桂山寨的风土人情，走进有生活空间的真实画面。
背带自画面深远处渐渐显出绚丽，
背带在生命历程中迸发光焰。

双双结成好姻缘。

嫁女指望花结果，娶媳又盼生儿郎。

今秋喜事从天降，

后生妹子

做爹娘。

竹楼下，木篱旁，
侗家年轻的妈妈，怀抱娃崽晒太阳。
太阳是女神萨天巴，她是侗族人的老祖娘。
太阳的子孙浴日光，平安吉祥无灾殃。
天上最大的是雷王，海里最大的是龙王，
朝廷最大的是帝王，人间最大的是爹娘。
母亲的温暖是太阳，照得万代更兴旺。

姑娘出嫁了，好花引凤凰。仫佬族的老阿妈，一针一线绣花样。
不用再绣嫁衣裳，不用再绣红花帐。女儿来年要生崽，绣制背带接儿郎。
花样本是古来传，背带系着老祖娘。五彩丝线万缕情，一脉相承千古根。
绣上混沌初开时，蜂蝶探花花欲开。一轮红日照乾坤，两只金凤翩翩来。
待得平地一声雷，混沌花开满园春。
绣上慈母百般爱，外孙本是外婆心。辈辈传代绣不尽，一条背带系原本。
只等娃崽满月时，一路撒花送外甥。

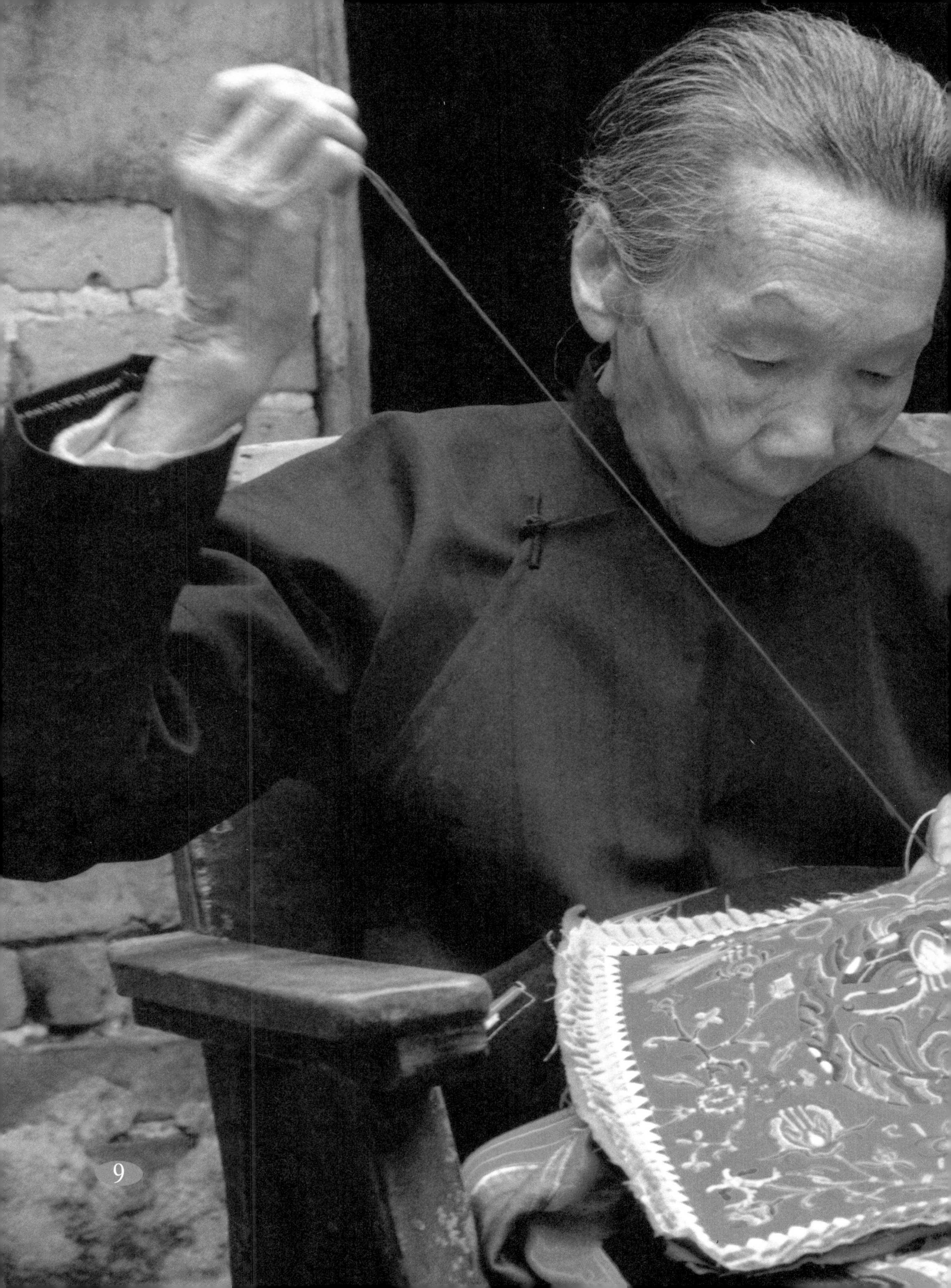

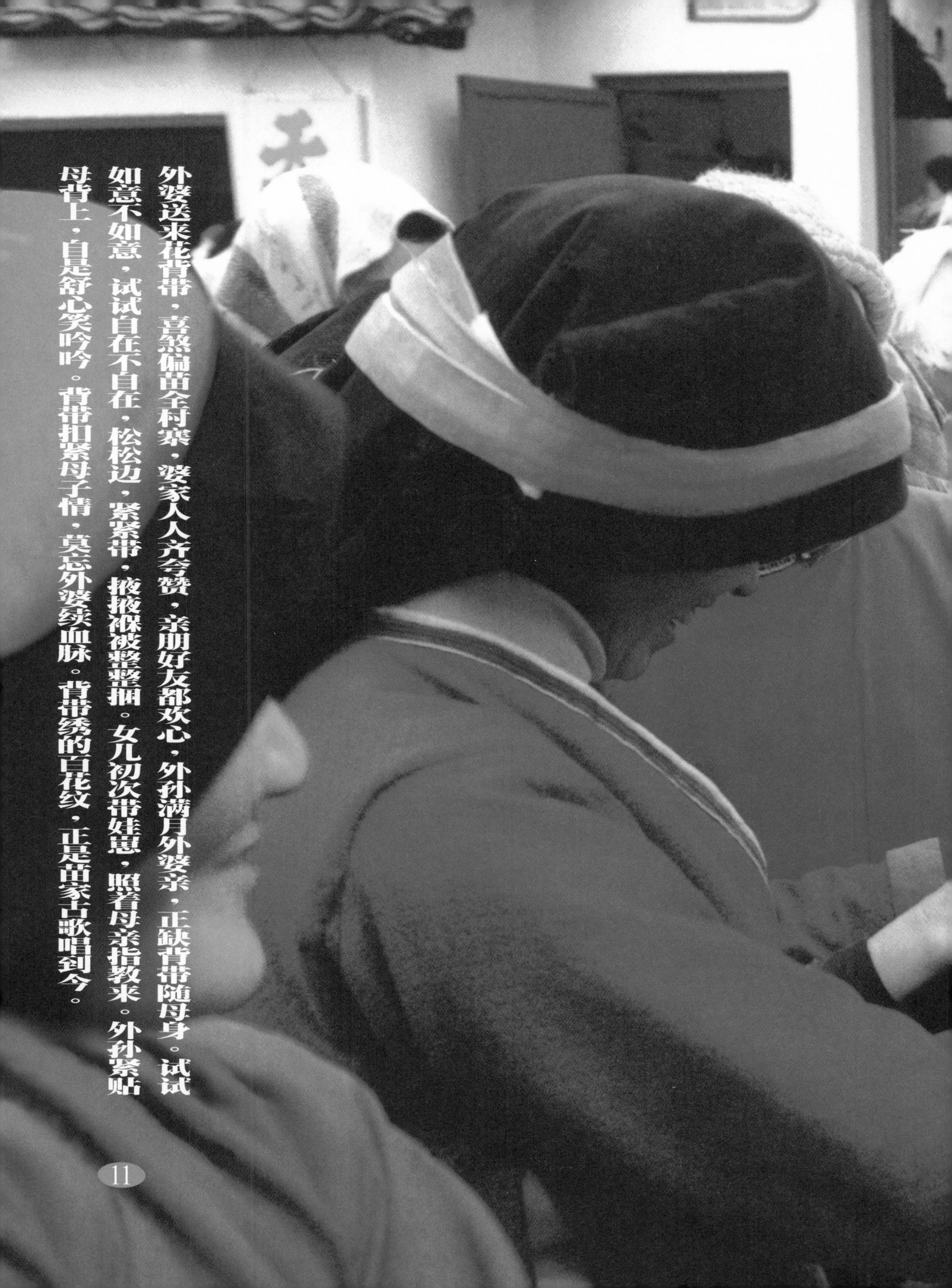

外婆送来花背带，喜煞偏苗全村寨。婆家人人齐夸赞，亲朋好友都欢心。外孙满月外婆亲，正缺背带随母身。试试如意不如意，试试自在不自在，松松边，紧紧带，掖掖褓被整整捆。女儿初次带娃崽，照着母亲指教来。外孙紧贴母背上，自是舒心笑吟吟。背带扣紧母子情，莫忘外婆续血脉。背带绣的百花纹，正是苗家古歌唱到今。

是谁创造了花背带？把孩子贴紧娘的身。
偏苗的年轻妈妈，
刚学会攀扎系结长长的捆带，
多么轻巧！多么自在！
看她母子二人舒畅的姿态，
不由得问：什么时候，人类开始使用背带育儿？

清代傅恒绘《皇清职贡图》中，一位广西陆川山子瑶妇女从书卷缝里走出，系结五彩背带，背着娇娇婴孩。

顺着她的长远路，一条金带连古俗。

《论语·子路》：

『四方之民，襁负其子而至矣』。

《后汉书·桓郁传》：

『昔成王幼小，越在襁保（褓）』。

……从古至今，『襁负』、『襁褓』及『背带』，

本是历经数千年的风习。如若不信，看今朝山寨里背着娃崽的偏苗女，那形影，那姿势，

那份母爱那份意，那条背带那样系，哪一点不像这个古时的山子瑶妇女。岁月悠悠已流逝，背带至今留往昔。

山中的青藤石上也扎根，
山里的女人更辛勤，
刚刚坡上拾柴禾，又回屋里煮饭菜。
娃崽难离娘的身，丢开婴孩不放心，
褓被裹严心肝肉，背带系着骨连筋。
不误田地不误家，手脚麻利仍自在。
背带是个生命袋，给娃福来给娃爱，
娘身汗水娘体温，暖得娃儿睡沉沉。

山坡地上，春天已绿满田埂。飞来了燕雀，走来了耕牛。
南丹村寨的壮家汉子，架着木犁吆喝着牲口，
迈进耕春的镜头。
一束鲜艳的色彩闪出，
激活了初春的风景——
那是父亲背上的娃崽，
背带上的花儿争闹春的风流。
那是酣睡中的壮家的后代，
驾着美梦耕耘明天的时空。

青石磨，
轻轻推，
歌声随着节奏飞。
背带如同花摇篮，
娃崽悠悠享甜美，
歌声越唱声越急，
催得孩儿快入睡。
苗家母亲多辛勤，
受累劳心
为儿孙，
娘背为儿
当床板，
绣花背带
做被盖，
只要婴孩
睡得香，
米面磨尽
心还尽。

依着青山，
傍着三江，
脚踏红土，
头顶蓝天。
萨天巴传人一代代，
侗家女子古风未改。
祖神地下的显形——
金斑熠熠大蜘蛛，
祖神天上的化身——
光芒四射太阳神。
形影如烟知何去，
精神依然刻在心。
描画出来，
绣在娃崽的背带。
背带上摆出了太阳阵，
四面八方盖乾坤。
太阳花开满背带，
五光十色显神采。
侗家巧手秀背带，

不绣龙凤喜呈祥，
不绣百花满园春。
单绣一朵混沌花，
开在太阳圆中心。
奇葩虽奇并不怪，
本是始祖老母亲。
侗家巧手绣背带，
飞针走线连情深，
不绣山来不绣水，
不绣雨来不绣云。
单绣一片五彩天，
九个太阳天上摆，
萨天巴女神居正中，
放眼能量无穷尽。
侗家母亲背娃崽，
背着日月护着根，
跟着日月方向走，
百世千代福祥在。

世上哪个顶天立地的人，
没吸吮母亲的奶？
山里哪个壮实
活泼的生命，
没睡过母亲的背带？
背带里的娃崽——
长大了一群，
换上另一群——
一代又一代，
压弯了母亲的腰，
操尽了母亲的心。
可母亲们无尽的爱，
都在这花背带。
旧的磨破了，
放在箱底存。
新针纫丝线，
再绣百花开。
背带寄托母子情，
百花开处千般爱，
辈辈传代——

# 娃崽背带（上）

辈辈传代——关于广西的娃崽背带 始

## 辈辈传代——关于广西的娃崽背带

文 吕胜中

生命、母爱，是人类艺术表现的永恒主题，它曾一次又一次地在艺术家手笔之下生成画面或塑为雕像，不断提醒成熟了的生命——回味爱的源本，拜谒母亲的圣洁。

然而，我们现在不谈母爱题材的艺术品，但我们又正要谈母爱的艺术。这母爱的艺术，不是职业艺术大师所描绘的母与子的水乳交融，也不是戏剧电影中的煽情表演。我们要给大家看的是：生活在广西大山里的外婆和母亲们，用自己慈爱的身心和灵巧的双手创造出的美丽——迎接子孙后代降临世界的一份礼物——『花背带』。

### 初识娃崽背带

背带，也叫背扇，古代称『襁』，是背负婴儿所用的布兜。《论语·子路》中说：『四方之民，襁负其子而至矣。』其中的『襁负』，便是用背带把小孩兜负在背上的情景。至于襁褓，褓为裹覆小孩的被子，因为初出生的婴儿体态绵软，需要包裹起来才能竖立着攀伏在母亲的背上。所以，『襁褓中的婴儿』一般指不满周岁的孩子。广西民间娃崽背带的使用方法，背幼小的婴儿与会站立行走的孩子不同，婴儿需要先包裹起来，再放进背带，与古代的襁褓用法一致。我们的祖先早就普遍使用背带养护孩子了。

昔成王幼小，越在襁保（褓）。引自《后汉书·桓郁传》 哀茕靡识，越在襁保（褓）。引自《文选·嵇康〈幽愤诗〉》 襁，织缕为之，广八寸，长丈二，以约小儿于背上。转引李善注引《博物志》 从古到今，人们何以要用『襁』或『背带』背着孩子，这对于现代人来讲也许并不能一下子理解。但对于身处以农耕生产为主体的特定生存环境与生活方式的历代劳动大众，特别是劳动妇女来说，娃崽背带是一种必需。广西的十几个少数民族大都生活在山区，长期以来一直封闭在刀耕火种的原始生产方式中艰难创业，而劳动妇女担当着重要的角色。她们既要纺织、主厨、育儿，又要下坡、赶圩、社交。

她们多不像早就经历了封建礼教洗礼的汉族发达地区妇女，成为裹着小脚，大门不出二门不进，只主纺织，不问耕种的『屋里人』。例如仫佬族就有『女耕田，男抓钱』和『马代牛耕』的习俗，因而仫佬族的妇女不仅包揽了家务的一切，还成为饲马、用马、赛马的行家里手，大有『巾帼不让须眉』的气概。

在广西山区的田地里，弯弯曲曲的山道上，人群密集的圩场上，到处可以看到背着孩子的母亲。背带腾出了她们的双手去洗衣做饭、纺线织布、耕种收获，背带也方便了她们翻山越岭、操作农具及圩场贸易。一般来说，人的背部适合于负重，母亲背着孩子也比怀抱更省力些。我所看到广西山里的妇女们，安全稳当地把孩子背在身后，甚至显出一种利落洒脱的风度。

刚刚来到世界的稚嫩生命是离不开母亲的，他需要吃奶，需要关注，需要母亲的体温。背带不但解决了这些问题，也使孩子在参与母亲所有的活动中极早地开始观察感受着这个世界。倘若困倦，便将头侧伏在母亲的背上，母亲搭好盖片，背带内便成了温暖的睡床。背带，是孩子脱离母体之后血脉相关的脐带，也是母亲继续孕育出世子女的胎衣。

当孩子从背带中走出来，渐渐长大，母亲往往把磨烂了的背带洗净晾干，放在箱底，作为一项业绩的证明保存起来。倘若有儿女不孝，生气的母亲会把背带摆在儿女的面前，使他们得到

悟醒。侗族有一首劝孝的《恩情歌》，其中通过背带唱出了母亲育儿的辛苦：

天上最大的是雷王，海里最大的是龙王，朝廷最大的是帝王，人间最大的是爹娘。怀胎生儿娘受罪，手握生死牌一张，牙齿咬得铜钱碎，只差一丝见阎王。不满周岁放儿坐，连爬带滚满身脏，三洗三换害娘累，一日洗浑半边江。儿哭女叫闹得慌，好比猫抓娘心肠，上山下田背儿走，背带磨烂娘肩膀。背上背着娘的肉，背带牵着娘心肝，娘心装着百个崽，崽心没有一个娘。

当然，背带更多地记载着母子之间的深情。当一位母亲离开人世，子女清理遗物时看到背带，会想起母亲的养育之恩，以至声泪俱下，悲恸万分。那上面母子共同留下的气味，不断衔接着母子间有可能离隔的感情，不断地填平着两代人有可能产生的鸿沟。

那些半路夭折孩子的不幸的母亲，会手捧背带贴着鼻子对天哭诉：狠心的阎罗瞎眼的阎罗啊，为何把生命长藤倒头栽？不讲道理的皇天啊，为何留给我这个空背带……

对于母亲来说，背带是与孩子生命休戚相关的物件。在我去隆林地区采风时，见到当地苗族人家中的背带很好看，便想买下，但很多苗族人都表示不卖，有的甚至连拍照也不许。他们认为背带已经沾有自己孩子的灵性，如果被人拿走了，也同时会带走孩子的魂。

## 关于外婆送背带的习俗

在广西柳江县穿山乡一带，孩子满月时要请亲朋好友吃酒庆贺『满月』。满月酒中最为庄重的仪式便是外婆送花背带。大约中午时分，外婆一路上撒着米花，一直撒到女儿婆家的门上。主人要倒一杯糯米酒，杯里放一块猪肝，双手捧给外婆喝下。猪肝代表着『还你一块心肝』的意思。这时外婆递上早就准备好的花背带，双方对起歌来。歌儿很长，主要内容是祝福孩子以后能像木棉树一样高大，像云杉一样溜直。在大新县，孩子满月时还要举行命名礼。外婆不但送背带，还要送『三牲』——一头猪、一只鸡、一条鱼，用『三牲』祭神之后，巫觋当神灵之面给孩子命名。

侗族直到近代还保留着结婚后女子『不落夫家』的习俗，待到生下孩子才长期住在夫家。所以，女儿的嫁妆是在孩子出生后的『贺三朝』仪式时才一并送来。『出月』之日，母亲抱着孩子回娘家，因为这天外婆要唱《勉励歌》，送花背带。外婆把朴素的感情寓寄在歌里和背带中：

女大养小鹅，儿大耕良田，三男上山吹木叶，五女下界吹横笛，横笛真好听，咧咧朗朗像蜂鸣。莫学蝶儿花间耍，要学蜜蜂勤做工……

不仅壮族、侗族如此，在广西的瑶、苗、仫佬、毛南、仡佬、彝等民族，大多数的娃崽背带都是由外婆送的。外婆不在人世或年事过高身体不便的，也都是在孩子满月这天，请一位与外婆同辈的本家女人代替。这种风俗一直到现在仍然未改。

由于长期以来与中国历史发展主流的关系一直处于时而隔离或封闭、时而触接或参与的状态，南方诸多少数民族的生存与精神世界中，浓缩或者说容纳着人类进程不同阶段的文化方式。封闭或隔离的时日越长，他们的现实就离开文明世界越久远，如外婆送背带的普遍做法，正是母系氏族以女性为基础缔结家族根系古老习俗的痕迹。这在各民族口头流传的『古歌』之中表现得最为清楚。从花中生出的壮族创世女神米洛甲、瑶族的创世女神密洛陀、侗族的创世女神萨天巴、水族的创世女神伢俣，都是开天辟地、造日造月的女英雄，也是生育繁衍族群的始祖母。特别应该强调的是，侗族女神『萨天巴』的侗语之意，是『能生育千万个姑妈的神母』，这在女性为支柱的社会结构中，更证明了她功绩的卓著。

原始女性责任和使命的迟迟不肯退却，也表现在婚姻和家庭之中，侗族『不落夫家』的习俗，苗族『逃婚』的习俗，仡佬族『把门枋』的习俗，瑶族的『抢婚』等习俗都是女性家长制婚姻方式与男性家长制婚姻方式相遇之后矛盾的一种调解。而壮族过去的生子仪礼『过三朝』，却反映了男性争夺孩子所有权而曾经使出的手段。孩子降生三天，宾客将上门祝贺，丈夫上床拥被而卧，装成疲惫不堪的样子，产妇却要下床侍候他，还说这样产妇才不会生病。这就是古代历史上人类普遍使用过的『产翁制』。

背带，有辈辈传代之意。然而已经无法挽回昔日家长及生命延续名义了的老祖母们被改称为『外婆』，她们也许曾经痛苦失落地沉思，做出了这样郑重的选择：用花背带系结女儿们的后代，留下一条绵延不断的讯息。

## 女性的天空

外婆的花背带，竟隐藏着这许多远远近近的故事。

绣制花背带是女人的事。背带上古来已有的花样程式与之相传达出来的历史传说给予女性的定位，是否随着男权社会的降临而被一笔勾销，这是上文遗留下来的未尽话题，也是因为被称为『八菜一汤』的三江侗族背带花纹告诉我的一个令人吃惊的消息。『八菜一汤』是三江同乐乡平溪村侗族普遍使用的一种背带盖片的样式，构图中心是一个大圆，周围围绕着八个或十个小些的圆形。圆的边沿都绣有光芒状纹。可以说，这肯定不是表现人类饕餮的一道道大菜，何况侗族人也不可能把酒席宴搬到护养孩子的襁褓之上。

侗族的创世女神萨天巴（侗语『萨汀巴』）在天上象征日晕——侗语神号『萨巴汀析』，古侗族人谓日晕为析，与下辞中『东方日析』相一致。在地上的化身是金斑大蜘蛛○——侗语神号『萨巴隋俄』。她有四只手四只脚，两眼安千珠，放眼能量百万方，是原始先民幻想的人、神、动物的复合体。侗族古歌《祖源歌》中说，在洪水灾难中，是女神萨天巴设置了九个太阳晒干了洪水，解救了姜良、姜妹。但大地被十个太阳晒得枯焦，姜良、姜妹请皇蜂发神箭射落了九个太阳，只留下原来的一个。故事与汉古籍中的『羲和生十日』、『羿射九日』非常相似。但侗族神话对萨天巴又生九日的做法持赞许的态度。侗族有八月十六日祭日晕之神的习俗，在孩子出生的『出月』之日，也要一大清早到大门口面对东方祭祀日神。侗家认为『析』是自己的始祖母。

另外，『八菜一汤』最中间的一个圆形中，有一个被大多数侗族人称为『螃蟹』的图纹。其实它原不是螃蟹，而是蜘蛛形象向着花朵状变异的结果。在有的图纹中这个『蜘蛛』的肚子表现为储有清浊阴阳二气的混沌，是为化生

○见杨保愿《侗族蜘蛛崇拜》

万物的象征。萨天巴在古歌中就是侗族开天辟地的女祖，而且有『生育千万个姑妈』的能力。她在传说中的样子很怪异，侗族女性把蜘蛛、花、混沌三者合为一体，给予自己的女神萨天巴一个非常贴切又好看的『形象设计』。

『八菜一汤』表现九个太阳的说法基本已可肯定。那么，在中间那颗不落太阳中置身的，就是女神萨天巴。背带的盖片，具有为孩子遮挡日晒风雨的实用功能。据广西所见，无论是哪个民族哪个支系的背带盖片，大都是方形制、中间圆形的整体结构。其创意设计的初衷显然突出了天的象征，与『华盖』的意义相同。实际上，盖片使用时搭在孩子头上，的确是母背上幼小生命的天空。

天空的象征权早已普遍被男性占有，据说当年很不服气的清太后慈禧曾搞出『凤在上，龙在下』的把戏显示自己的权威。当代的女性们也争取发挥『半边天』的作用。这些经由长期压抑之后偶发的抗争，大概都可视作必然。但既不抗争也不呼喊、不受压抑也无须觉醒的侗族一代又一代女人们，却悄不作声地把远古时空的奇观传接到现在，在集群的头上自始至终展开着一片女性的天空。这是我的新见和新知，因此，令我吃惊。

## 集群的格律

外部形象上的统一曾是体现人类部族或集群凝聚力的一种普遍形式，而图腾或其他统一的符号便是形式的具体表现。久而久之，符号统一了部族的集体意识，符号成为识别亲疏远近的标志，符号炫耀着部族的存在与发达，符号也宣布一个新生命的归属。

背带是人生仪礼中最早也是最重要的道具，因而，背带上必须有着这种特定的标记符号。水族的背带心上是一个大蜘蛛的符号，这个蝴蝶是他们民族传说中的蝶母。以蝶为始祖的同类传说还有苗族，但苗族的背带上却没有如此鲜明强烈的图纹。水族背带上古色古香、气势非凡的蝴蝶让人觉出它有着深厚的底蕴，也使我想起《山海经·大荒南经》里的一段：『有人三身，帝俊妻娥皇生此三身之国，姚姓，黍食，使四鸟。』首先，『娥』与『蛾』古义通，娥皇也可写成蛾皇，这种以部族图腾定名首领名字的例子在远古时很多很多。而蛾（蝴蝶）是经由幼虫、蛹、成虫三段完全变态的昆虫，一段时间是只爬虫，一段时间成了带着硬甲壳的椭形物，一段时间又长出美丽的翅膀翩翩起舞，与《山海经》所说的大荒之南『有人三身』极相符合。我因此认为，娥皇极有可能就是一个以大蛾（蝴蝶）为图腾的母系氏族的首领。尽管水族的蝴蝶与娥皇之间未必有着直接传承的关系，但我们完全可以判定，水族娃崽背带上的大蝶，是一个来自他们民族遥远古代的图腾。

侗族的背带有一朵无处不在的奇花，现在的侗族人称之为『螃蟹花』，这个螃蟹花实际是侗族人的始祖女神萨天巴的一种在人间的形态——金斑大蜘蛛。较为写实的蜘蛛形象在侗族的织锦纹样中仍能时常发现，但背带上的绣纹却给予了极大的美化。人们在长期使用符号的过程中，不断给以修订，使之更加适合符号的原有的背景和现实时空。

**已成为侗族使用了若干年的符号，应该说也是民族的图腾。**

**现在可以见到的蜘蛛是一个如花朵般孕生万物的混沌，**

广西有包括汉族在内的十二个民族，在悠悠岁月中，分散而居的民族及他们的支系相对独立地过着自给自足的封闭生活，各自的历史文化和发展脉络不尽相同，所以背带上的标志也呈现多样化的面貌，甚至同一个县境同一个民族居住的两个村庄，背带上的花纹结构也不一样。仅据收集到的资料可见，壮族背带上的图纹就有十五种之多。

**在壮族背带上，集群分支的标志大多是通过背带心的构图骨架来体现的。**

如南丹巴良村壮族人用『四角芙蓉纹』或『田字纹』，而那地村壮族人则用『叶托花纹』或『牡丹套蝶纹』。当然，一个民族总会对成为共识的东西自觉维护，壮族背带上的『花』便是这样的『共识』。壮族著名的创世女神米洛甲，是宇宙三界中地上长出的一朵花生出的神人，因而壮族人的求子仪式必须去婆王庙祭祀花婆，叫作『安花』。

**壮族人对于祖神米洛甲的共同崇拜，渐渐转化成对百花的钟情，因而，背带上或是满地开花，或是花中套花，总是离不开花的影子。**

**依凭这些不同的标记样式，背着孩子的母亲同时背负着一种宣称民族繁盛、人丁兴旺的荣耀。不管在空旷的山坡上，还是在拥挤的圩场中，人们一眼就能辨出那是怎样的一个民族的子孙。**

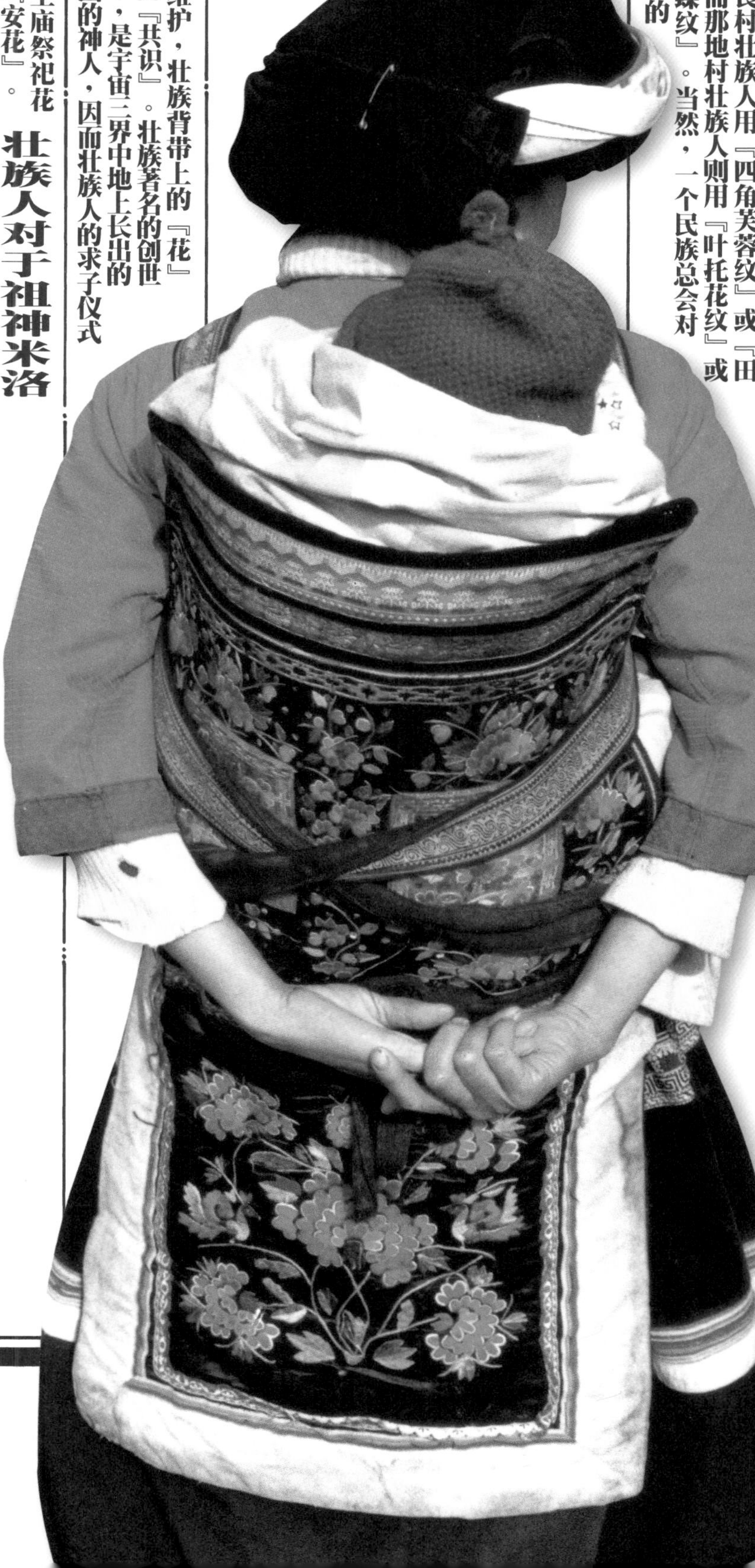

## 巧手竞自由

外婆送的背带，自应由外婆亲手绣成。当然，也有女儿家在结婚之前就已将背带做好，外婆出面送，只是一种必须遵循的传统形式罢了。

**广西诸少数民族的传统习俗，女孩几八九岁就开始陆续学挑花、织锦和刺绣。在她们一生的女红生活中，几乎包揽了种棉养蚕、纺线织布、染色**

见一一一页
见四三页

缝制、挑花刺绣的全部过程。她们个个练就一双巧手，也琢磨出心思的灵透。在制作背带的技法中，有刺绣、挑花、补花、织锦、蜡染，最多的是刺绣。

刺绣的技法又有平绣、锁绣、结子绣、辫绣、堆绣、贴花绣、盘筋绣等多种针法。

技法的使用是为了更贴切地表达主题，民间的巧手们似乎早已悟透了这样的『艺术道理』，她们并不仅仅去攀比技术的高超，而更注重在不相上下的精到之中，暗暗地赛着各自的巧思。一代又一代的山寨女子长期积淀下了丰富的智慧之花，一个接一个地续进民众共同创造又流传于自己当中的造型之谱。

凤凰飞翔的姿态不难描画，动起来的感觉却难以表现。在背带镶边限定的框架中，一对彩色的凤凰波动着云气，长尾拖出S型的线条，如若波浪推逐着翅膀的节奏飞起来了。而飞凤还回首顾盼，似乎在测度着已经飞出的航程。『凤穿牡丹』是中国各民族普遍使用过的花样，各自有着各自的造型程式。广西壮族的巧手把凤与花叠合在一起。花代替了凤的腹躯，凤的腹躯又是一朵绽开的花。花和凤此时成了真正的『合体』，省去了它们作为两性对偶隐喻的过多解释。鱼儿鸟儿和彩蝶游飞飞舞在花枝间，它们的身上也抽出了枝叶，吐出了花苞。——这很容易让人联想到宋代画院殿试中『踏花归去马蹄香』的诗意命题——在花中奔波的生灵，自然会沾染上浓重的花气。

民间把动植物作为生命的象征，并把它们在自然形态中的相互依恋借以比兴，把生物之『性』写成可观的人情。

在一树累累的枝头，在古色古香的皿盘中，在精致素雅的花瓶里，可以同时开着季节不同的花朵，也可以结有产地不一的果实。

生活与精神的理想常常形成的语言概念，倘若在现实当中找不到恰当的对应，民间的巧手便将物质世界所提供的素材重新解构，组装成她们认为合乎情理的图景。

中国古代画论中『搜尽奇峰打草稿』，该是从这种造型的思维意识中派生来的。

存留在民众当中远古人类万物有灵的思想也激活着民间艺术造型的妙趣横生。

顺着衔着莲花的鱼头摔摆出来的竟是对生的一条脉叶，植物与动物相互化生为『鱼乎叶乎』的奇妙。现代科学已注意到动植物之间互感的可能性，民间的巧手却并不在乎客观尚未提供的结果，早就绣出了模糊意识中的主观形象。

现实中的存在与否并不能取决于视觉表象的判断，尚存有更多生命感受本分的山里百姓，其实一直在实践着文明世界觉得千古玄秘的一句真言——大象无形。

在她们的眼睛、心灵和手底下，归纳与衍繁、简略与丰富、虚拟与实在在矛盾之中统一为表达自在的敞阔空间。那些令人称奇叫绝的生灵万物在这个空间——外婆的花背带上活灵活现。当它们跃然而出来到我们的面前，惊奇也许会变成惭愧与自责：在号称文明的画布上，我们胡涂乱抹了些什么？这些曾被认为是蛮族野人的山中女子，她们才算得上真正的艺术家。山寨里的巧女听到此话，会漠然地摇着头：什么是艺术家？山里的女人不该会绣花？

## 生命的提示

绣在背带上的美丽花纹，当然不是一张供人观赏的装饰画。它之所以具有生命护符的精神功

见九五页
见四四页
见四七页

能，也正是因为背带上的花纹可以传达出民族各自萃集已久的信息，去提示所有的生命。

我们已知道，民间艺术向来不是以表达客观世界的事物表象为目的的。因此，背带上的花纹就不是生物形态的花草蜂蝶的再现，也不是通过这些去传达它们在自然状态中的意。在民间绣花人的手中，它们已成为表意的文符，用这些有限的文符去写出不同品位的文章。

**混沌花**

混沌，是天地未分时的状态，古人描述其形为一个椭圆的大鸡子，太极图可看成是混沌之形最理性的图解。而广西背带艺术的造型中，混沌之形借花的外壳，使生命追问的郑重命题变得轻松活泼起来。

从侗族背带的第一例混沌花中，仍可看出阴阳鱼共形互生的特征，只是绿色块所示意的形块已挤占了圆形空间的大部，成为有五官的生命。第二例混沌花花肚是椭圆形，倒探下来的花须探向花蕊的凹瓣，两边有些像眼睛样的东西，是太极阴阳鱼的一种活用。在同一个背带中心的花却与之不同，花肚没有阴阳鱼的痕迹，却明显绣着荡漾着的清浊二气。仫佬族的混沌花多了些以物喻理的生动，在硕大的花肚中，一只自上而下扑来的蝴蝶，用卷须一边拨开花蕊两边撩起的细细草丝，一边探向花蕊中的拧嘴石榴。石榴与蝶都是多子的象征，共同构成可化生万物的理想配偶。

混沌，在古代神话的文字记载中是一个封闭的球体，它未开之前的内部情景，谁也不曾得知。民间的造型术剖开了混沌，让人们一览其中发生的秘密。

水族背带尾上的混沌是以周围绕着四只蝴蝶的圆形捧托出来的，圆形中有些许花的影子，但有意作了含糊的处理，却清楚地强调出两性器官的交接。一切的神秘在此做出直白。

随着狭隘生命意识的不断建立，人类越来越关注起自身的繁衍，以扩张控制世界的力度。于是，一个广义的生命主题变得更加具体起来。

壮族背带上的牡丹花，花肚中也有象征清浊二气的云钩钩，但早该散去了，因为一个清浊阴阳媾合而成的生命已经成熟——小孩儿就站在其中了。

**历史的追问**

如果说混沌花提示和回答的问题属于物种起源的范畴，那么，另一类背带花图纹则是民族历史踪迹的寻觅。前面已经说到的水族背带上的大蝴蝶、侗族背带上与混沌花复合的蜘蛛、壮族背带上的花，都是民族曾经的图腾，虽然在历史的步履中必然发生巨大的变异，但只需轻轻拂去尘埃，旧痕仍历历在目。

苗族背带上的花纹，是对祖先失去的故乡的回忆。传说苗族原初住在黄河、长江的中下游，后来迁徙南下，为了记住故乡，便把传说中的一切绣在衣衫和背带上。他们的一首古歌唱道……在万国九州的中间是罗浪周底，我们的先人就住在那里。在万国九州的范围之内，甘当底益棒和多那益慕是苗族根基地。这些地方到底在哪里，都在直密立底大平原。老五、老梨都是好地方，红稗小米不曾缺少，高粱稻谷样样齐全，还有黄豆赛过鸡蛋……

苗族人用针线把历历在目的往事绣制出来，有江河的波纹，有田地的大坝……

苗族在过去埋葬死人要头东脚西，意在送灵魂回归祖先原来的居住之地。

白裤瑶的背带上有一个方形结构的图案，或为『回』字，或为『正』字，或为『卍』字，据说这是当年被土司夺走的瑶王印，把它用蜡染加绣的方式镶制在衣服和小孩的背带上，以志不忘这段民族耻辱的历史。面临的现实生命状态飘浮在历史与神话之中总不是它应有的全部，民族、个体都必定在与现实争夺生存权利的搏击中修订自我，以激活需要充实的生机。从毛南族背带上的田字图纹中，我们听到了一个民族集体的口号。

毛南族是个人口较少的民族，他们居住的地方，宋代称作『茅滩』。他们的民族过去曾被称为『毛难』，后经要求，一九八六年改为『毛南』。毛南族人也许认为这个不雅的『难』字给他们带来了太多的磨难。他们居住的大石山，

见一六〇页
见五四页
见一一九页
见一八〇页
见一七三页
见一〇六页

河流水源奇缺，自然环境恶劣，使其必须付出高出他人数倍的代价才能保证民族的存活。『田能生黄金，寸土也要耕。』土地对毛南族人超乎寻常地吝啬，毛南族却对土地超乎寻常地崇敬。**他们为了获得土地而艰苦开山，又为了获取足食而在土地上辛勤耕种。土地是农民的命根子，也是毛南族人自小就背负在身上的责任。**在壮族、苗族、侗族、毛南族等民族的背带上，常常可以看到文字的出现。与古时的『福如东海』、『金玉满堂』等老式画题并存的，还有许多较为新鲜的句子。如：怀中玉燕，长大成人◎（壮族）；健康活泼，勇敢诚实，生产能手，建设祖国◎（苗族）；自力更生，奋发图强◎（毛南族）；忠于祖国，爱社如家（毛南族）……**绣在背带上的有关生命的提示从悠久历史的长河顺流而下，结集成一部从图符到文字的长篇巨帙。**

◎见六五页
◎见九一页
◎见一五七页
◎见一五六页

# 娃崽背带（上）

## 辈辈传代——关于广西的娃崽背带

绣花的外婆就像深明大义的『岳母刺字』，将有关生命的前鉴与经验、劝诫与志铭、规矩与法度、自在与群体都刺在了后辈的脊背上，成了抹不去的叮嘱。

## 俏娃倚得护花婆——壮族背带篇

在广西柳江穿山一带，壮族生子过满月时要请宾客吃酒敬贺，满月酒中最有诗意的是外婆送背带的仪式了。当外婆一路撒着米花来到女儿家的门口，主家倒一杯糯米酒，酒杯里放一块熟猪肝，双手捧给外婆喝下，外婆递上缝有壮锦或绣花兜心的背带，两亲家便对起歌来：

外婆唱道：鲤鱼上树去生蛋，麻雀下海去做窝。吉利日子来到了，外孙门前凤毛落。

主家合道：昨夜筷子长新叶，今朝门墩会唱歌。吉利日子来到了，风接花迎见外婆。

外婆又唱：荞花菜花遍地开，蜜蜂飞去又飞来。金路银路米花路，外婆带得背带来。

主家又合：金线银线五彩线，孔雀开屏在中间。四角芙蓉刚出水，看着背带乐心间。……

是的，看着那绣满花朵的新背带，人们当然更增添一份生子的喜悦。壮族的人生信礼，其实在婴孩还未来世间时就已开始了。按传统的说法，壮族女神米洛甲是从花朵中生出来的，一个个壮家的娃崽，原本也都是花婆山上的一朵朵花儿，因而希望要孩子的人家，便要举行『安花架桥』的仪式敬祀花婆神。仪式当中，要做几朵绢花，绑扎在一根棍棒上成为花柱，请一位多子多福的老人执掌，安放在求嗣妇女的卧房门口，这位老人同时被认作义父。在柳江的安花仪式中，要牵一头黄牛，黄牛的脖子上还要挂一个花环呢。婆王庙里的花婆得到爱花人的祈求，便有可能赐予鲜花——一个健壮可爱的婴儿了。难怪壮族娃娃的背带上绣满了各种各样的花朵，这象征花婆的怀抱——一个充满花香鸟语的温暖世界。花婆米洛甲是生育之神，她把花籽撒播人间，又以缀满百花的背带护着娇嫩的花儿幼儿。

花婆在哪里？当你打开这一副副壮族女性们精心绣制的娃崽背带，当你细嗅背带画卷中一阵阵扑鼻的花香，会突然发现：站在画卷后面的一针一线缝着背带的母亲和外婆们，正是壮家儿女心目中一尊尊呵护生命成长的女神。

# 南丹巴良村壮族背带样式

南丹罗富乡巴良村
覃凤美绣

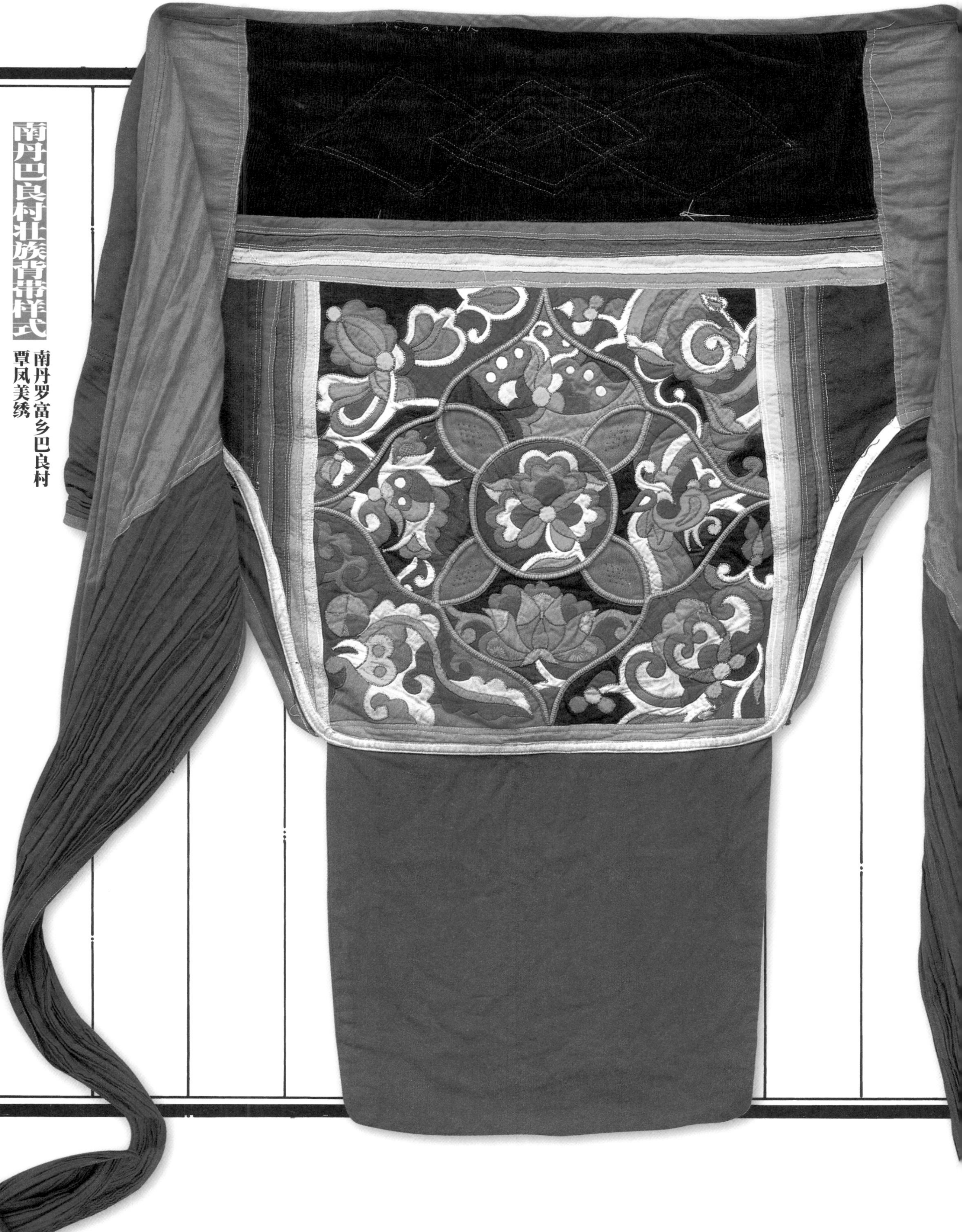

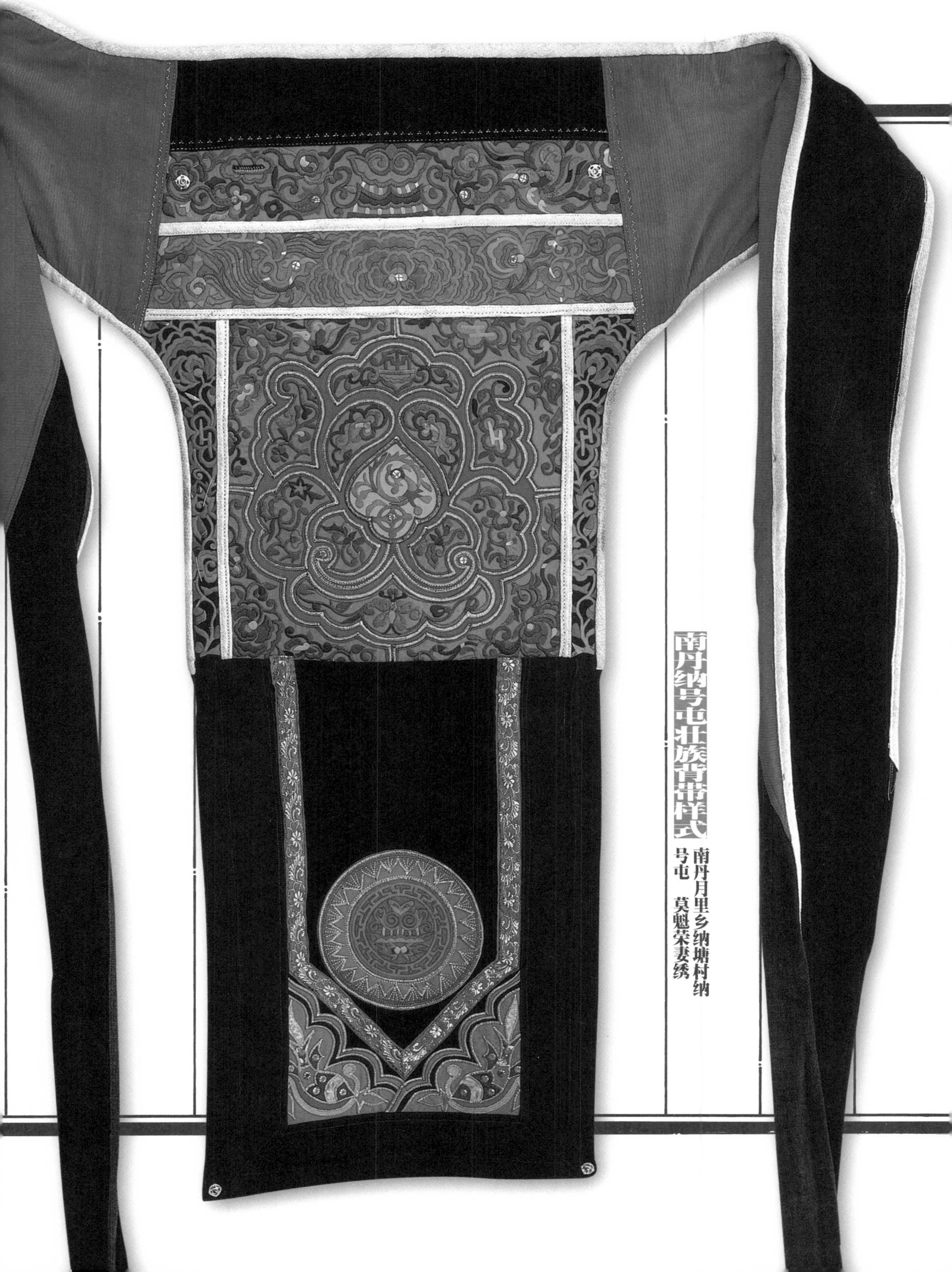

南丹纳号屯壮族背带样式

南丹月里乡纳塘村纳号屯　莫魁荣妻绣

壮族在广西是个人口较多的民族，居住分布涵盖全区。由于人文、地理环境及风俗习惯的差异，背负孩子的花背带也呈现出不同的基本结构和图案程式。同是南丹县，罗富乡巴良村壮家的背带喜欢采用大红颜色的布作捆带，黑色布

龙胜平安壮族背带样式

龙胜和平乡平安村廖翠春制

作身，中间镶有布堆绣制的四角芙蓉图案，在背带心的上部，用彩条布咬口，横披一道宽宽的黑布口沿；而月里乡中堡村壮家的背带同是黑身红带，却制成硬胎，并以满绣的方式，背带心横盘型，四边宽大，不单独设口沿，硬胎绣花的骑片下通常加接一段黑色带尾；月里乡纳号屯壮家的背带也有长尾，但长尾直接与背带心相连，且绣有适合于带尾长条形的坠角图案和圆形的太阳纹，与带心上部相接的是两道刺绣一道黑布组成的口沿，口沿呈肩背形，两边接红黑布捆带，就像两条长长的手臂。龙胜县和平乡壮家的背带喜用黑布制作，只在带肩处斜插两片三角形的红布，无口沿，却加设方形的黑色背带盖，背带盖与背带心的图纹是用各色的布片剪好形状堆贴补绣上去的，显得色彩明亮，品格古朴。环江县四圩屯壮家的背带与南丹罗富的大同小异，相比之下前者口沿较窄，骑片短小

南丹中堡壮族背带样式

南丹中堡乡流传
作者佚名

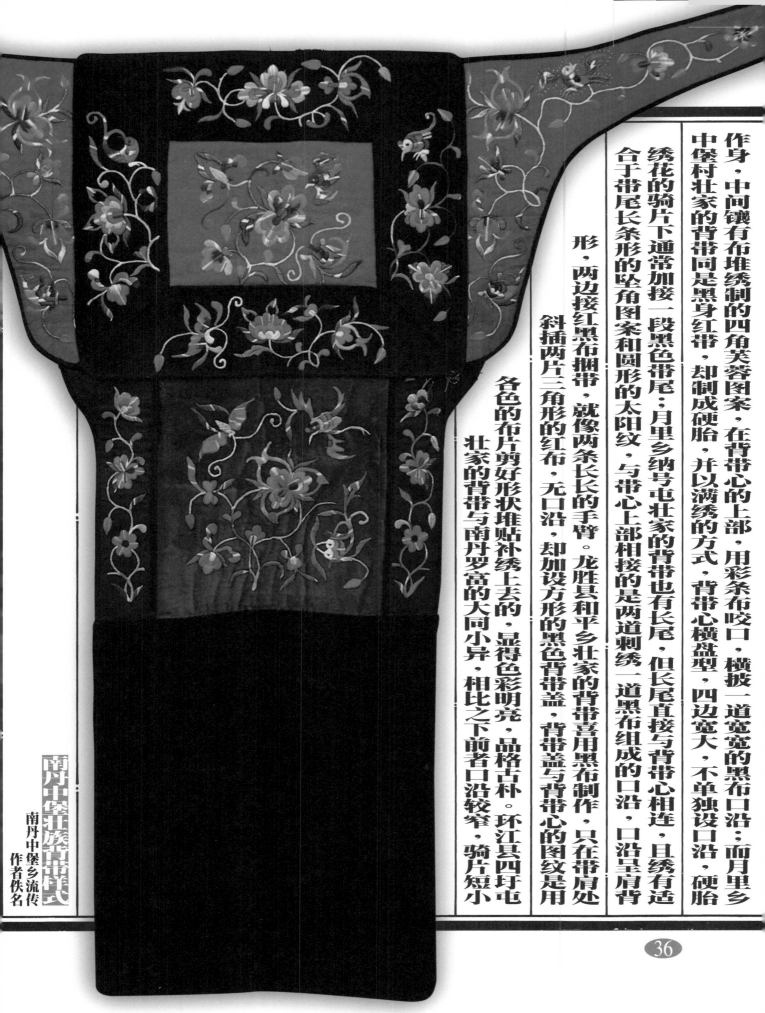

了许多。比较有特点的是四圩屯壮族喜欢用壮家拿手的彩色花锦，或者用大红布作底，用百家布头作料，拼缀成美丽的生命之树，带心四周的镶边更有特色，红、黑、蓝三色浓重的布条横竖穿插，构成神圣而炫目的色彩力量，让人感到血液在沸腾。

壮家娃崽背带的不同样式，肯定适应着不同生存环境和文化传承的壮族母亲们的生活便捷和审美需求。在群体集体意识支配下，背带必定显示集群共同命运的自在风范，这其中有对民族或集群的信心和希望，也是对世界对社会的一种自我所在的坦率宣告。当然，壮家外婆肯定知道花儿的多姿多彩，她们在生命摇篮的小花圃中，自由自在地栽种各自喜爱的『花儿』，熏陶初临人间的生命，花儿与少年都美。

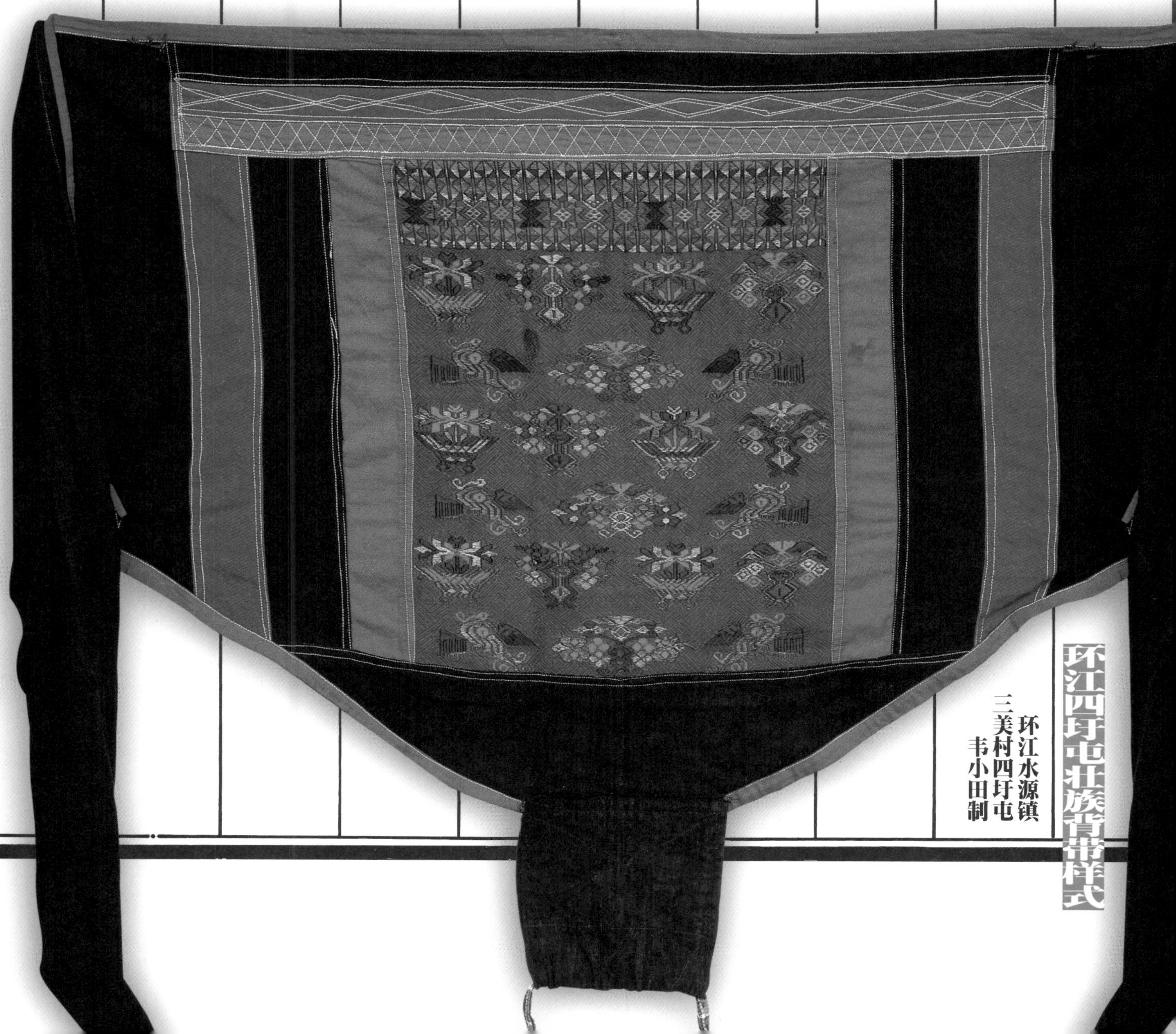

环江四圩屯壮族背带样式

环江水源镇

三美村四圩屯

韦小田制

## 山花烂漫纹四角芙蓉型刺绣背带心

南丹吾隘乡那地村 韦海娟妈妈绣

花中套花是民间艺术中惯用的手法，这恰好适应了壮族视婴儿为『花儿』的传统信仰。大花的构图骨架有强烈的视觉效果，花中套绣的小花繁密斑斓，经得住远观近看。

金鸡鲜桃纹叶托花型刺绣背带心

南丹吾隘乡那地村

罗庆勇妈绣

## 彩蝶花果纹叶托花型刺绣背带心

南丹吾隘乡那地村 何孟英绣

背带心是背带最为醒眼的部位，也必然亮出制作者的工巧。背带心以黑为底，黑底上铺排鲜艳的花草，怎么都不会走调。不过，巧手的壮家女子却的确懂得：怎样使单纯的色彩变得丰富，怎样使强烈的对比变得协调。一朵花，就用四种红色，在上面还以黄色的线、绿色的线打出花芯；一片叶子，搭配着金黄和嫩绿，使得夸张、象征的色彩处理流露出理性和自然。绿色也有多种，但在画面中不占主导的地位。绿色似乎构成了许多色调不同的线条，在红色块面中游动，控制着对方容易产生的躁动。黄色用得最少却处处闪烁，如果不是那些构成大花的金色缘边，黄色可视作散落的点，但这些点使画面变得明快，有了精神。

**花绣球纹四角芙蓉型衬花背带心**

南丹罗富乡板劳村八外屯

梁月明绣

## 寿字纹四角芙蓉型刺绣

背带心

南丹罗富乡巴良村

杨海欧绣

花果纹中字型刺绣背带心

南丹罗富乡巴良村

覃凤美绣

山花鸟蝶纹

小田型补花

背带心 南丹罗富乡巴良村陈爱萍绣

花引鸟蝶纹天地方圆型刺绣背带心

南丹罗富乡
梁小鸥绣

吉祥有余纹
天地方圆型

补花背带心

南丹罗富乡板劳村八外屯

陈海媚奶奶绣

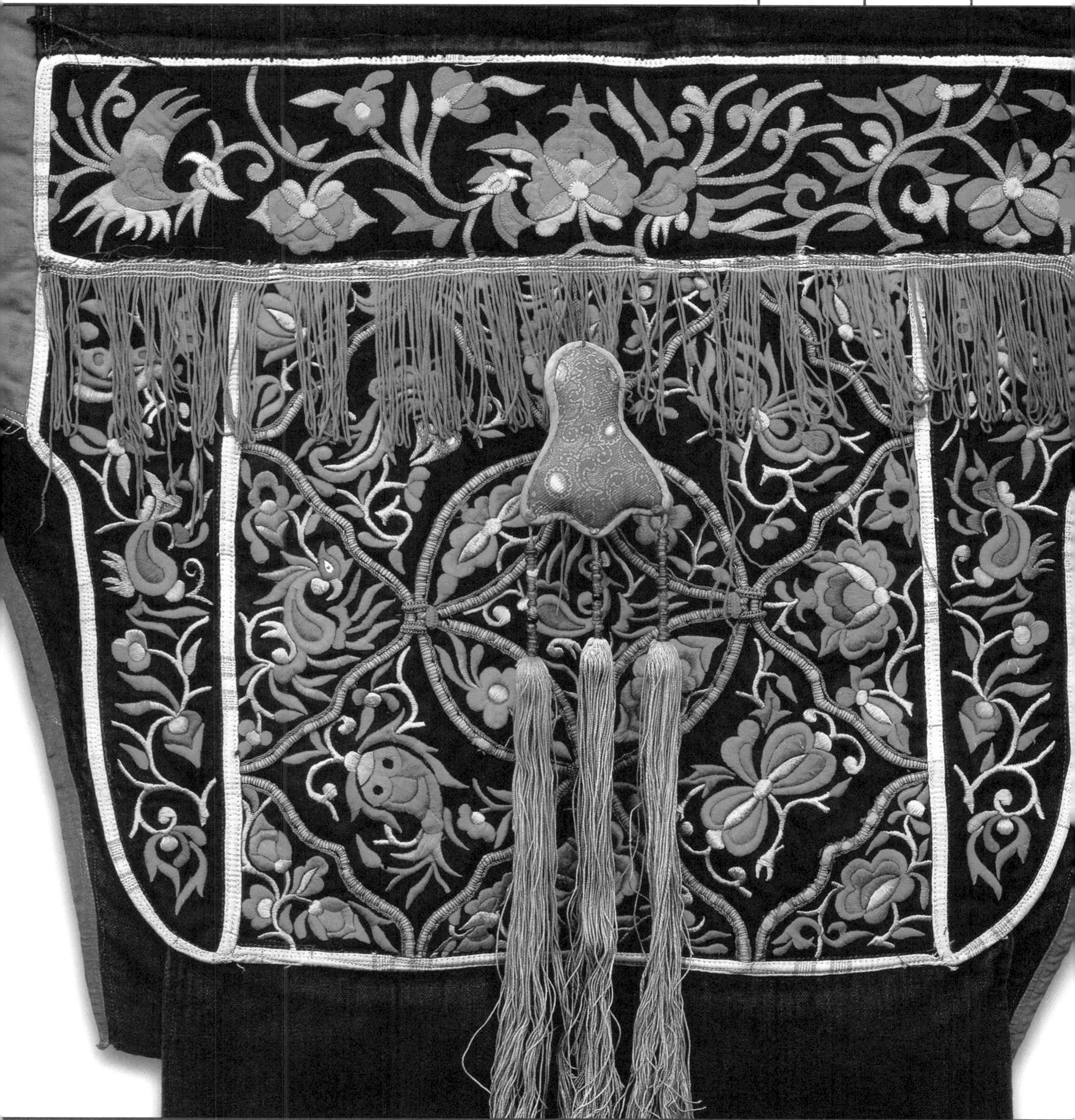

飞鸟彩蝶纹十字四方型刺绣背带心

南丹月里乡纳塘村纳号屯　莫魁荣妈绣

蝶恋花纹方棱型绣花背带心

南丹月里乡纳塘村　莫魁健妈绣

八卦有余纹四角芙蓉型刺绣背带心

乐业逻西乡张美球绣

百色右江民族博物馆藏

花蝶鸟鱼纹四角芙蓉型衬花背带心

南丹罗富乡巴良村

覃凤美绣

云亭生花纹龟背型刺绣背带心

南丹月里乡采集

南丹文管所藏

下页 鱼衔莲瓣纹牡丹套蝶型补花背带心

南丹吾隘乡采集

南丹文管所藏

云台托子纹
牡丹套蝶型
刺绣背带心

南丹月里乡
纳塘村纳号
屯
莫念妈绣

## 梅开五福纹八卦花型刺绣背带心

南丹吾隘乡那地村

余国春妈绣

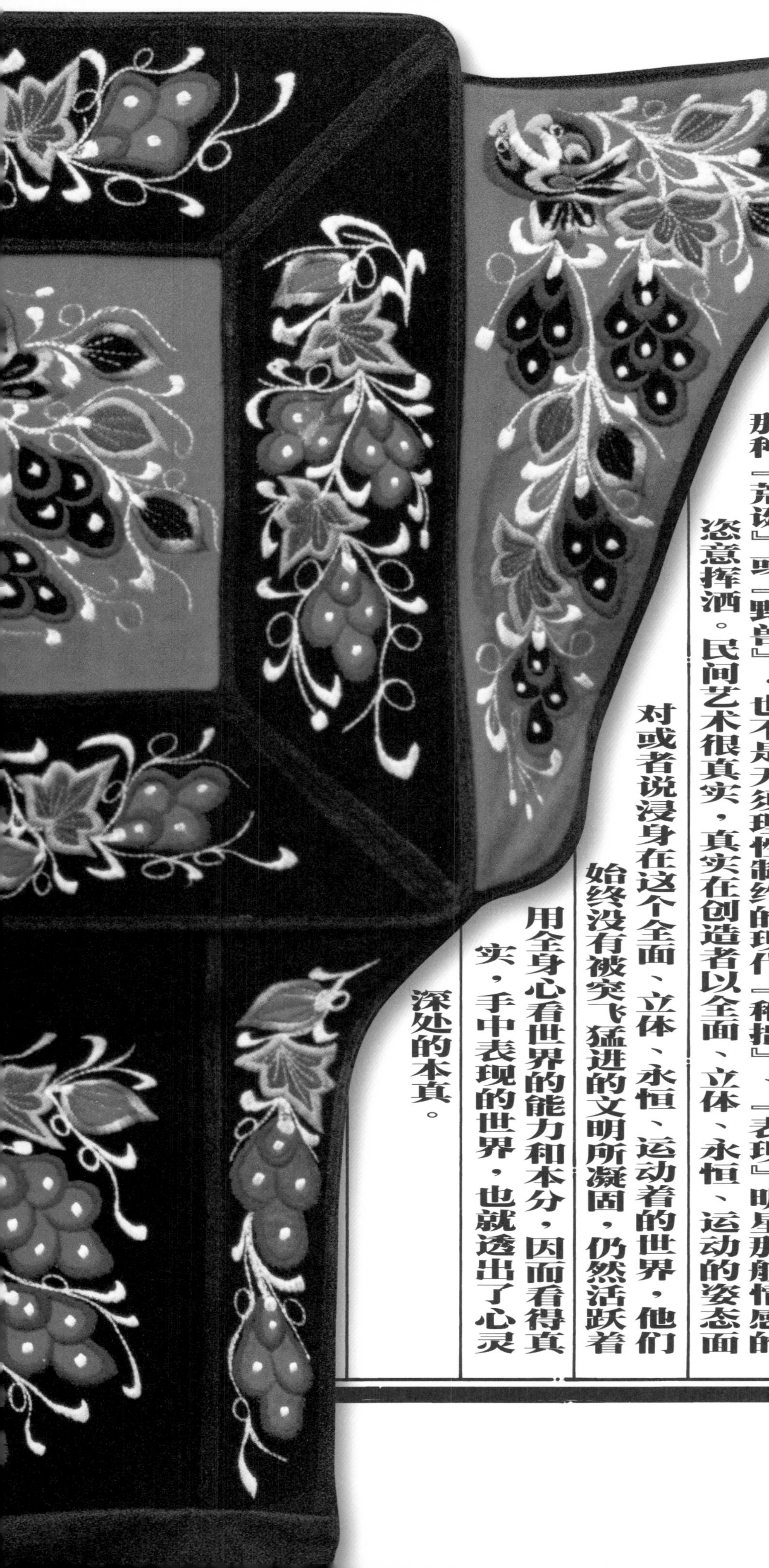

外婆的『背带歌』中已唱出了壮家人思维的怪巧——鲤鱼上树去生蛋，麻雀下海去做窝。吉利日子来到了，外孙门前凤毛落……这听来完全是一种荒诞的梦中呓语，却在壮妇绣花造型中现出了真相。

在已看过的画面中，我们已经领略了诸多纵横时空、指点方位般的构图风景，如果细心一些，会发现其中蕴藏着更多奇异的细节。比如一根花枝开出多种山花，结出不同的佳果；比如四季不同的花儿集合在一起绽放……

其实，民间艺术的造型之奇，是建立在人类观察物象、认知世界最本色方式的基础之上，保持着人类认识方式的常态，这就有了表达感受上的主动。当然，这样的主动并非是文明世界中艺术家们刻意追逐的那种『荒诞』或『野兽』，也不是无须理性制约的现代『稚拙』、『表现』明星那般情感的恣意挥洒。民间艺术不很真实，真实在创造者以全面、立体、永恒、运动的姿态面对或者说浸身在这个全面、立体、永恒、运动着的世界，他们始终没有被突飞猛进的文明所凝固，仍然活跃着用全身心看世界的能力和本分，因而看得真实，手中表现的世界，也就透出了心灵深处的本真。

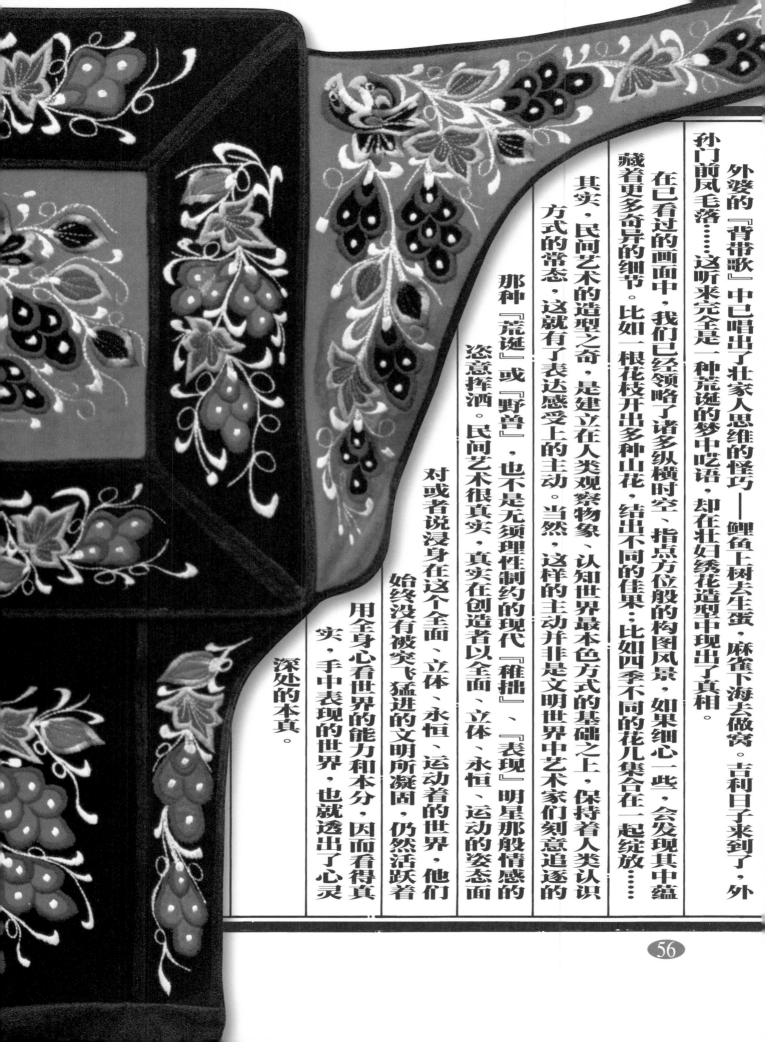

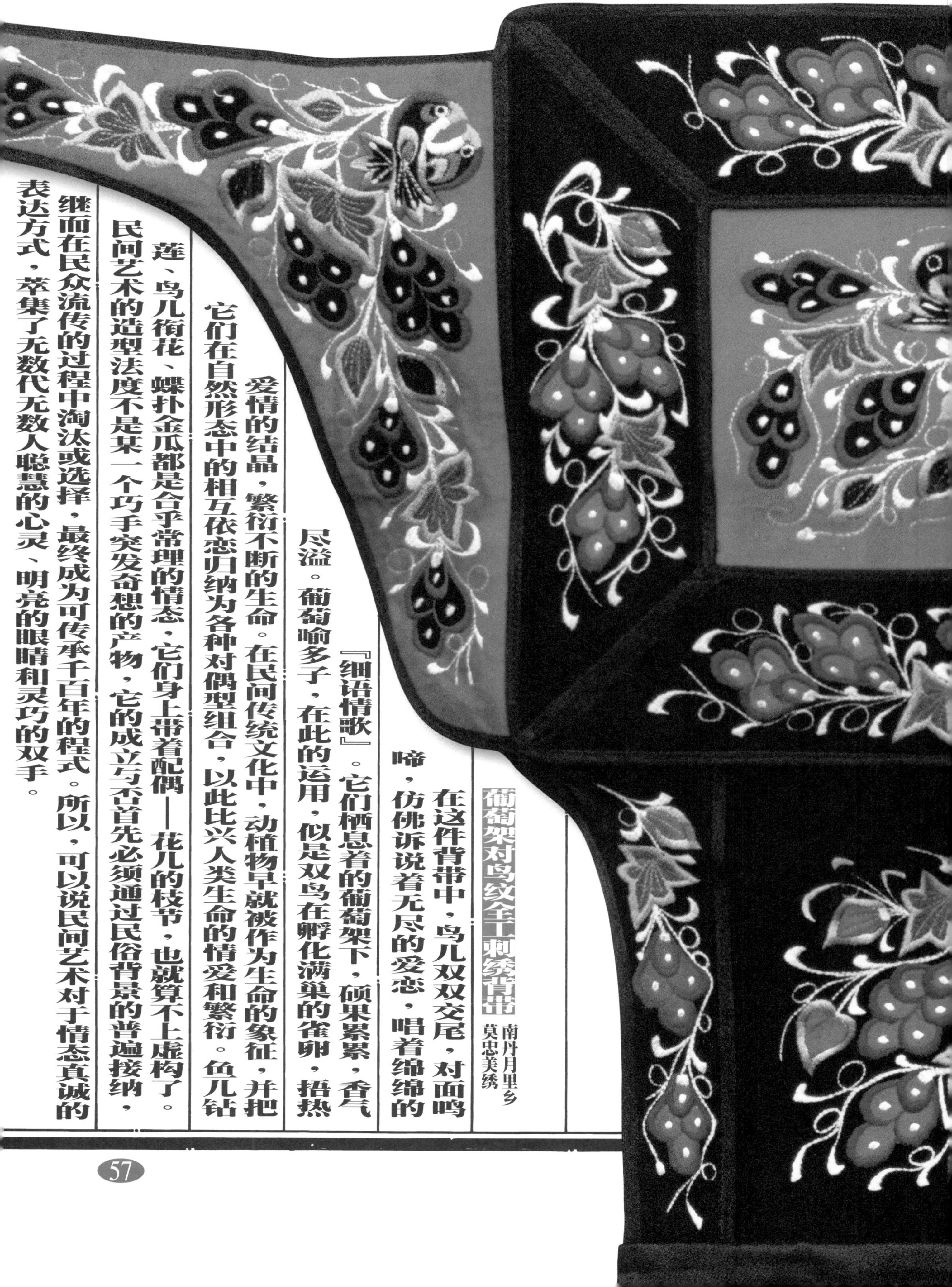

葡萄架对鸟纹全工刺绣背带
南丹月里乡 莫忠美绣

在这件背带中，鸟儿双双交尾，对面鸣啼，仿佛诉说着无尽的爱恋，唱着绵绵的『细语情歌』。它们栖息着的葡萄架下，硕果累累，香气尽溢。葡萄喻多子，在此的运用，似是双鸟在孵化满巢的雀卵，捂热爱情的结晶，繁衍不断的生命。在民间传统文化中，动植物早就被作为生命的象征，并把它们在自然形态中的相互依恋归纳为各种对偶型组合，以此比兴人类生命的情爱和繁衍。鱼儿钻莲、鸟儿衔花、蝶扑金瓜都是合乎常理的情态，它们身上带着配偶——花儿的枝节，也就算不上虚构了。民间艺术的造型法度不是某一个巧手突发奇想的产物，它的成立与否首先必须通过民俗背景的普遍接纳，继而在民众流传的过程中淘汰或选择，最终成为可传承千百年的程式。所以，可以说民间艺术对于情态真诚的表达方式，萃集了无数代无数人聪慧的心灵、明亮的眼睛和灵巧的双手。

# 娃崽骑马纹炮棋盘型刺绣背带心

南丹城关镇采集　南丹文管所藏

鱼蝶纹天地四方型补花背带心

南丹流传

广西博物馆藏

花树纹补花背带心

环江水源镇三美村四圩屯

韦葵妈绣

下页 花树纹补花背带心

环江水源镇三美村

东福妈绣

凤鸟盆花纹散花型织锦背带心

环江水源镇三美村四圩屯

韦小田织

下页 莲花水盆织锦纹（本图细部）

**麒麟吐宝纹方盘四神花背带心・盖片**

龙胜采集
广西博物馆藏

用细碎的色布剪贴拼缀的方法肯定发端于纺织初始时期人类敬布惜布的习俗。在民间，各地都曾有向左邻右舍索要碎布头给孩子制作百家衣、被的习惯，说这样可以护佑孩子的平安。其实孩子的身上衣有着千百家的布片，从心理上联结了群体与个人的情感关系，才是百家衣的真正意义。灵透的民间巧手及时从碎布片中发现了拼缀的表现力，将其完善成一种天然朴实的创作样式。不管是绣、织还是拼贴，一样表达得情真意至。边框上『怀中玉燕，长大成人』的绣题，是人类母爱对新生命的直言不讳，也是一道贴在孩童背上的护身符。

**怀中玉燕题方盘型补花背带心·盖片**

龙胜和平乡平安村
廖翠春绣

凤栖牡丹纹圆盘型蹄绣

堆绣背带心

靖西荣劳乡采集

百色右江民族博物馆藏

凤栖牡丹纹圆盘型辫绣堆绣背带心

靖西新靖镇旧州村采集

百色右江民族博物馆藏

**蜂蝶扑牡丹纹圆盘型辫绣堆绣背带心**

靖西新靖镇旧州村采集
百色右江民族博物馆藏

用布堆皱绣花的技法产生出不同的肌理，丰富了布块平板的色彩，也增加了体量感，像一块用布制成的浮雕。这幅作品的主体部分仍然是花与蜂蝶，但造型却更趋向优雅，从周边的八宝纹样来看，显然是受了汉族文化的影响。不过，精心雕琢的材料技法恰好适应了造型典雅的风格，融合出各民族文化相互感染、趋向相互认同又不失特色的另一种魅力。

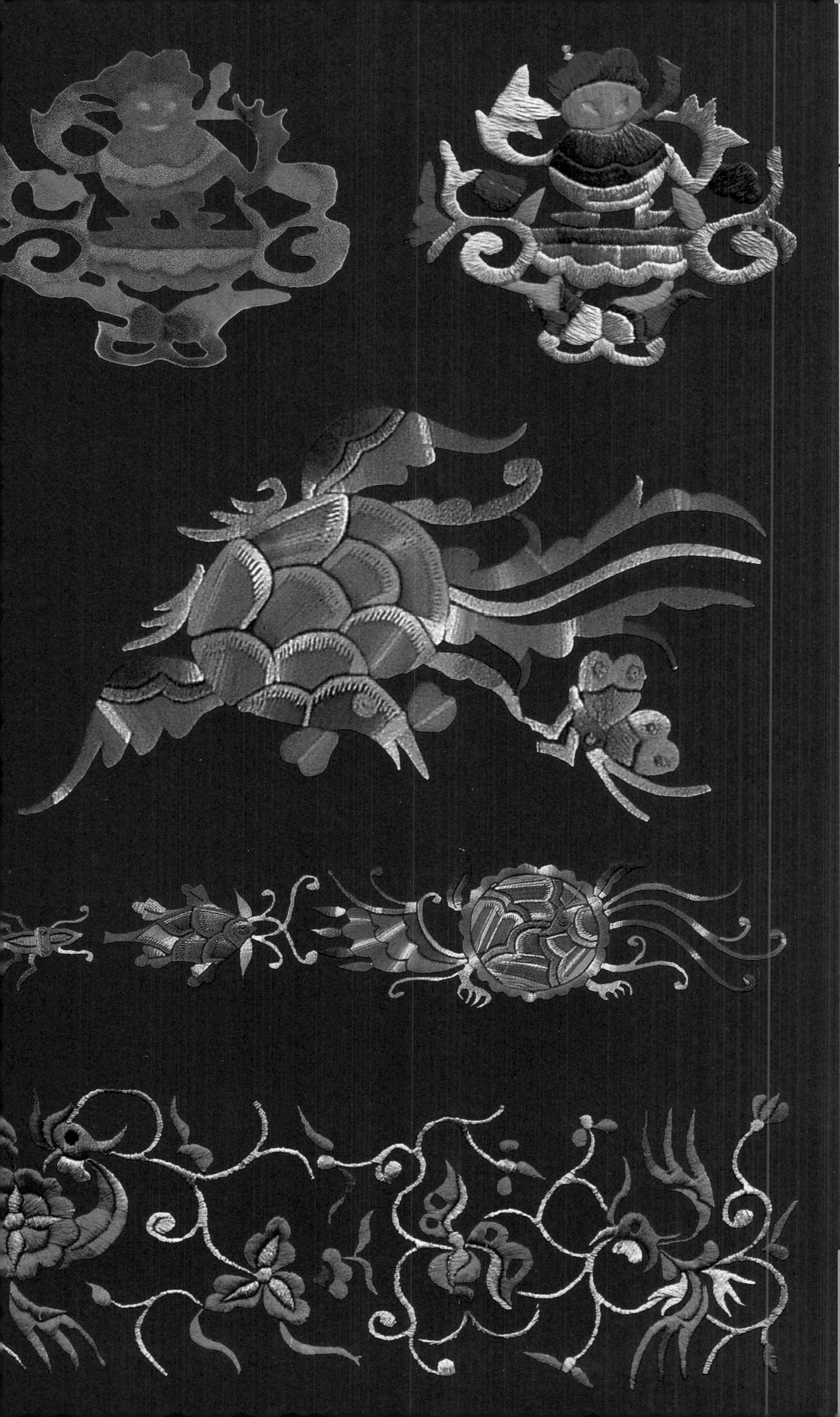

## 花外感言

沿着金路银路来花路，我走进了外婆给壮家娃崽带来的花背带中，似乎经历了一次生命久违母爱的梦里情怀。也许花香的醉意会使人淡忘了花从中活跃着的生灵，因而让我带他们出来细心观照。游鱼、飞鸟、彩蝶、蜜蜂、甲虫、龙虾、狮虎、麒麟，还有生翅长腿的混沌，他们藏匿于花中与花浑然一体，构筑着天地间万物有灵、万物化生的世界。最后我也看到了人正当童年的身影，突然觉得有一种感受涌现出来。我想说，童年的人类在

# 壮族背带（上）

俏娃倚得护花婆
——壮族背带篇

有灵的万物中并不狂妄自大，因为背带绣花中的飞鸟游鱼告诉我：人曾是那样地描朴单纯；我想说童年的人类在方圆世界中并不自以为是，因为背带绣花中的旺盛生态告诉我：人曾是那样地善待友邻。毋庸置疑，背带的绣花是高扬生命的主题，但壮家巧手却不把人物作为画布上的主体。这样忘我的境界只有心存自知之明者才不会失去，便诗幻般把怀中的孩子化作花朵，让其在百花百鸟的鲜活世界中栖身。人间的花婆婆获得的是：无尽的花香扑面而来。

终

# 娃崽背带（上）

## 祥兽吉禽灵气在——瑶族背带篇



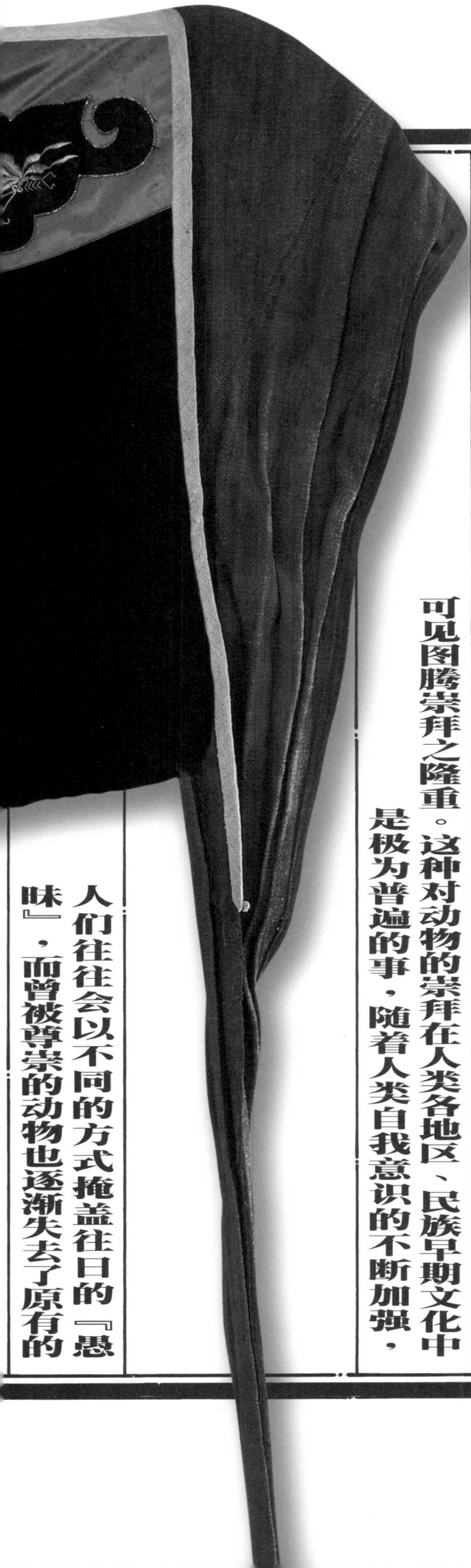

都安布努瑶的传统婚俗有女子不落夫家的现象，快到生小孩时，夫妻俩要到野外的山洞里居住。生娃满一百二十天后，家公家婆才去把他们接回家。这时候，一位巫师在家门口祭家神，并把一个蒸笼搁在门当中，巫师一边唱着歌，一边把孩子递放在蒸笼上，家公家婆从另一端将孩子接进家屋，以示脱胎换骨。

在瑶族的创世神话中，有一个盘瓠始祖的故事，说盘瓠原为一五彩龙犬，因退敌有功，请求国王实现承诺，将公主许配于它，但人与犬不能婚配，国王便将它装入蒸笼。据说蒸一百二十天后便可变化成人，当蒸到百天之时，公主担心把龙犬蒸死，便揭开蒸笼观看，见龙犬果然已变成人，但因时间不够，所以头上、腋下、脚胫上的毛仍未脱落。瑶族人生仪礼迎孩子进门『过蒸笼关』的习俗，正是盘瓠崇拜的留痕。刘锡藩《岭表纪蛮》云：『狗王惟狗瑶祭之。每值正朔，家人负狗环行炉灶三匝，然后举家男女，向狗膜拜。是日就食，必扣槽蹲地而食，以为尽礼。』可见图腾崇拜之隆重。这种对动物的崇拜在人类各地区、民族早期文化中是极为普遍的事，随着人类自我意识的不断加强，人们往往会以不同的方式掩盖往日的『愚昧』，而曾被尊崇的动物也逐渐失去了原有的

地位。然而瑶族对于龙犬盘瓠的一往深情并没泯灭，娃崽背带上的各种祥兽吉禽也许正是一种替代，神话中远祖的灵气通过『蒸笼』的关口，通过背带上的花纹，传达给了子子孙孙。

都安瑶族背带样式 广西博物馆藏

双狮绣球纹皿型缎底刺绣背带心

都安采集

广西博物馆藏

## 麒麟纹皿型刺绣背带心

都安采集
广西博物馆藏

## 南丹白裤瑶背带式样

白裤瑶有着深刻的民族意识，他们的背带上绣着红色的方形图纹，据说是曾被土司夺走的瑶王印。为了不忘这个耻辱，白裤瑶将它绣在女人的衣上和娃崽的背带上，以凝集起部族自强不息、争取独立的信心。

南丹白裤瑶背带心

南丹里湖乡采集

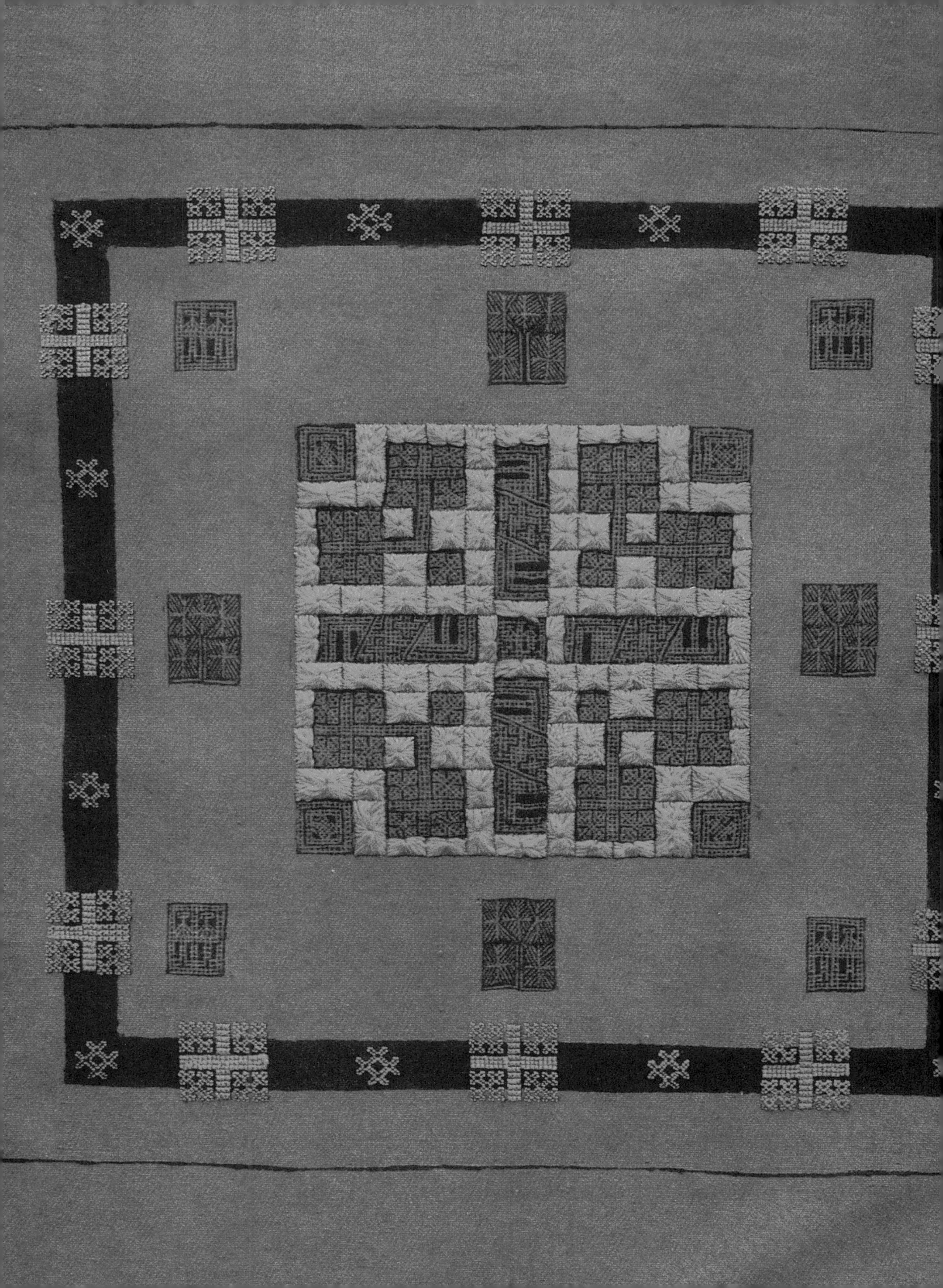

# 八角花纹花蓝瑶挑花背带心

金秀六巷采集
广西博物馆藏

八角花纹是广西少数民族中普遍使用的符号，它是太阳的象征。对于太阳的崇拜，甚至于把自己的部族归为太阳的子孙，这在中国远古文化中并不鲜见。挑花背带心中的九个太阳纹，却营造了多日并出的奇观——这也是远古神话中的图案——九日、十日或十二日并出，给天下带来灾难，某位民族的英雄射落多余的太阳，使大地重新恢复昌盛……然而，花蓝瑶的背带心上接住这些被射落的太阳，用它们护住背上的幼小生命，却透露出一种对『多日并出』境况的怀念之情。这是出于怎样的情由？想来，在原始社会母系氏族的文化中，女性当是至高无上的天，天上的太阳往往作为女性始祖的象征。当男权社会的利箭射落女性天空上的『多余的太阳』之时，人类的良心并不忘却那些曾经辉煌的女性热情。于是，瑶家的巧女子们用彩线记下了它，并把这些故事悄悄说给子孙后代听。

## 歌声中的变幻

布努瑶生子仪礼向我们演示了远古人类从山野穴居到男性社会家庭、从动物野性到完美人性转换的漫长历程，但这历程被压缩为瞬间。这瞬间宣告了人的确已成为真正的人，也提醒着我们不该忘记与人类共同造就了这个世界的生灵万物。而今天，我们仍生存在生灵万物当中。襁褓中的孩子在从蒸笼上经过的时刻，是否听到了巫师迎接的歌声：

哈卓呃——画眉叫双韵，喜鹊叫双音，来了！来了！我家添了子，我祖添了孙。龙鳞做成脸，凤珠做眼睛，仙丝做头发，白玉做成身。比花朵还要漂亮，比珠宝还要抵金。哭好听，笑好听，是朵丹桂（指女孩）香满山，是个辣椒（指男孩）红满岭。多谢仙祖赐福禄，我家又添丁。……来了！来了！来助士旁（传说中主宰天地万物的大仙）撑起天，来继盘祖治山岭。使天地更加宽，让山川更加新。使火做的太阳永不熄，让玉做的天灯万代明，让彩石做的星子更加多，让飞花做的彩霞更称心。心要正，眼要灵，依布洛西（创世男神）做事，照密洛陀（创世女神）做人。伤天害理都不做，才是真正布努人。呃——迎来了，接来了，迎来石子变成银，接来黄土变成金。哈卓呃！米米索郎……◎

歌声中，一个新的生命完成了人类从动物到人的转换。然而，我们都应记住，这个世界上生灵万物中，有着许多曾护佑人类的吉禽祥兽。

◎引自《瑶族风情歌》蒙冠雄等著，广西人民出版社一九八三年版

# 娃崽背带（上）

古歌从此唱起来——苗族背带篇 始

## 古歌从此唱起来——苗族背带篇

苗族古歌《蝶母诞生》里说蝴蝶从枫树心孕育出后，跟泡沫婚配，生了十二个蛋，十二个蛋孵化出人、兽、神。《枫木歌》则从枫木唱开，唱到蝴蝶妈妈，然后从神到人，诞生了姜良、姜妹，洪水过后兄妹成婚，再造人类。

苗族传统习俗中，有一项祈祖赐子的仪式『淋花竹』。祭师唱道：『丈夫要妻子，男人要女人，悄悄去造人，房内去育伴，不让根骨断，不许种子灭。』这时，一中年男人扮成告端（洪水神话中兄妹结婚所生形似冬瓜的崽），双手握一根裹缠着红布的碗口粗细的枫木棒，向求子的妇人们追逐，直追到溪边，用带叶的竹子蘸水向妇人淋洒。妇人则用早准备好的娃崽背带接挡，随后象征性地把『娃崽』背回家。娃崽背带在这时就已经把祖先的寄托和母亲的爱裹带了进去，即将临世的孩子们，仿佛会听到那悠扬古歌中唱出民族历史的声音。

古歌世代传唱着。苗族原初住在黄河中下游，后来迁徙南下，为了记住故乡，便把故乡的一切绣在了女子的衣裙上、娃崽的背带上——『让人们看到那些开垦出来的田地，让人们看到那些修盖起来的楼房，他们把这些当作永远的纪念，说明苗家曾有过这样的历程。』广西的苗族主要居住在与湖南、云贵接界的西部、北部地区，从桂北乃至桂西，形成一个大弧形，高山绵延，跨越千里，故史籍中称为『千里苗疆』。由于分散居

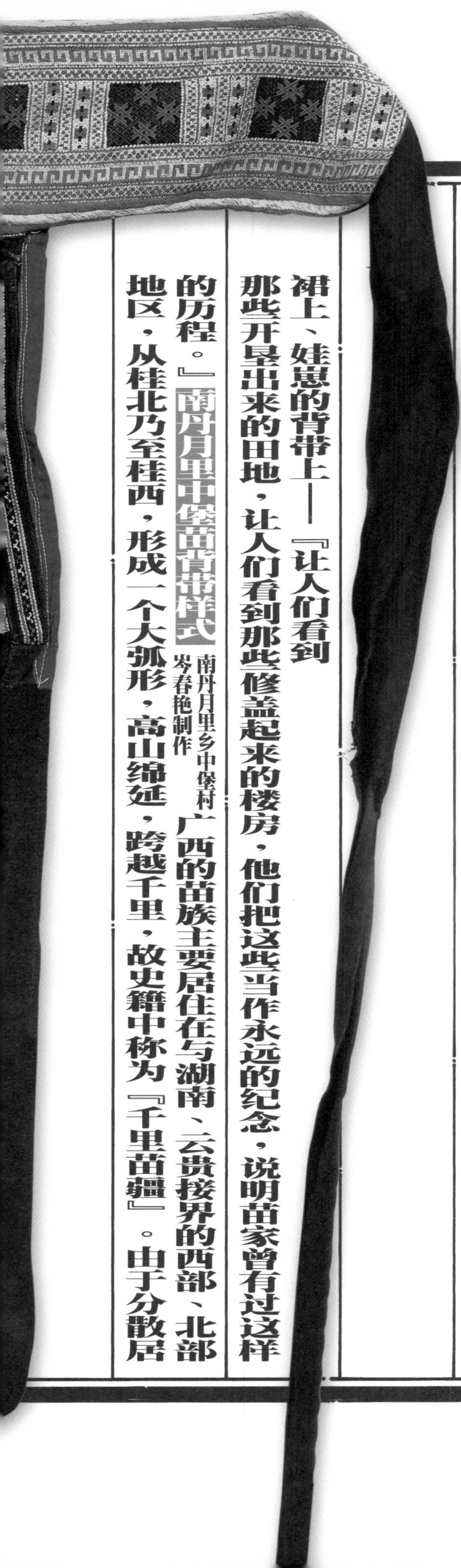

南丹月里中堡苗背带样式

南丹月里乡中堡村岑春艳制作

住，各地苗族人的习俗已有不同，背带的形制、图样也呈各自的风采。南丹中堡苗的背带整体为『T』形，作为主体部分的带心与口沿，用红黄二色丝线在黑色的底布上精挑出美丽的图案。口沿与黑色捆带相接，带心与同样宽的黑色布尾相接，在口沿下吊挂用香草制成的菱形挑花袋囊，坠上三挂彩珠和红色丝线制成的长穗，据说可避除毒虫邪魔对孩子的侵害。黑色托衬着三组低垂的红色丝线，就像飘摇在母与子背后的一团燃烧正旺的火。中堡苗背带的图纹与他们服装上的图纹格式相同，方正规矩，纵横密集，给人坚不可摧的感觉。

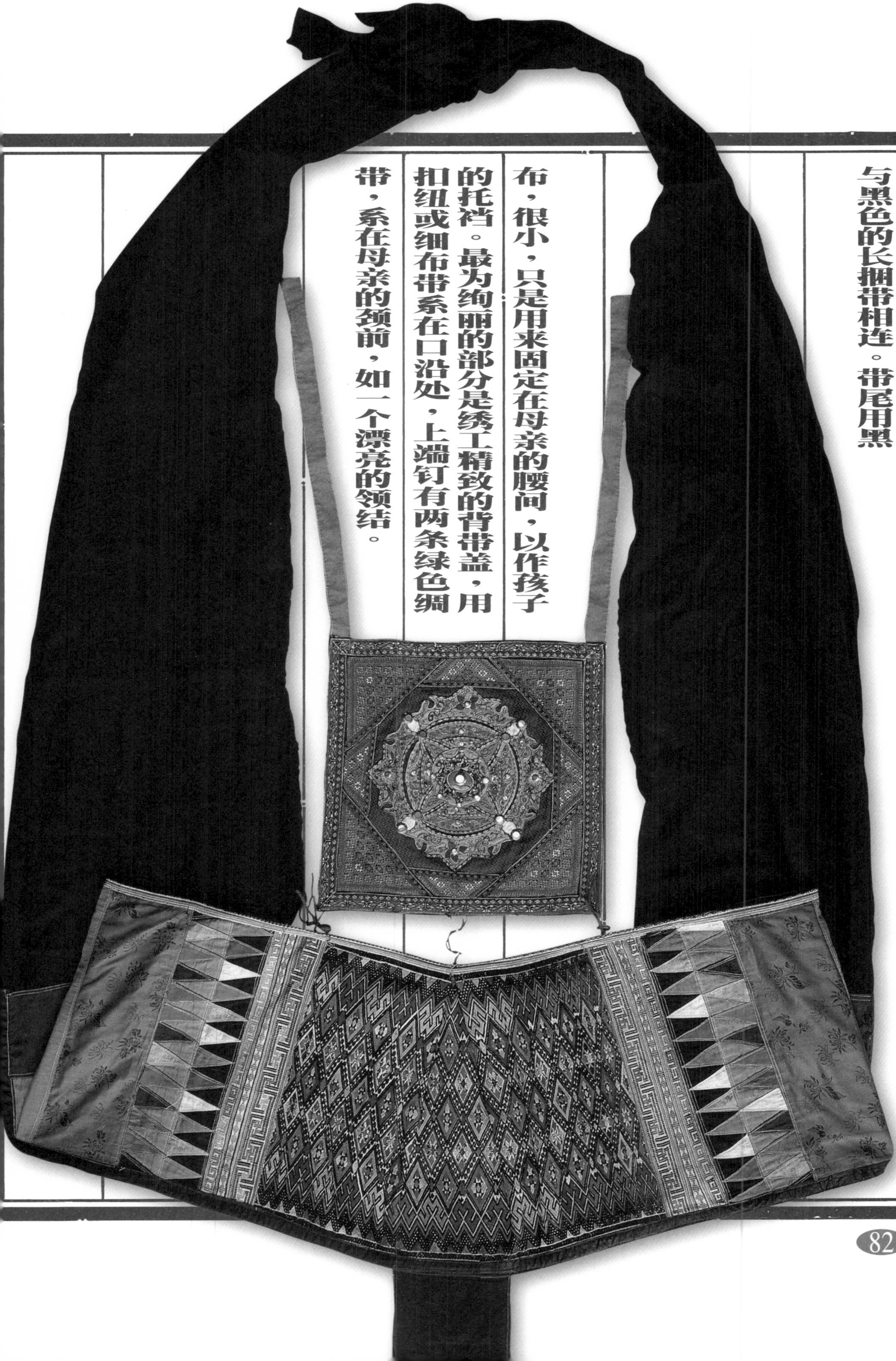

## 融水苗族背带样式

融水采集 融水苗族博物馆藏

融水、三江一带的背带与当地侗族的背带大致相同，体现了民族之间文化的互渗。背带心一般用彩色的长条织锦，作为口沿一边打折钉结，使彩锦成兜形。再在两端接上各色角布拼缀的带肩，与黑色的长捆带相连。带尾用黑布，很小，只是用来固定在母亲的腰间，以作孩子的托裆。最为绚丽的部分是绣工精致的背带盖，用扣纽或细布带系在口沿处，上端钉有两条绿色绸带，系在母亲的颈前，如一个漂亮的领结。

隆林德峨红头苗背带样式

隆林德峨乡采集

隆林文管所藏

## 隆林大树脚清水苗背带样式

隆林采集
广西博物馆藏

隆林居住的苗族支系较多，有红头苗、清水苗、偏苗、花苗等。他们的背带有一个共同的特点，不使用像融水苗那样宽大的黑色布捆带，而用约二寸宽青布挑花或素色织锦带钉结在口沿角

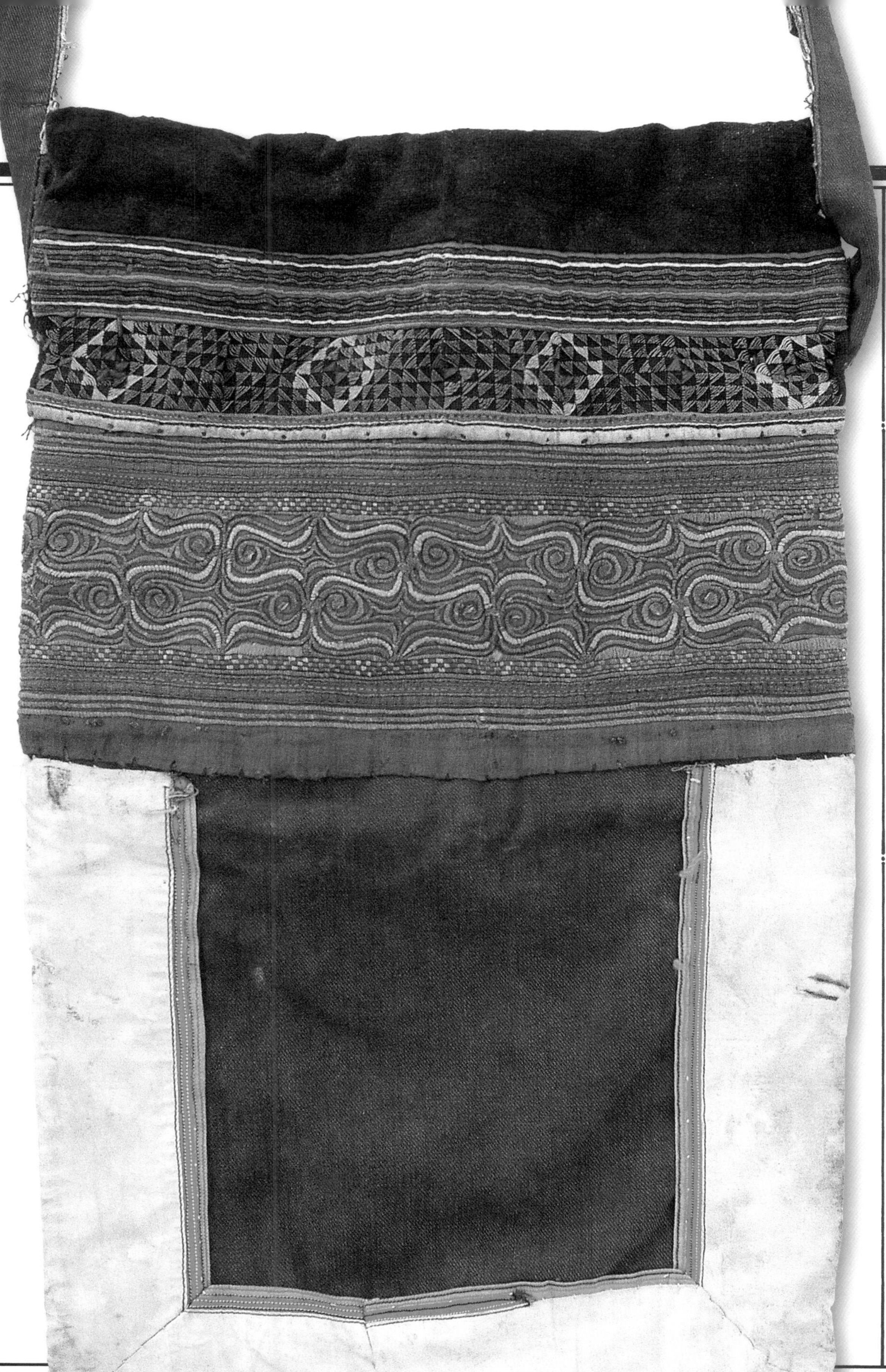

端。红头苗的背带口沿较宽，可以兼有背带盖的作用。带心用红布或碎花布衬里，一般紧接口沿镶上『凸』字形的蜡染加挑绣的背带心，不挂带尾。清水苗的则是横长方的背带心，上方二寸黑布口沿以二道细花带与带心相接，传统的带尾黑布白边，镶素色花带。而偏苗的背带更为简洁，带心并不嵌边，与宽宽的黑色口沿结构成一道道横线形成躯干，下接黑色白边，中间咬红色花带的带尾。

隆林德峨偏苗背带样式

隆林德峨乡采集
隆林文管所藏

**神竿纹中堡苗型挑花背带心**

南丹中堡乡
岑清艳绣

透过垂落而下红瀑般的丝线，可细心看一下中堡苗背带心上的挑花。其实不是花，最醒目的是由五个小方块组成的✕形图案，这不难理解为一个表示五方的符号。楔着✕形的缺口有四个[符号]形符号，与甲骨文中的[符号]相似。按董作宾先生所著《殷历谱》中的说法，这是一个祀典的符号，应是原始先民重大仪式时树立的神竿。如按此说，这里每一个可单独成立的单元，都是一个举行庆典的五方祀坛。围绕着整

个热烈庄重的画面主体的左右和上方，有两道带有鸡或鸟形的边条。鸡或鸟是阳性之物，有克阴避祟的功能，在祭祀或庆典活动之前，苗族的师公至今仍用公鸡驱邪。想来在苗家得子谢祖的古老仪式中，师公肯定也会唱起时而深沉时而高亢的生命赞歌。红黄两色在黑色底布上的经纬交织，构成一段古老生命礼赞的微妙旋律，而均等平行的横竖直线，是它铿锵有力的节奏。

**下页** **八角花纹融水苗型织锦背带心**

融水采集

融水苗族博物馆藏

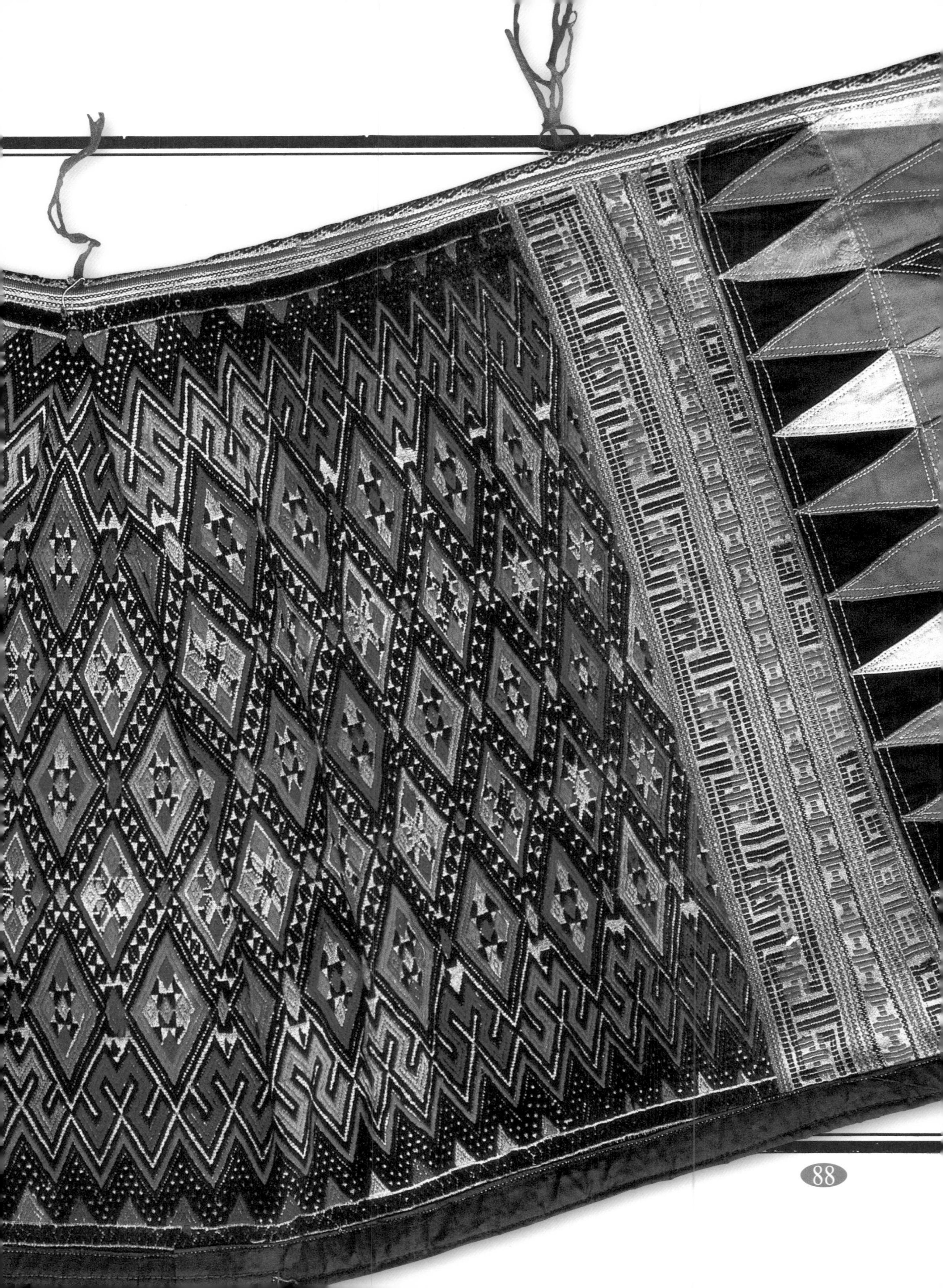

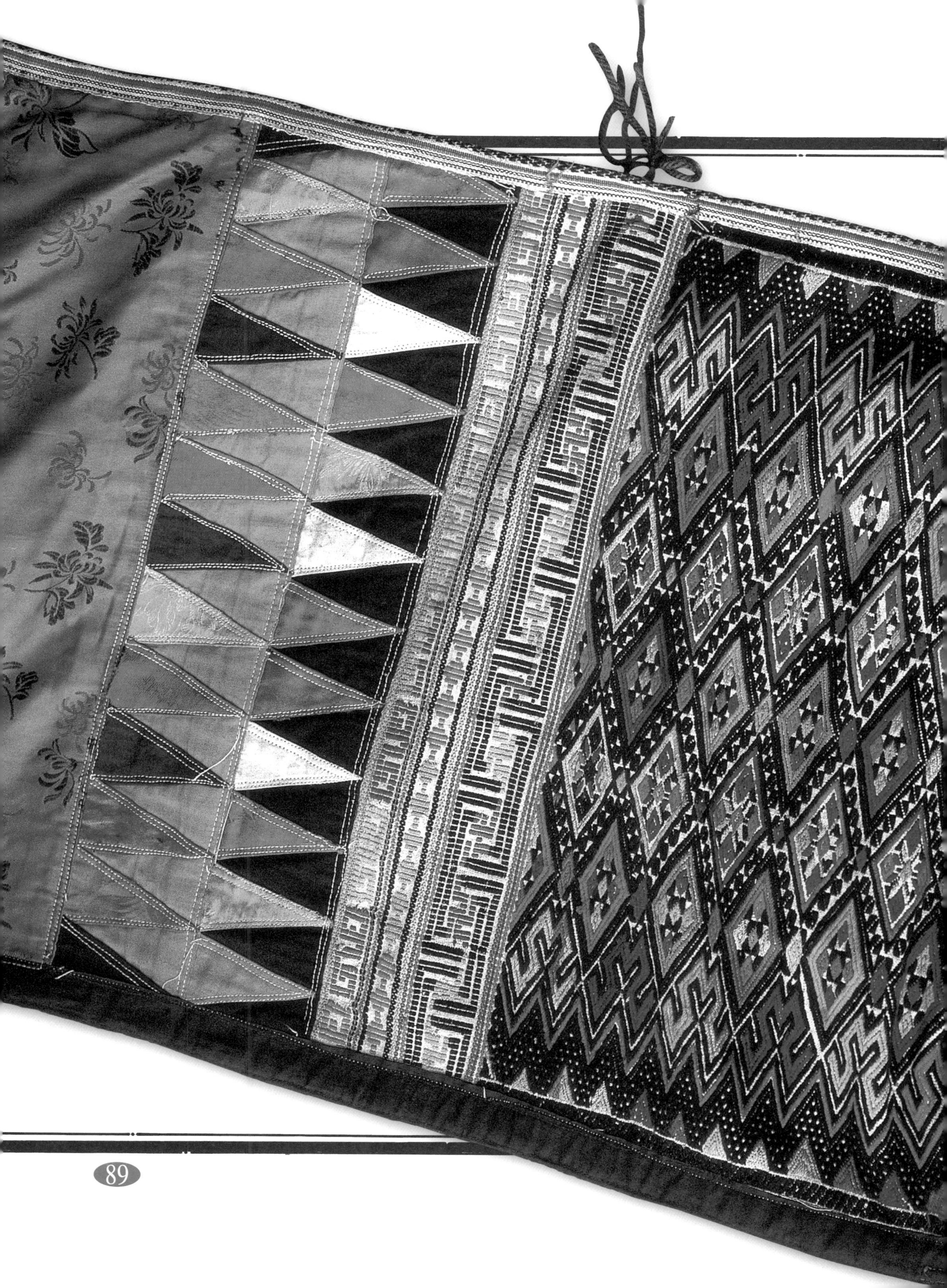

香圆纹八卦盘型刺绣挑花背带盖

融水流传

作者佚名

## 吉祥鸟纹八卦盘型刺绣

## 背带盖

融水流传

作者佚名

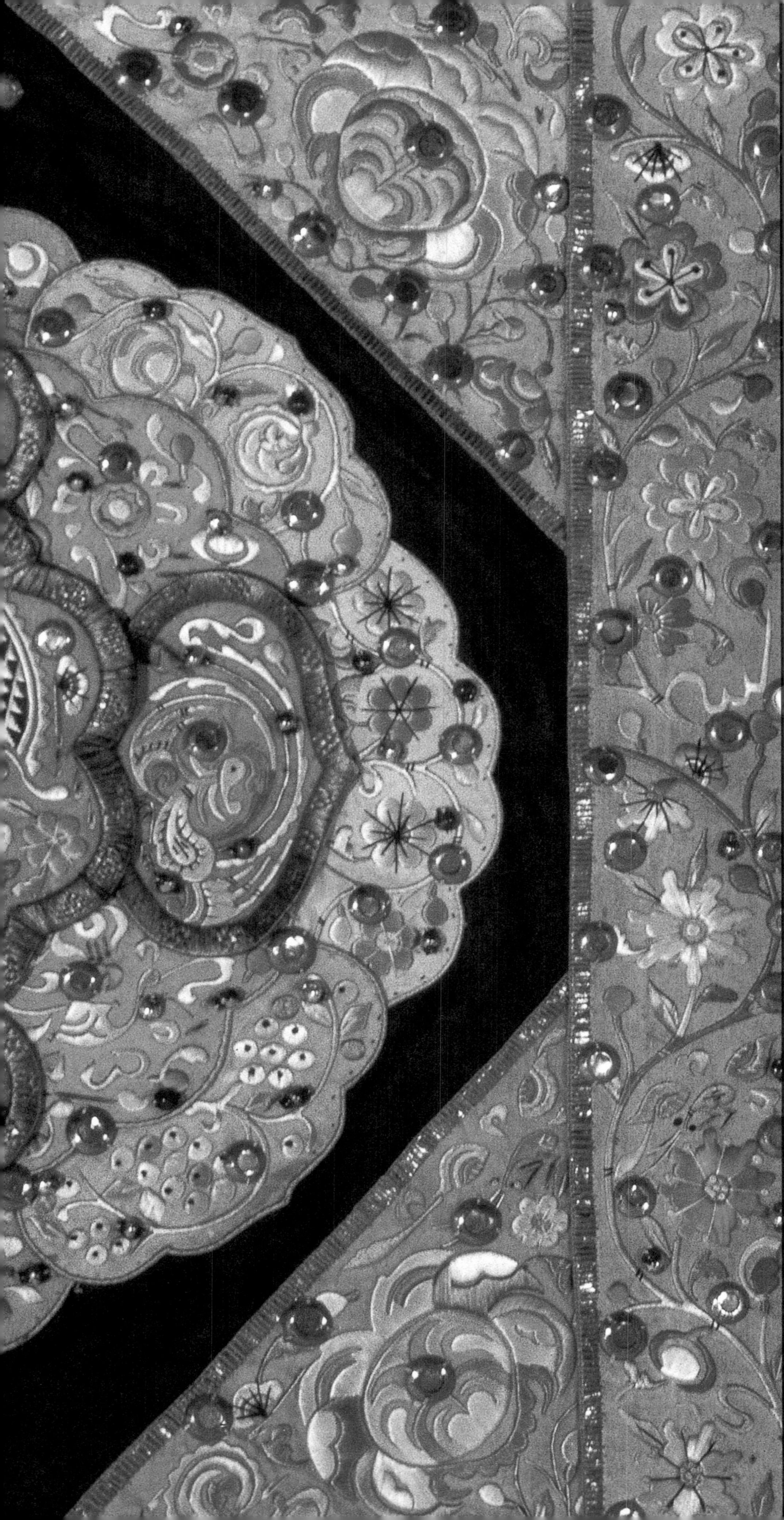

## 盘龙纹八卦盘型刺绣背带盖

融水流传 作者佚名

背带盖具有为孩子挡日晒风雨的实用功能，是母亲背上稚嫩生命的一片天空。为此，苗家的巧妇把它当作华盖，构造出一番浩荡的意境。中央是圆形的八卦花，盘龙四周的第一层瓣有飞凤卧兽和流动着的云气；第二层瓣是花果树，树干分两杈向两边弯垂，吊挂不同的花果，像是守着八卦花心的八个面孔上的眼睛。这便是天的象征。圆的天悬在黑色底布上，显出深远莫测的空间。方形的边框便是地了。边框上长着扶摇而上的花树，卧着滚动绣球的狮子，写有凡俗的渴望。天圆地方之间的衔接是四角的混沌花，孕育着即将顶天立地的生命。华盖的主题是天，地的表现在这里只是一种呼应。缀结在背带盖上有上百个嵌着镜片的铜纽，还有无以数计的小银片，镜片有反射光芒的作用，而鬼魅是怕光的，因而这是一只只能辨别善恶、逼退阴祟的雪亮眼睛。深远莫测的华盖闪烁起来，又如撒落在夜空的繁星。

下页 龟背纹红头苗型蜡染挑花背带盖

隆林采集

广西博物馆藏

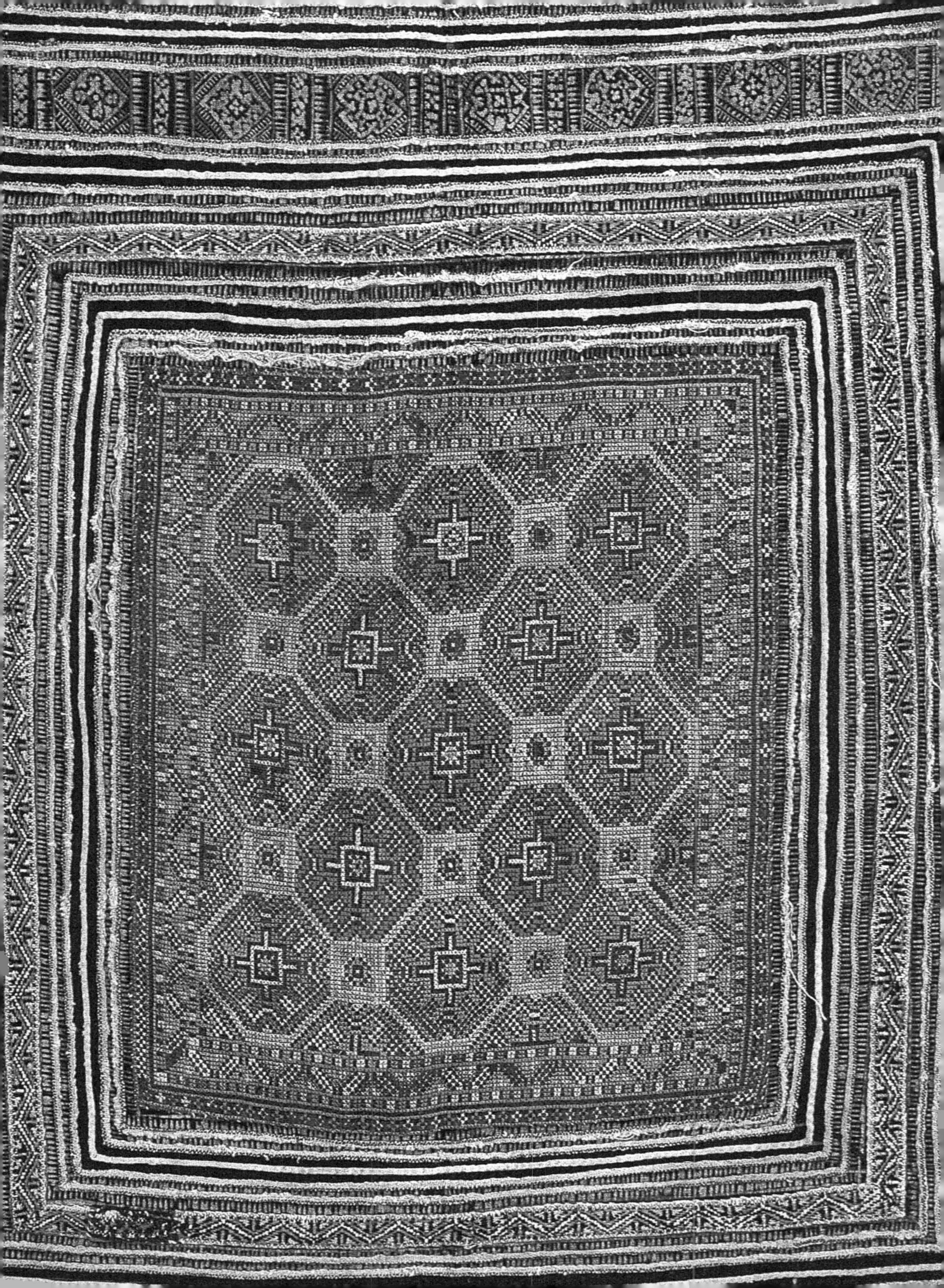

## 盘龙纹八卦
## 盘型背带盖

剪纸绣样

融水流传

作者佚名

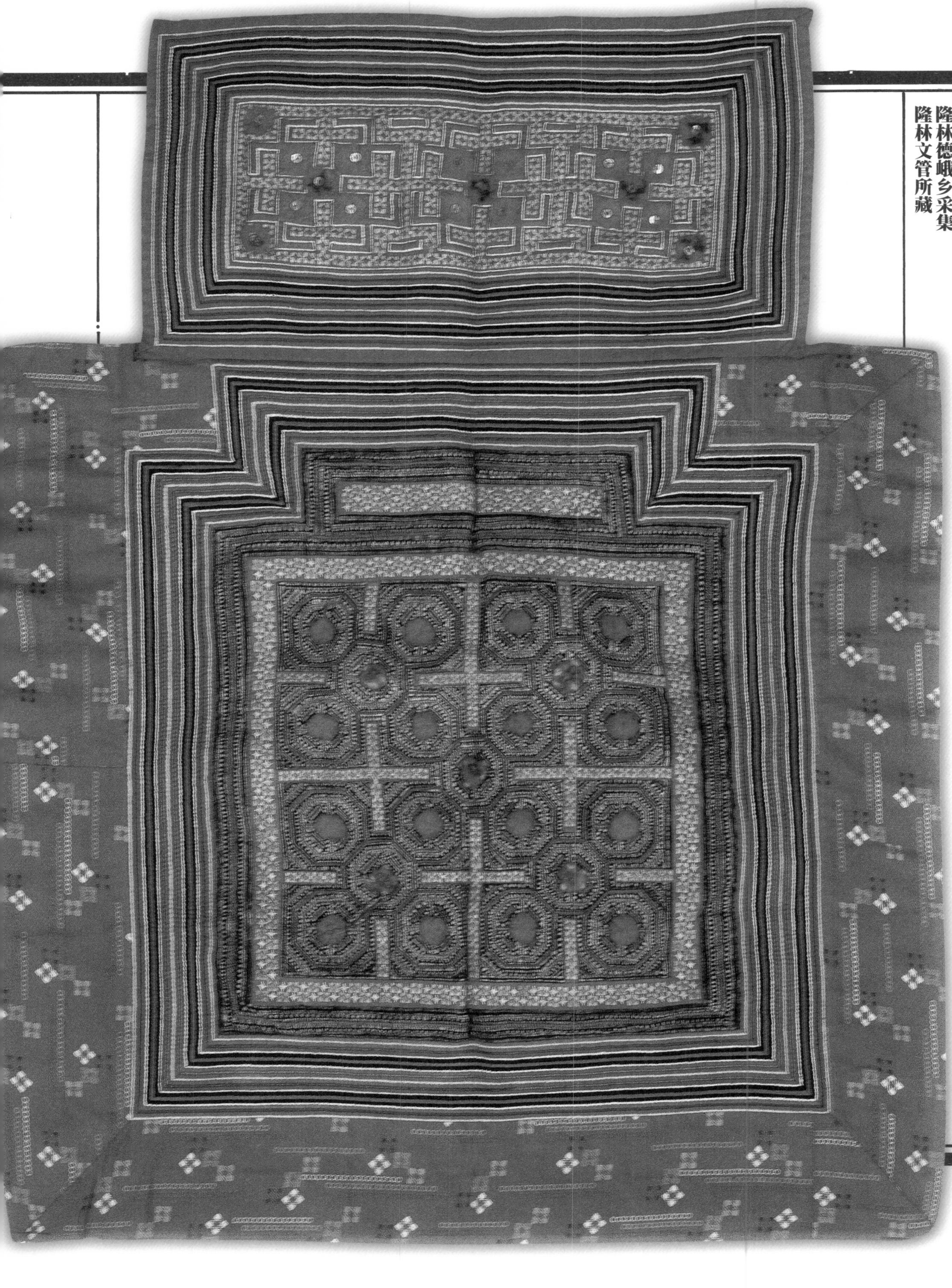

神竿纹红头苗型蜡染挑绣背带心
隆林德峨乡采集
隆林文管所藏

## 涡花纹清水苗型刺绣背带

隆林德峨乡 杨友奶绣

清水苗对江河的记忆久久不能抹去，他们在衣饰、背带上绣制出滚动的波涛和旋转的浪花。江河对于他们来说不是劫难而是生命的赐予，热血因着湍流而沸腾。越过千年的历史往事，苗家的子孙与祖先一起对精神家园翘首相望。

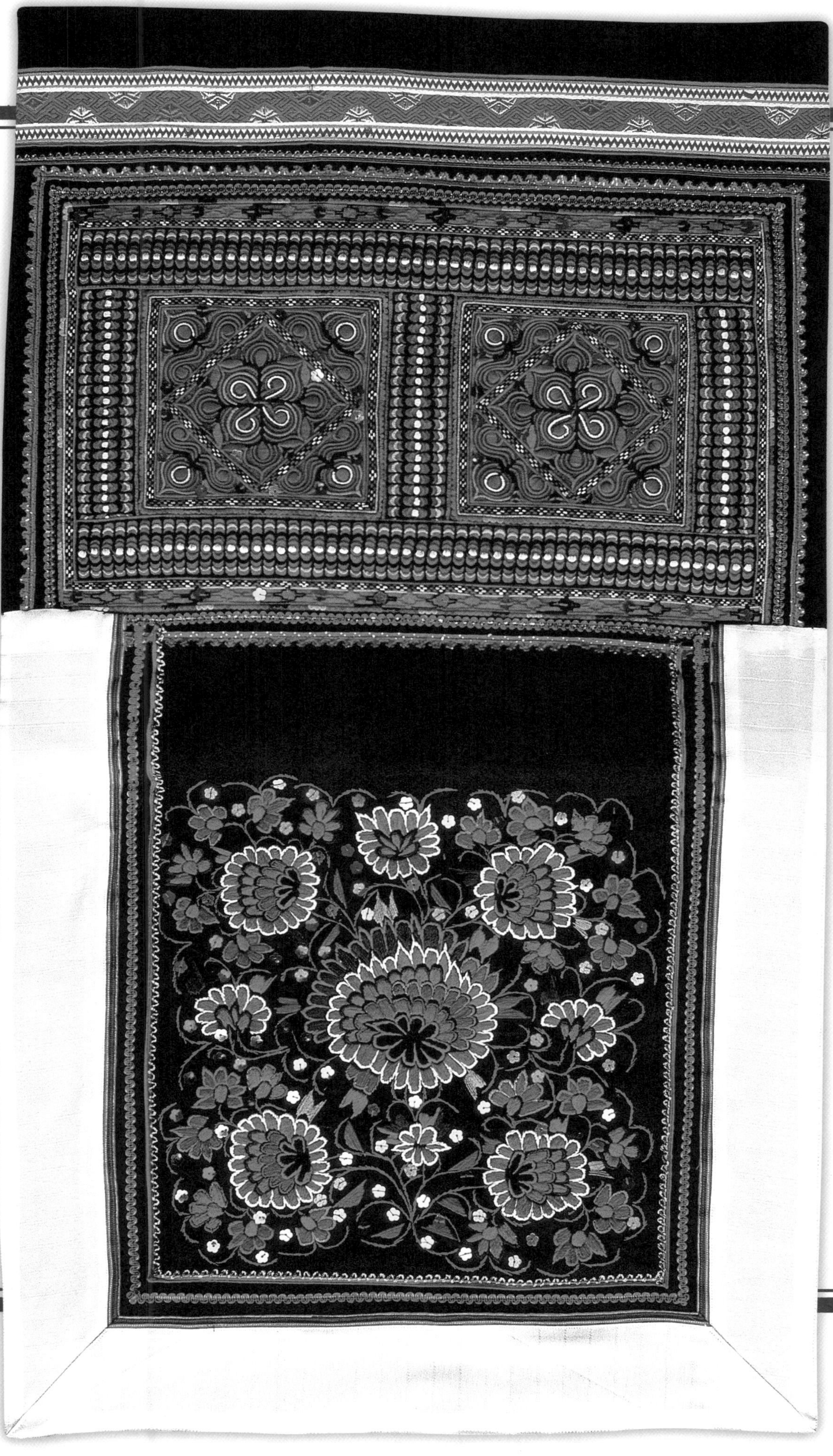

下页

漩涡纹清水苗型刺绣背带眉

隆林德峨乡 杨友奶绣

隆林文管所藏

云气水涡纹清水苗型刺绣背带

隆林德峨乡采集

作者佚名

菱花纹清水苗型刺绣背带

隆林德峨乡采集 作者佚名

## 温故知新

每个民族都有每个民族的创世史诗，史诗中有开天辟地的惊心动魄，有盖世英雄的叱咤风云，有部族争斗的刀光剑影，有欢庆胜利的群情激昂，有苗族史诗中被迫迁徙的一份悲壮。据文献记载，黄帝与蚩尤大战，蚩尤被擒，黄帝命应龙杀死蚩尤，血染桎梏，化为枫木之林。苗族的先民便从黄河与长江下游靠海的地方进行长途跋涉，经历了三代迁徙。『日月向西走，山河往东行，我们的祖先啊，顺着日落的方向走，跋山涉水来西方。』也许对于这样不同寻常的民族磨难，苗族的先民们把它当成一份财富，以此造就族人坚韧刚直的性格。因而娃崽背带上的图纹成了一部温习故事的教科书，让每个人从小就聆听民族惊心动魄的历史。从混沌花朵吟出古歌中的『开天

花树人面纹

井字纹

祀坛纹

龟背纹

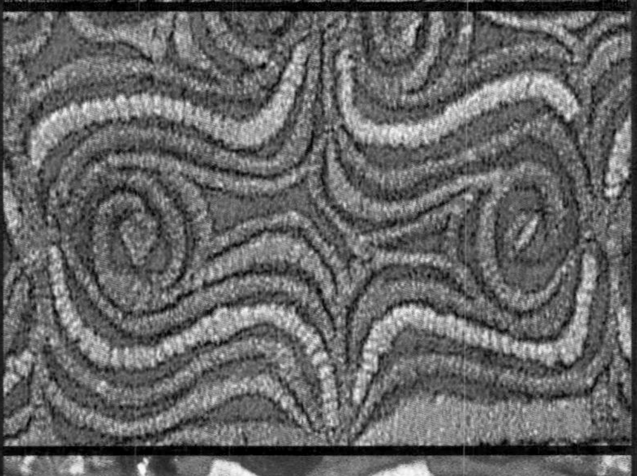

水纹

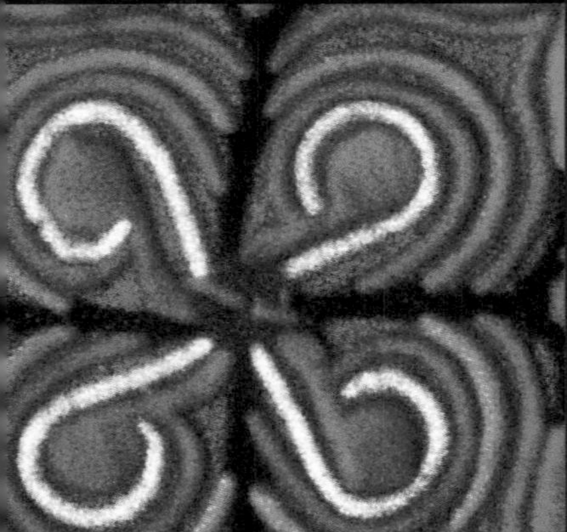

漩涡纹

混沌花

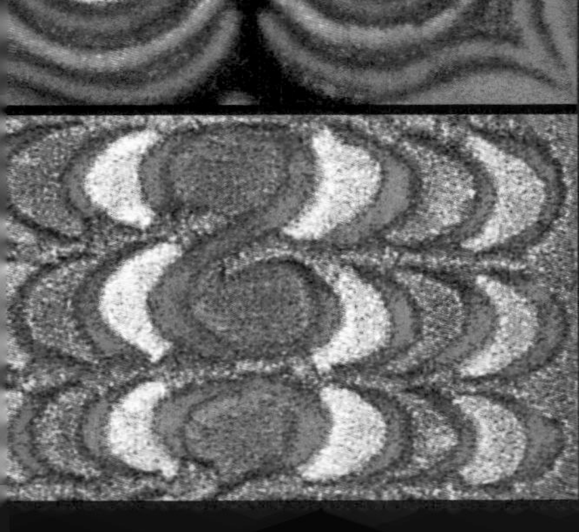

涡花纹

# 广西民族风俗艺术 卷壹

# 丰甚华背（上）

古歌从此唱起来
——苗族背带篇（续）

辟地』，到滚滚水波和弦的『跋山涉水』，他们顽强地生存到今天。显然凤鸟、盘龙、卧狮的时代已远离历史的纹章，但满载着历史嘱托的苗家肩背上新鲜的花纹，仍然有着对流逝岁月不尽的深沉，有着对华丽现实有益的省思。

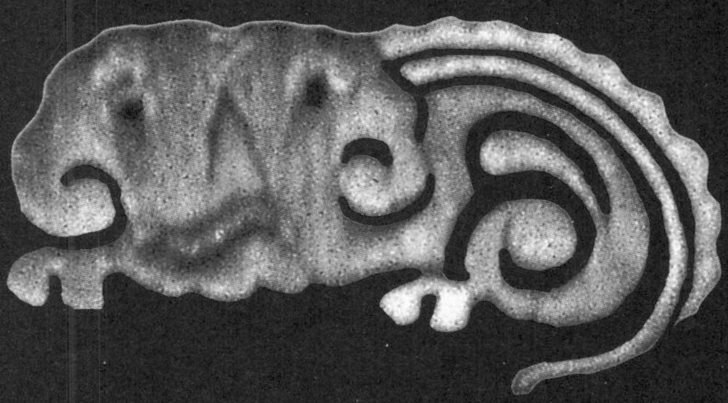

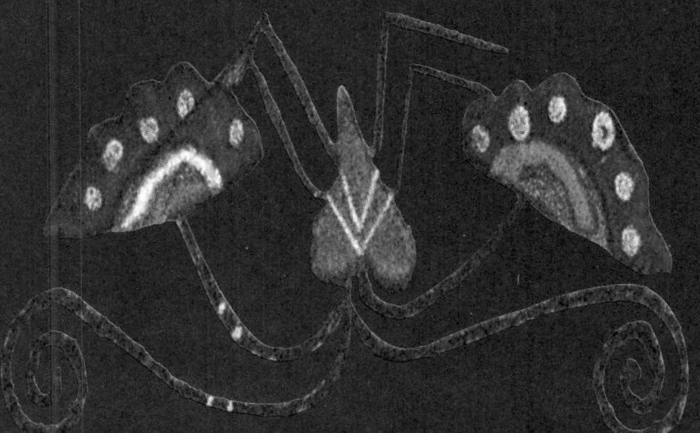

# 娃崽背带（上）

## 背着日月留着根——侗族背带篇（始）

侗家风俗，新娘生了孩子后才长期落住夫家，所以连嫁妆也是为孩子『贺三朝』时一起送来。人们喝着双喜临门的美酒，唱着歌儿祝贺：『主家新添娃崽好欢乐，就像得了龙王口含的一颗珠，愿他长大有才气，笋子高过竹，本领胜父母。』孩子出月那天，先准备酒菜，到门口面向东方祭祀，把孩子的名字禀报天地祖宗，然后母亲抱着孩子回娘家，叫外婆给孩子唱『勉励歌』。这时，外婆拿出早就准备好的花背带，唱道：『女大养小鹅，儿大耕良田，三男上山吹木叶，五女下界吹横笛，横笛真好听，咧咧朗朗像蜂鸣。莫学蝶儿花间耍，要学蜜蜂勤做工，勤俭钱财富，坐吃山也空。』从此，外婆的背带就成了联结婴孩与母亲的密不可分的纽带，婴孩在这美好的所在中一天天长大。

小孩的背带盖上，中心部位大都有一个圆形的图纹，显然，背带盖作为顶在头上的重要部分，主题也应当是天，这个圆形的图纹正是太阳的符号。侗族的太阳崇拜，在百越时期就已形成，在广西出土的大量铜鼓面上，都有放射的太阳纹。中国古人对太阳崇拜的典礼是非常隆重的，殷墟卜辞中就有许多『入日』、『出日』的记载。炎帝、太昊、东君都是古代的太阳神，在各民族中也都有有关日月崇拜的方式。

太阳既能给人类光明和温暖，也能造成干旱酷热，

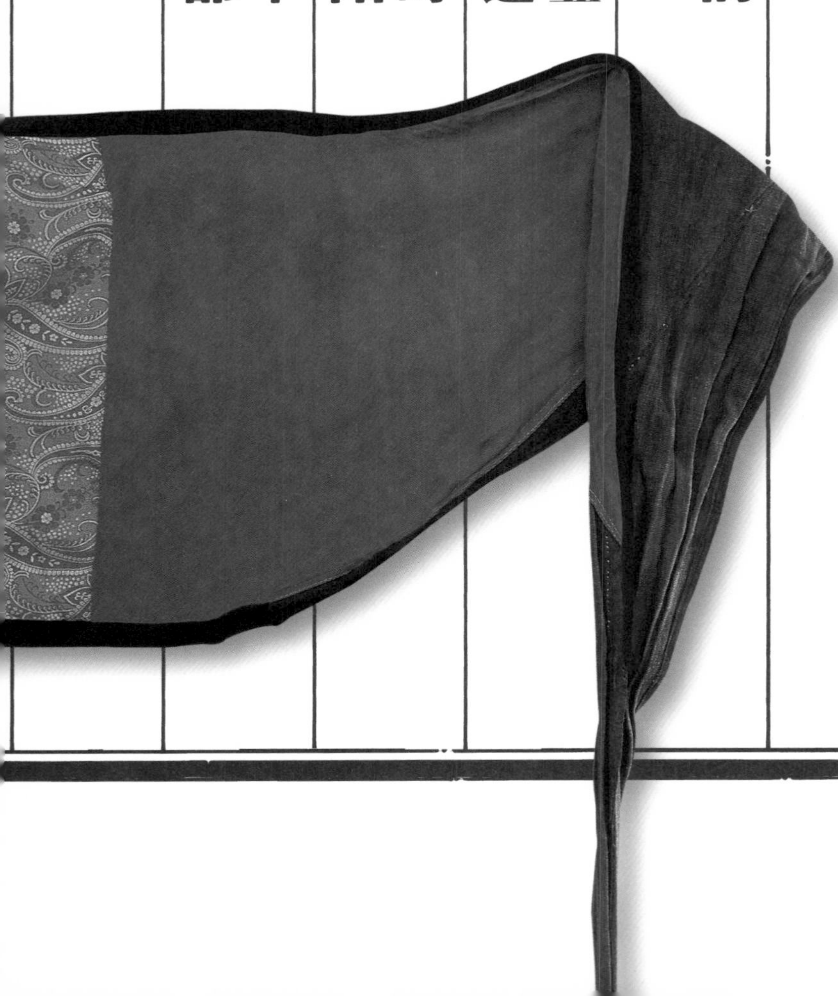

降灾难于人类，因而，各民族又多有射日月的神话。在侗族创世史诗中，就有《救太阳》、《救月亮》的古歌。而侗家娃崽背带上的太阳纹、榕树纹，正是表现了人类对日月既纠葛也缠绵的情感矛盾。

**三江富禄型侗族背带式样**

三江富禄乡
陈丹奶绣

广西的侗族多居住在三江、融水、龙胜一带，他们是这里的土著民族和主要开拓者，故先占有水源和山间平地，有着较为优越的生存条件。侗族背带的格式大致与融水苗相同，有些地方背带盖上的花纹几乎分不清苗侗。最普遍的太阳纹应是侗家独具个性的图案。带心的图纹多用各色碎布拼成贯钱纹，既有法天地方圆，又有求富足有余的含意。带心周围用红蓝色布拼成的狗牙纹光彩炫目，有一种强劲的扩张感。

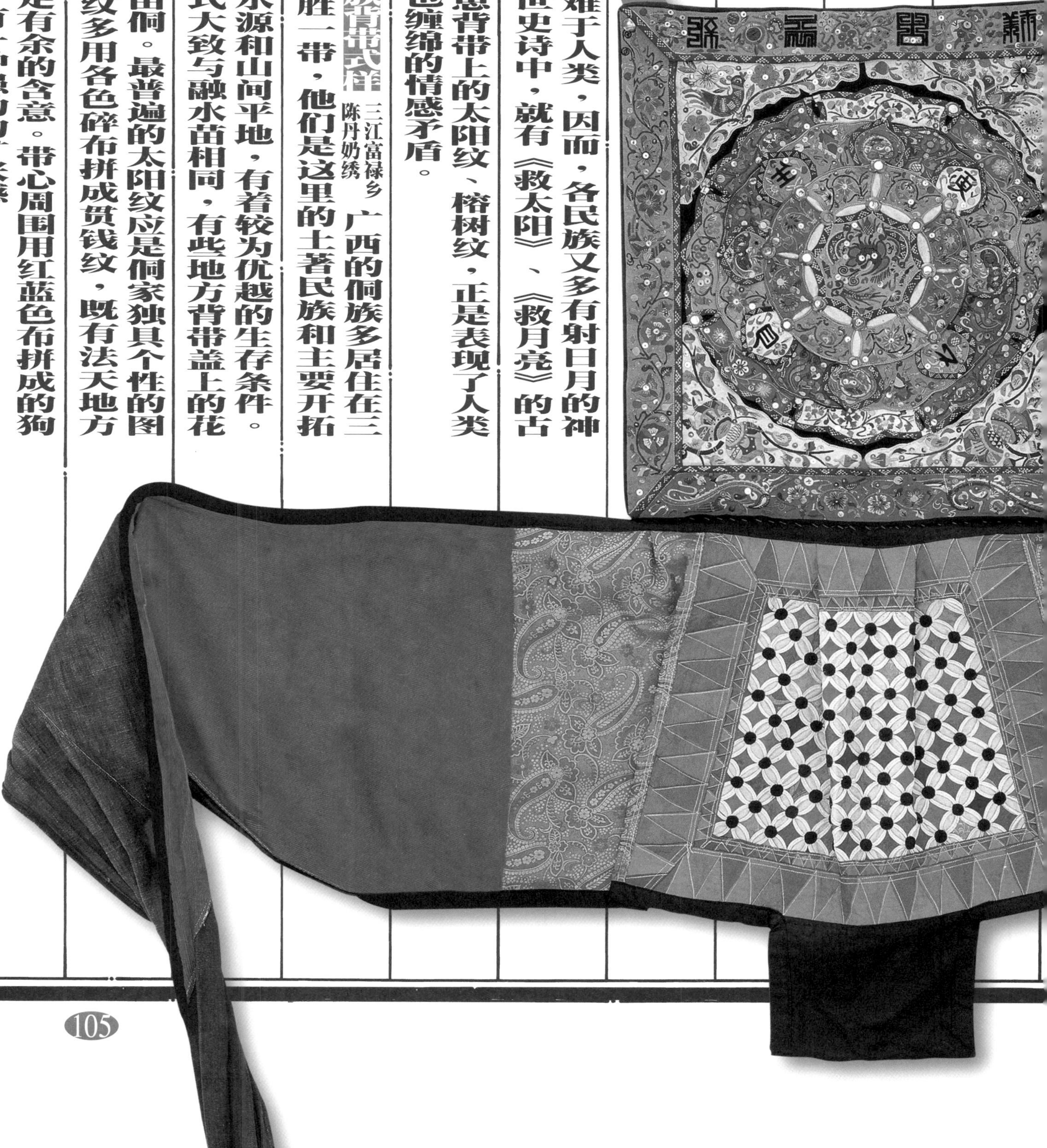

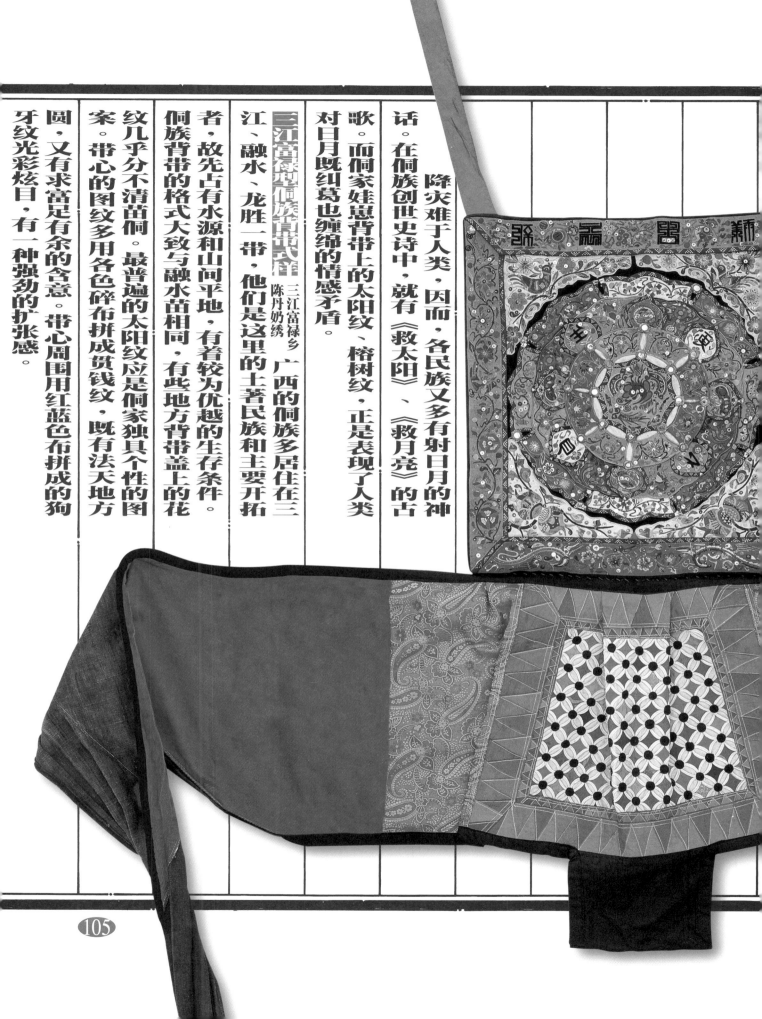

## 牡丹化生纹八卦盘型刺绣背带盖片

三江流传
作者佚名

花蕊的阴阳鱼纹已在发生着变化，绿色部分在扩张，形成了不平衡状态。看来花蕊中的生命即将成熟，等待着花苞大开，生命一跃而出。实际上，这是图像化、艺术化了的混沌初开。

云气交合纹八卦盘型刺绣背带盖片

三江流传

作者佚名

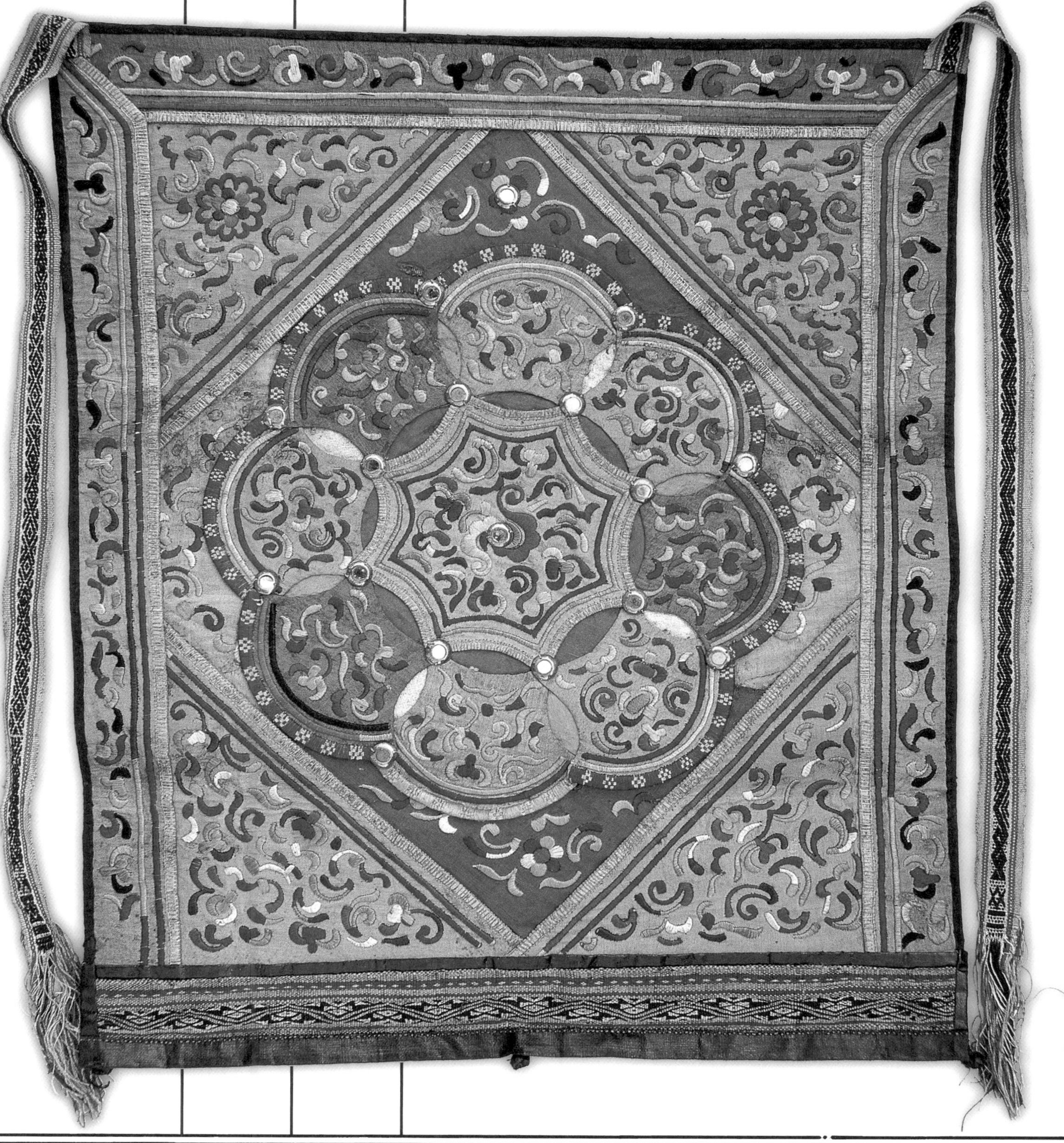

**混沌花纹八卦盘型刺绣布堆绣育带盖片**

三江流传
作者佚名

神话中描述的混沌是个浑圆如鸡子的球蛋，这并不适合形象语言的描绘，侗家巧手赋予它花朵的形象，使之更为附和母性的象征——花孕育生命的情理，也平添了解读的美感。

马纹井字型
挑花背带心

三江流传
广西博物馆藏

## 富贵康宁题八卦盘型刺绣背带盖片

三江流传

作者佚名

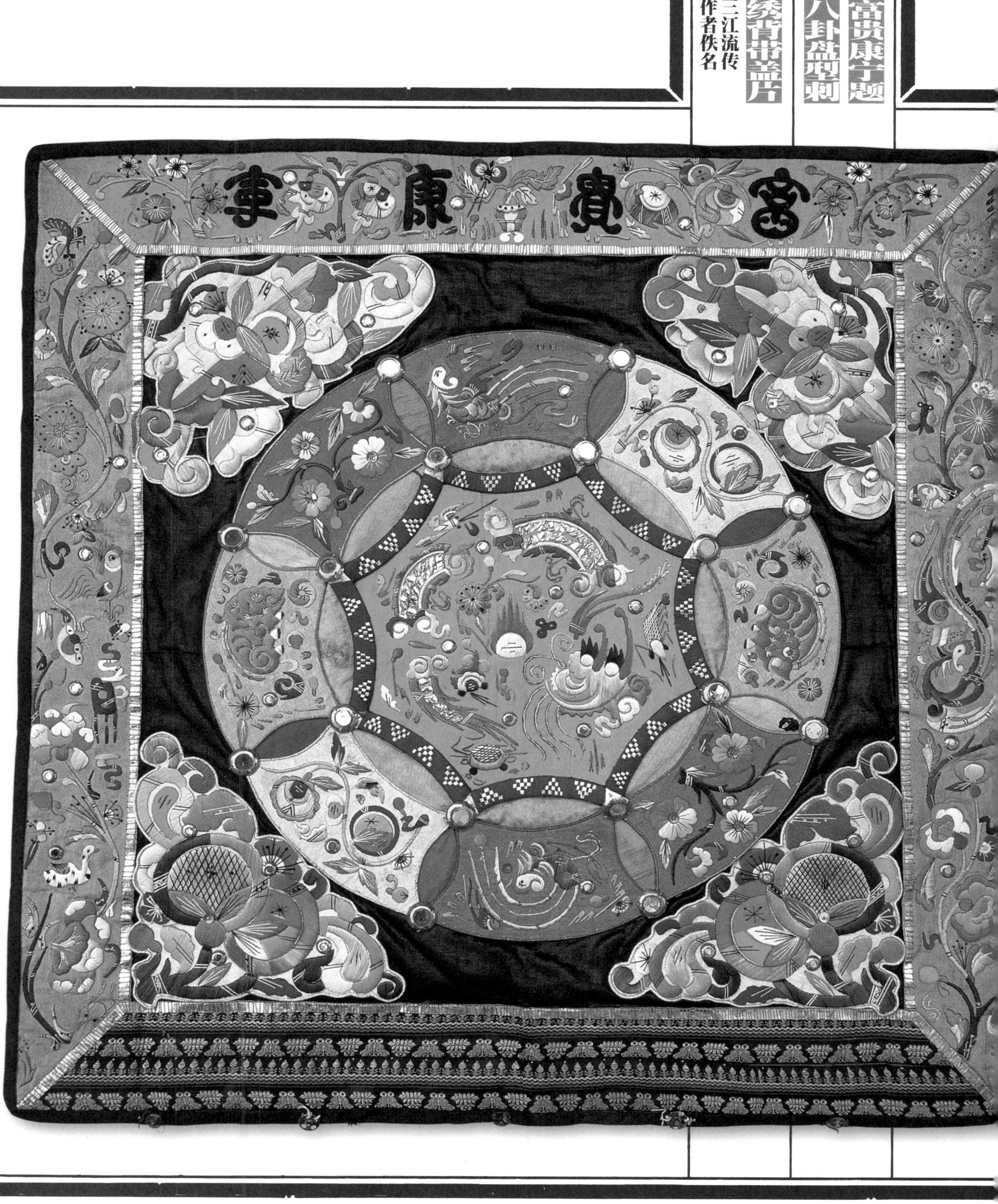

## 盘龙纹八卦盘型刺绣背带盖片

三江流传

作者佚名

**盘龙纹八卦盘型刺绣布堆绣背带盖片**

三江洋溪乡采集
杨培述藏

侗族神话中的祖先宜仙、宜美生下龙、蛇、虎、雷、姜良与姜妹六兄妹，构成人兽神共处的集体。后因兄弟争夺地盘而导致洪水，只有姜良、姜妹在长兄龙的帮助下得救，并在

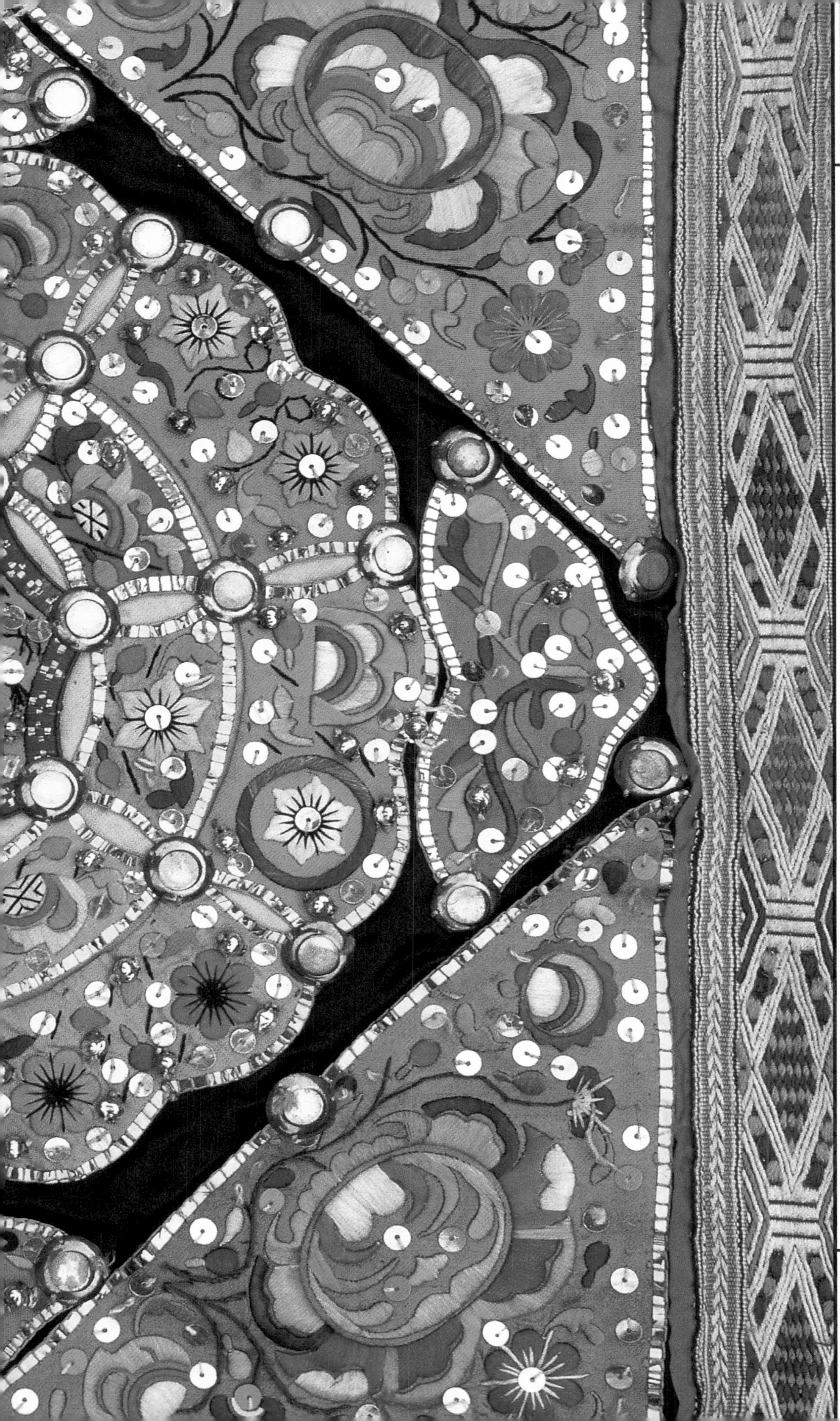

媒官凤鸟的撮合下结为夫妇，繁衍人类。《祖源歌》中凤凰唱道：『我奉星翁星婆的旨意，特来为你们把亲事讲，请你们兄妹来检验，把两块磨盘丢下山岗。若磨盘在山底拼合，你俩就作新郎和新娘。』因而侗家保留着感念龙凤的习俗，并将其绣在娃崽的背带上。龙和凤在这里依然留存着先秦时期南方诸族造型艺术中行云流水般的流畅悠扬。龙凤在侗乡从来不是代表帝王权力的象征，而是可亲可近的吉祥神灵。

**鸣凤纹八卦盘型刺绣背带盖片**

三江流传

作者佚名

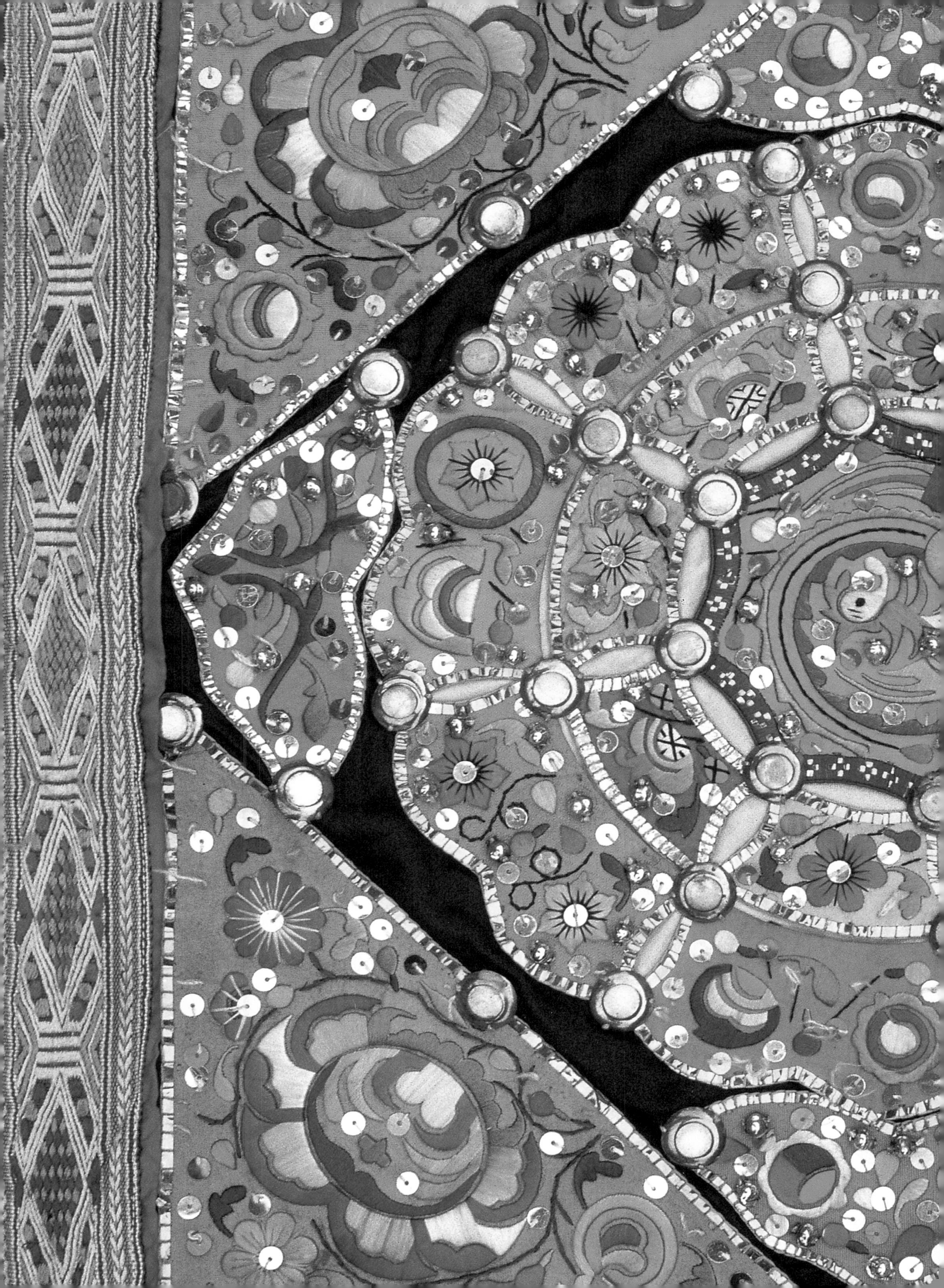

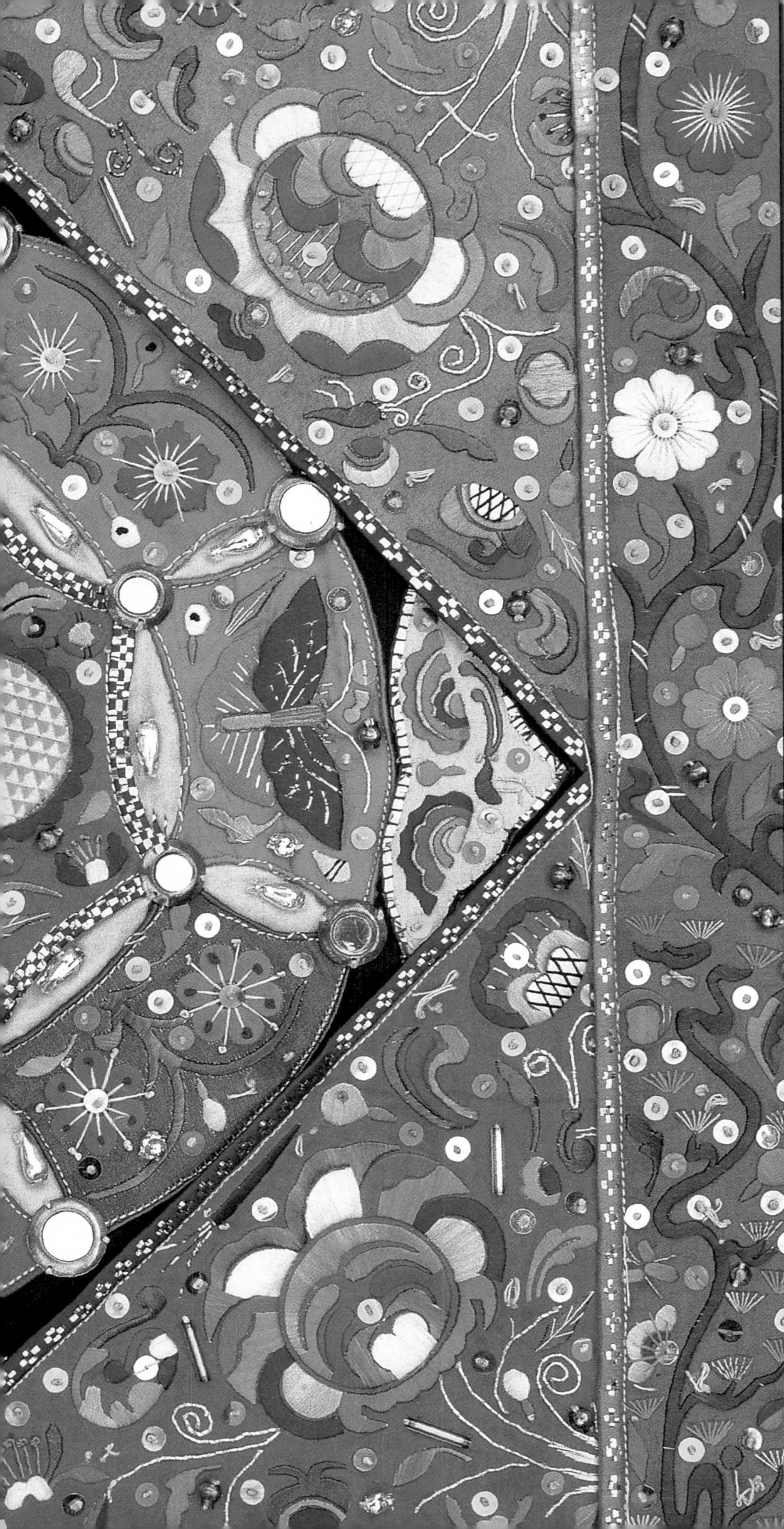

## 日月花纹八卦盘型刺绣背带盖片

三江流传　作者佚名

世界上许多地区和民族的神话中，由眼睛化生为日月的很多很多。汉文古籍中盘古开天辟地之后，『左眼为日，右眼为月……发髭为星辰』，以自己的献身换来世界的化生。许多少数民族的说法也是由天神或动物的眼睛变幻为日月，这无疑是一种超乎寻常的想象。而侗族背带上的这幅日月花树，却是更为出人意料的图画。围绕在八卦图形四周的八个瓣形面上，其中五个绣有缔结着两个圆形花果的树，这仍然是太阳花树，花树居中直上，然后分两杈垂下，如同鼻梁通天挑出的两条细长的眉毛，而两个花朵或果实，更似一对明亮的眼睛。难道这就是射下十日，留下两个作日月轮流值班的侗族创世史诗《祖源歌》的旧景重现吗？

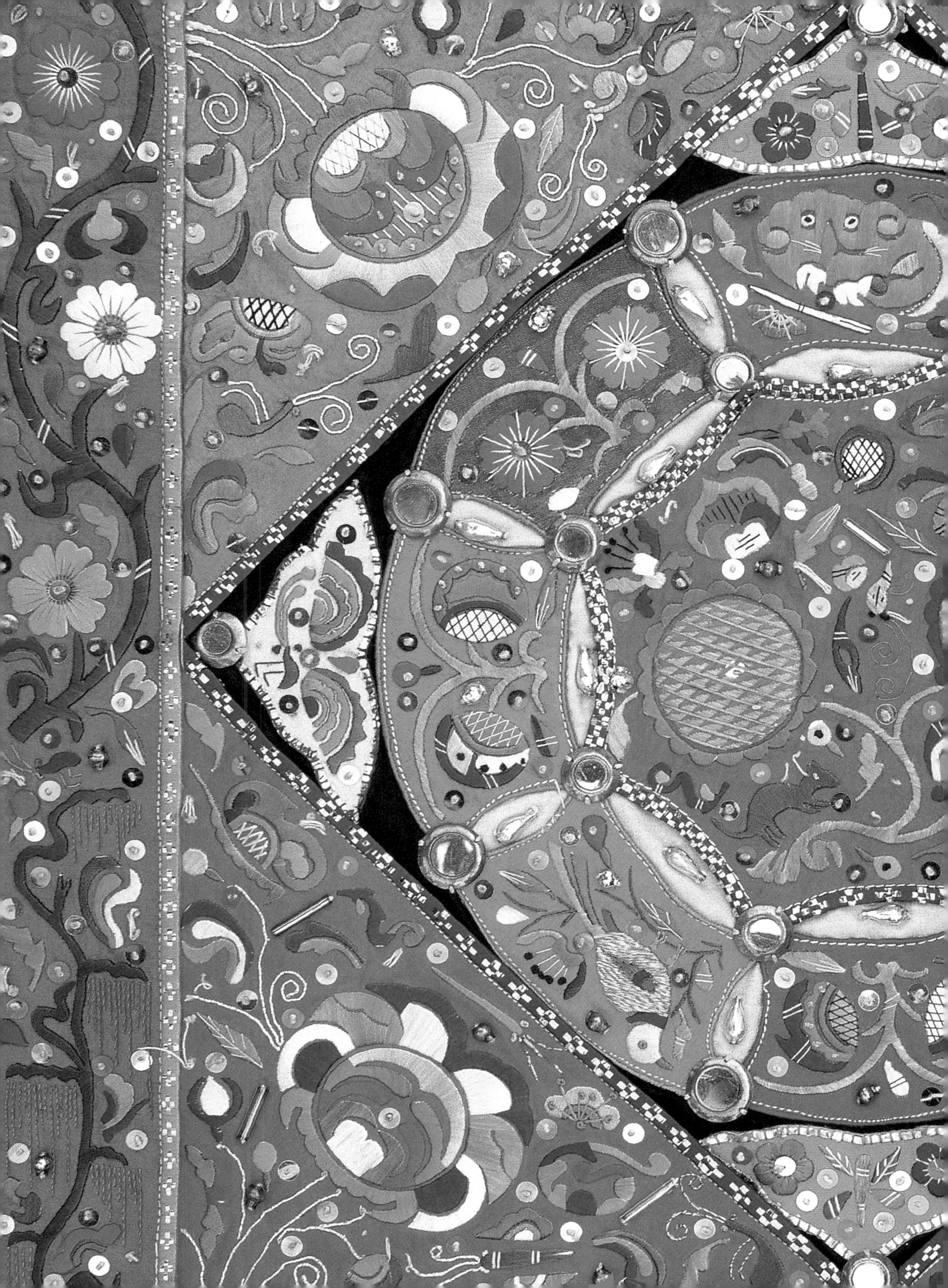

## 混沌花纹八卦盘型刺绣背带盖片

三江洋溪乡采集 杨培述藏

侗族创世史诗《祖源歌》中说：远古那时光，天地苍茫茫，无孔也无缝，混沌而洪荒……只懂有个祖婆萨天巴○，传说她是天地的亲娘。萨天巴生地取名叫『嫡嫡』，生天取名叫『乌闷』，地是摇篮为母体，又生诸神在上苍——后来，她又修天修地，用四根玉柱把天撑起，造出日月和山河，从天上撒下种子，让大地万物生长。从自己身上摘下四个肉痣，让萨犺（即猿婆）帮她孵化人类……

在背带图纹中，虽没有这位女神的出现，天地初开的情景却屡见不鲜。这也许会提示出有关萨天巴的蛛丝马迹。她又称『萨巴隋俄』，意为金斑大蜘蛛。她有四只手四只脚，两眼安千珠，放眼能量百万方，是原始先民幻想的人、神、动物的复合体。而且，传说中八卦图形的创造是人类观蛛网之形受到启发的结果。她又是能『生育千万个姑妈』的女神，莫不正是八卦花中的混沌？而四角的混沌花，该是四个孵化人类的肉痣。

○侗语音译，意为『生育千万个姑妈的神婆』

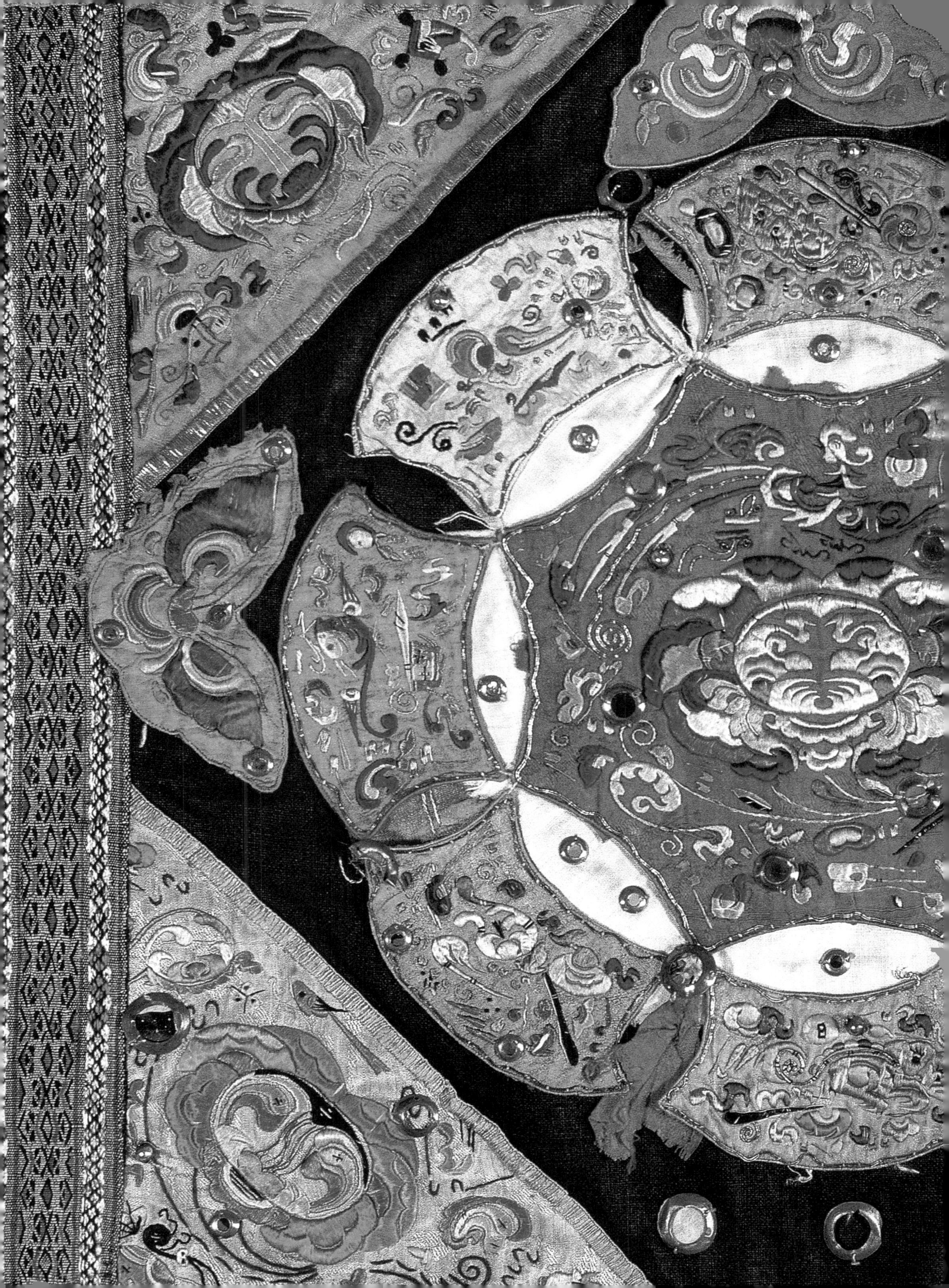

## 混沌花纹六瓣花型刺绣背带盖片

三江流传
作者佚名

混沌，本是充满了生机可能的宇宙本源，是包容清浊、阴阳的浑圆之体。在侗族民间艺术的描画里，混沌成了一朵花儿，为之强调了女性的特征，并由一个衍化成多个。这幅背带心上的图纹正是典型的例子。传统侗族婚姻中有女子不落夫家的习俗，顽强地保留着母系氏族残存下来的女性尊严。创世中的萨天巴能生育千万个姑妈而被奉为女神，可见女性的创造力曾经是一种普遍的骄傲。因之，混沌花四处开放了。

## 混沌花纹八卦盘型刺绣背带盖片

三江流传
作者佚名

前面讲过，搭在孩子头上的背带盖片是作为天——华盖的意境勾画的。在男权社会里，天已是男性的代名词。而侗族背带盖上多次出现在中心部位的混沌花，却明显是女性的象征符号。侗族没有本民族的文字，即使进入男权的时代以后，也很不方便用汉文改写民族的神话传说和历史。而女子们织锦、挑花、绣花的图纹，其实是形象地记载神话传说和历史的一本百科全书。女性仍占有维护情由原本的主动，她们一如既往地把代表女性的花朵写向高天，展示给子孙万代，也激励自己靠创造把握自我命运的执着与勤劳。这不同于文明世界高潮迭起的女权主义，侗妇们也未必会唱『半边天』的歌，她们用混沌花绣出的一片天空却分外动人。

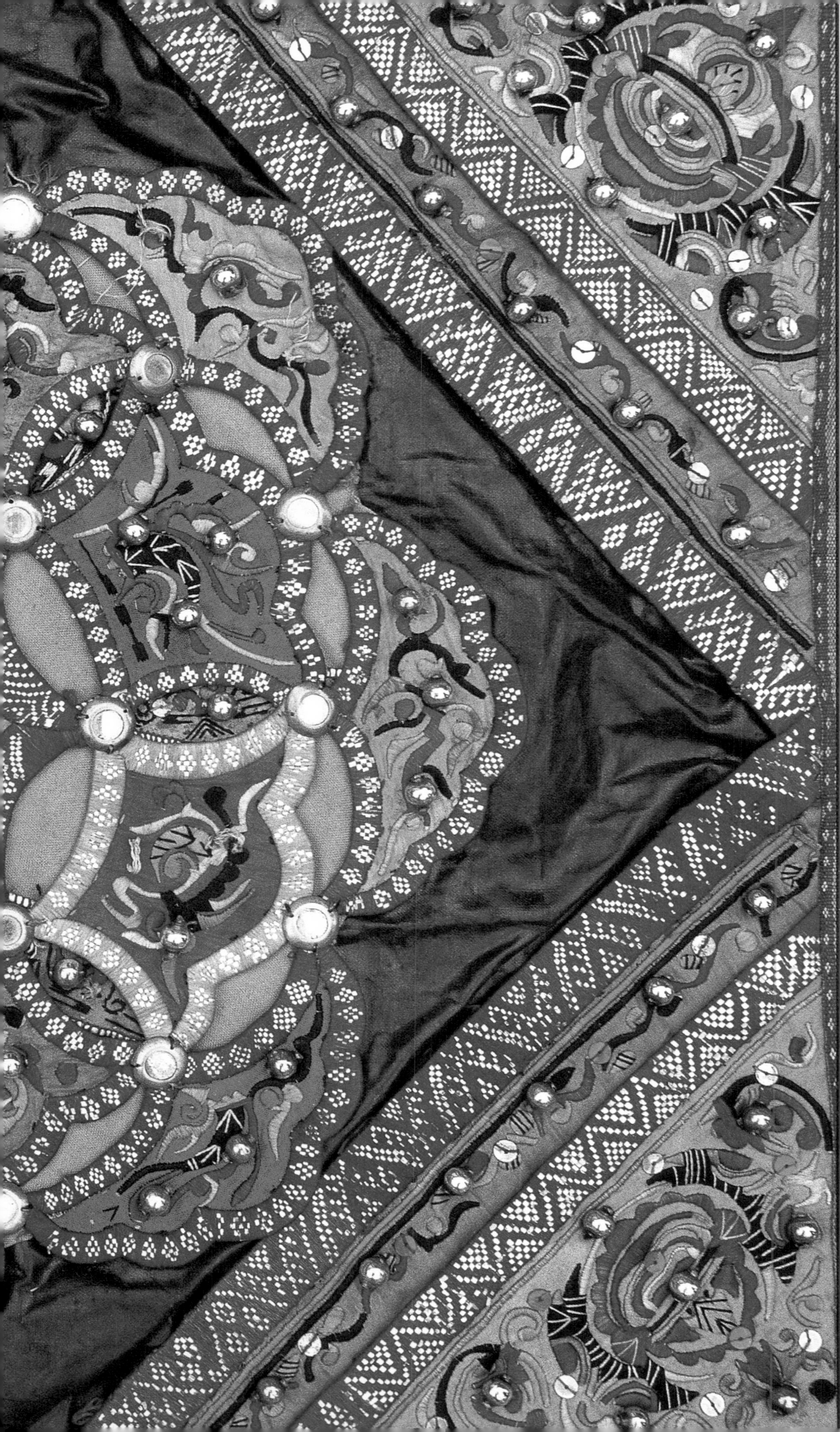

**盘龙纹八卦盘型刺绣背带盖片**

三江采集 作者佚名

侗族传说中的龙，是侗族祖先姜良、姜妹的兄长，在洪水灾害中，姜良、姜妹躲在葫芦里任水漂荡。龙兄赶来，把葫芦变作金葫芦岛，解救了弟弟妹妹。这就是侗族崇敬龙的因由。龙的形象在侗家女子的手笔下，是亲和朴实、灵动活力的形象。在许多少数民族女性家长制的时代里，舅父普遍承担着男性家长的角色，而龙恰是侗家远祖的善良的舅父。所以，龙有时绣在背带的图纹中，给子孙们以永远的念想。

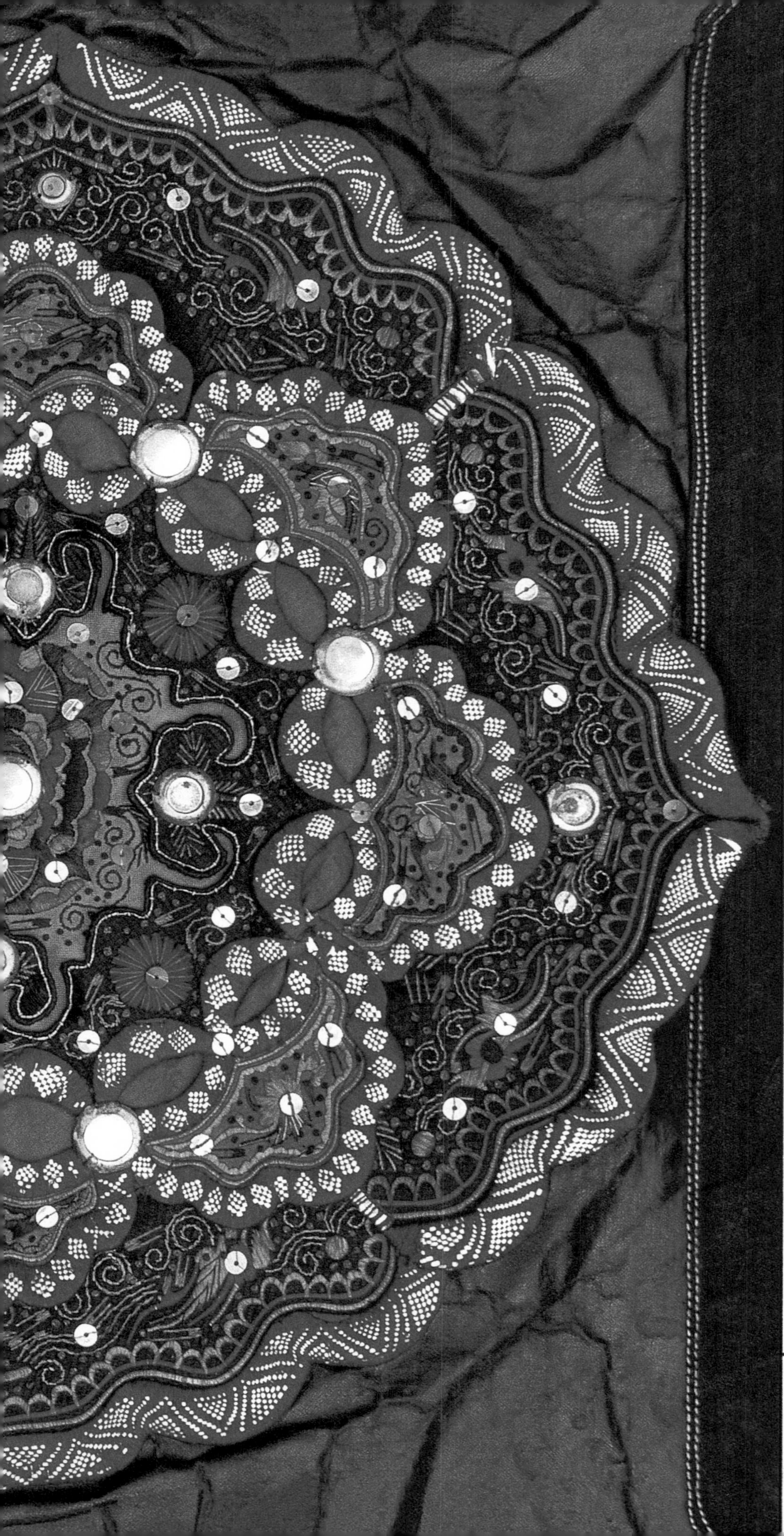

## 混沌云水纹八瓣花型刺绣背带盖片

三江流传 作者佚名

看到这幅背带心上熠熠闪光的嵌镜铜纽，不由使人想起女神萨天巴『两眼安千珠，放眼能量百万方』来。有着这样多的眼睛密切注视着侗家娃崽身前背后的风吹草动，是任何邪恶都不敢来犯的。在高扬女神创世精神的侗族背带艺术中，在高天流云、日月生辉、斗转星移的华盖之上，萨天巴无处不在，或者说背带上的图纹，就是这位『神殿上最大的祖神婆』文字的传记、图画的肖像。侗家巧妇没有按侗歌所唱的样子『传移模写』她那奇特怪异的形象，而是以民间艺术造型可纵横时空、可凭虚化有的方式传达出女神的本来面目——大象无形。

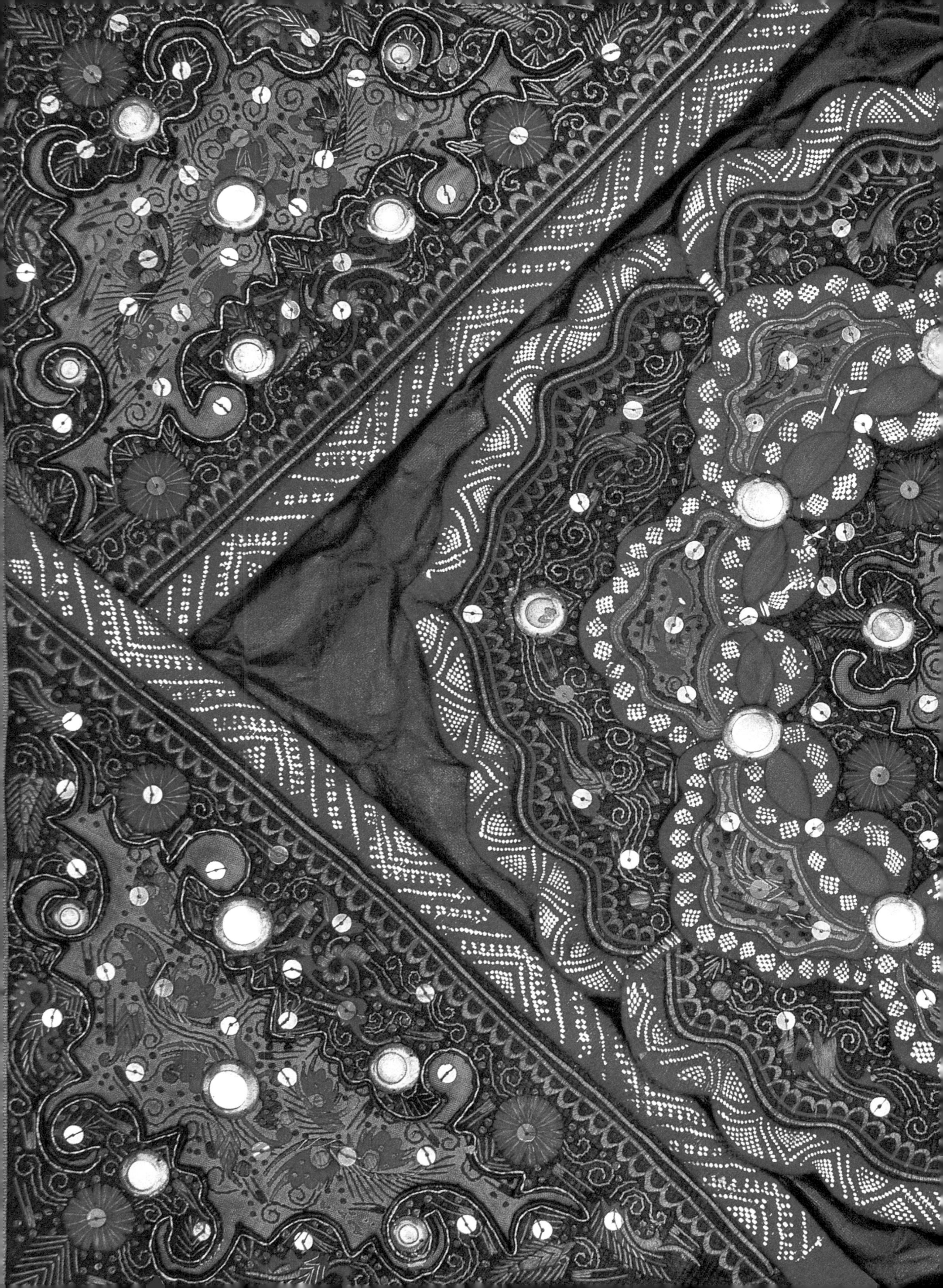

混沌花纹八卦盘型刺绣

背带盖片

三江流传
作者佚名

黄闪夜藏

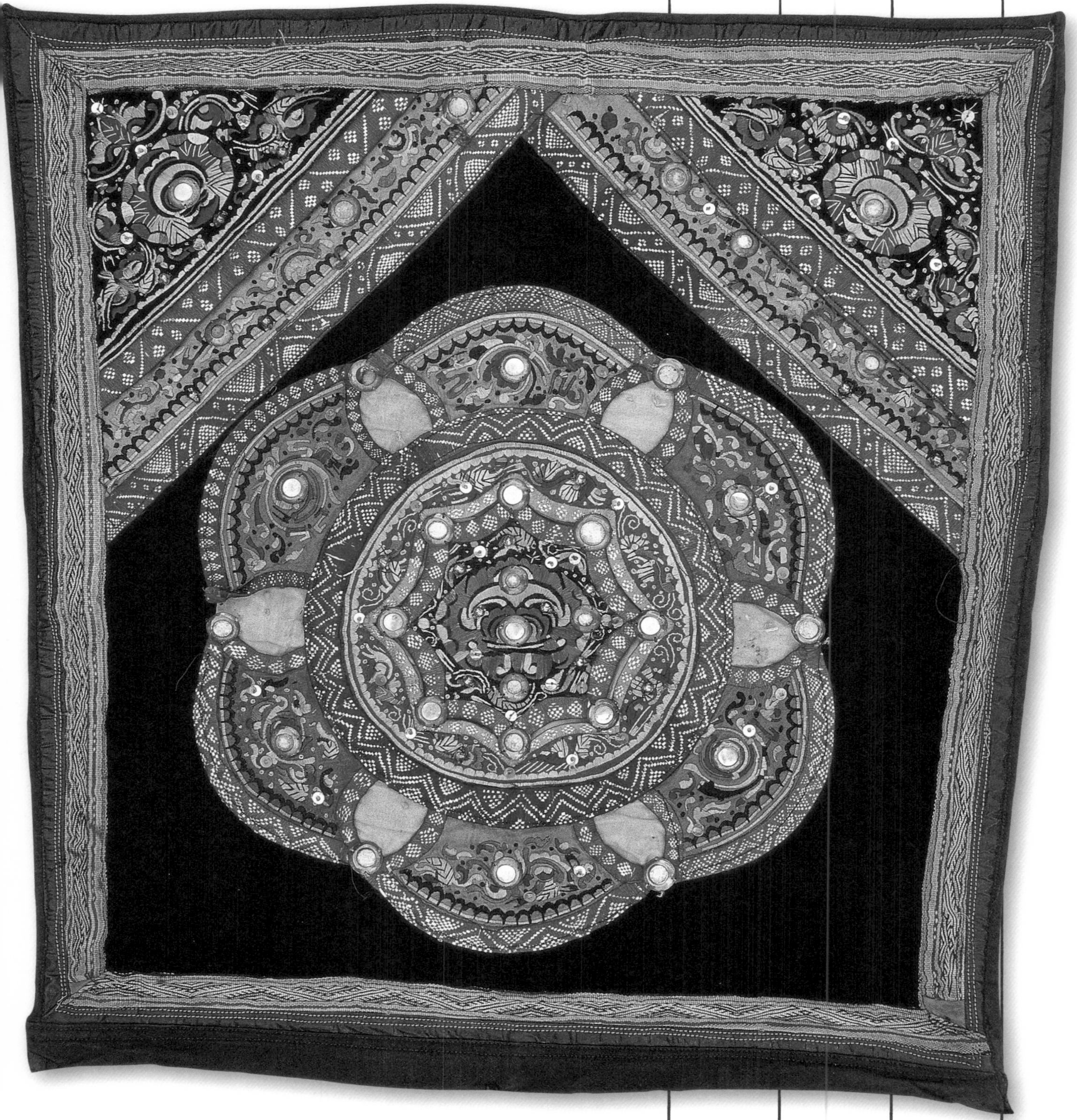

# 清浊一气纹浑圆型刺绣

## 背带盖片

三江流传
作者佚名

# 混沌花纹八菜一汤型刺绣背带盖片

三江同乐乡平溪村

覃培英奶绣

## 混沌花纹八菜一汤型刺绣背带盖片

三江同乐乡平溪村

韦林香奶绣

**混沌花纹八菜一汤型刺绣背带盖片**

三江同乐乡平溪村
韦林香奶绣

还是要说一下这里的混沌花。混沌花，现在许多地方的侗族人把它叫作『螃蟹花』，说它像个有腿有眼有身子的大螃蟹。其实这是一种讹传，它正是女神萨天巴——金斑大蜘蛛。

## 混沌花纹"十菜一汤"型刺绣背带盖片

三江同乐乡流传　作者佚名

这种民间俗称『八菜一汤』或『十菜一汤』的盖片格式，在三江同乐乡平溪村是很普遍的，但这里的表现却不是人类饕餮的一道道大菜，况且经受过艰苦磨砺的侗家人也不可能把酒席搬到护养子孙万代的襁褓之上。那么，这九个或十一个刺目的圆形图纹是什么呢？《祖源歌》中说，在洪水灾害中，龙王把葫芦化为金葫芦岛，萨天巴设置了九个太阳晒干了洪水，解救了姜良、姜妹。但大地又被十个太阳晒得枯焦，几乎也要把人晒死。姜良、姜妹请皇蜂发神箭射落了九个太阳，只留下原来的一个，使大地恢复原有的生机。故事与汉文古籍中的『羲和生十日』与『羿射九日』非常相似，但侗族神话似乎并没有对萨天巴的抱怨。萨天巴（侗语『萨汀巴』）在天上象征日晕——侗语神号『萨巴汀析』，古侗人谓日晕为『析』，与卜辞中『东方曰析』一致。在天下的化身是金斑大蜘蛛——侗语『萨巴隋俄』。侗族有八月十六祭日晕之神的习俗，在生子出月的那天，侗家人也要到大门口面对东方祭祀日晕之神，因为侗族认为『析』是自己的始祖母。而把始祖布下的十个太阳（有说十二个太阳）的神秘图像钉在孩子的背带盖上，莫不是要离神话年代久远的后辈人领略一下这惊人的奇观？

十日或多日并出的神话产生的因由，一直成为学术界争论不休的话题，至今仍无明确结论。有意思的是：一九八二年六月十三日海南东方县板桥公社上空五日并出；一九八六年十一月十九日上午西安市上空五日并出；新疆伊犁境内，一九八六年十二月二十二日昭苏上空出现三个太阳；一九八七年一月十六日阿尔泰上空出现五个太阳。科学家将此解释为『日晕』现象。侗族先民是否也见过这样的奇观？

混沌花纹十菜一汤型刺绣背带盖片 三江同乐乡平溪村 韦龙恩娘绣

福
如
東

**月亮花纹刺绣背带骑片**

三江独峒乡
杨海峰奶绣

如果说顶在头上的华盖绣制的是太阳，那么背带尾上的这种花纹该是什么？当地的侗族称之为月亮花。在《史记·天官书》中，古人将天划为五大区域，列九十一星组，《史记正义》注中有

『婁女四星，亦婺女』，又有『婁女……主布帛裁制、嫁娶』，看来月亮花的周围是四方的星斗。如果侗家女绣的的确是婁女的四星，这件作品可看作月光下正在绣着娃崽背带的她们自己。

**月亮花纹刺绣背带骑片**

三江独峒乡
杨共国奶绣

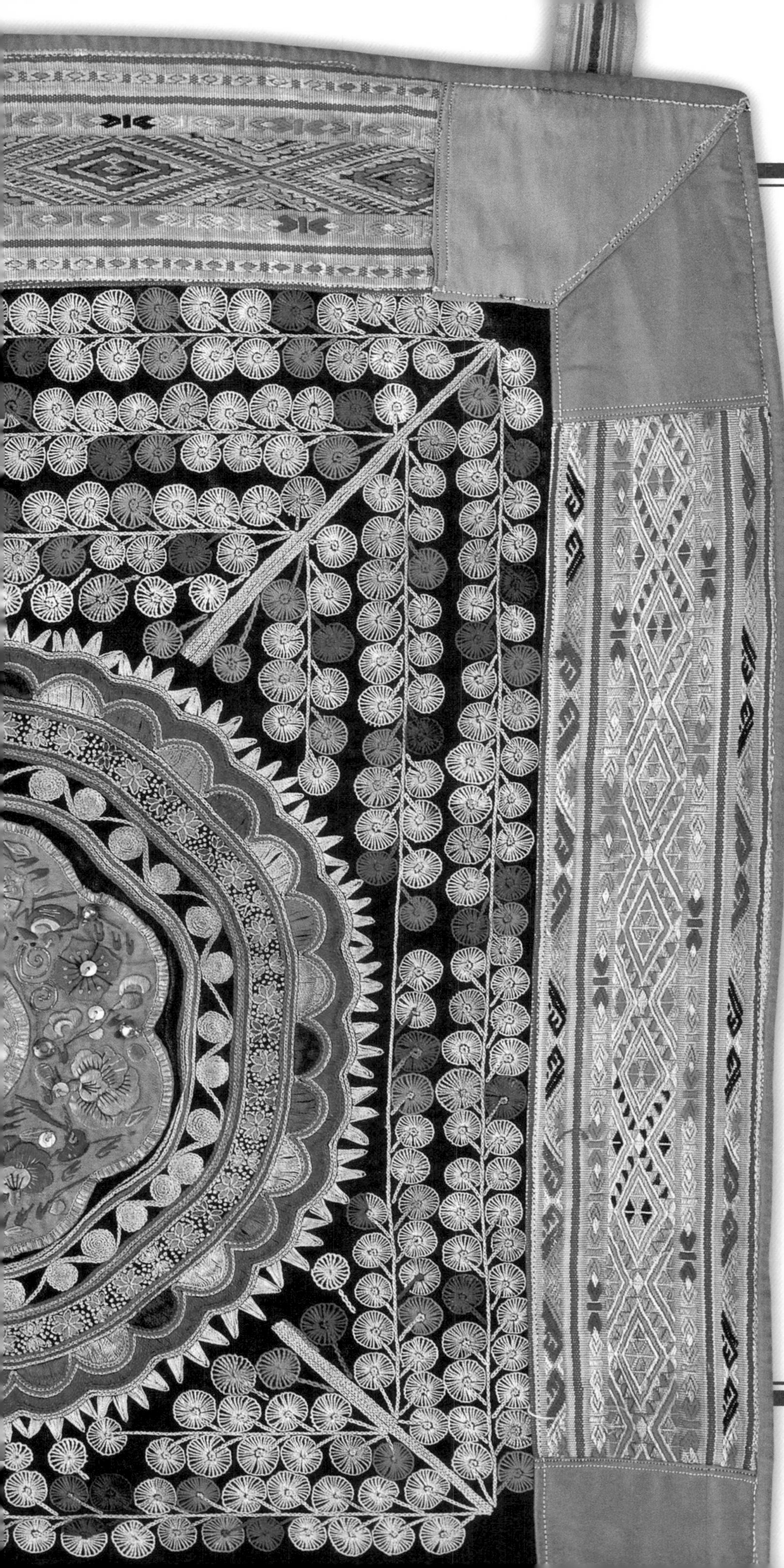

## 太阳纹榕树参天型刺绣背带盖片

三江洋溪乡采集
杨培述藏

侗乡多产千年古榕，四季常青，盘根错节。有的裸露根系缠绕着巨石，如同巨龙戏珠，有的树冠之大，竟占地亩余。因而侗族又称榕树为『龙树』，『榕』与『龙』之音在当地相同，但却谐出侗族对它的崇拜。人们希望部族像榕树那样具有旺盛的生命力，子孙后代像榕树那样根深叶茂。凡体弱多病或生辰八字不吉的孩子，父母担心难以养育成人，便带他们到村寨的榕树下焚香烧纸，祭拜榕树为父，以后每逢岁时节日，拜过父的孩子都要前来祭拜，并把花纸钱贴在树干上。其实尊『榕』为『龙』的根本原因是侗族创世神话中的『龙』，它是祖先姜良、姜妹的兄长，也是侗族的祖舅。榕树前认榕（龙）为父的习俗，正是女性社会家庭关系的一种回光返照。背带心上的四棵枝干相连的大榕树，也是侗家崇拜龙的一种转化形式。而中间的圆盘，仍然是代表女神萨天巴的太阳。太阳本来就是与阴相对立的形象概念，它随时都遮挡住孩子，避免其受阴暗中的鬼魅侵害，侗家的孩子身上无处不有太阳纹，背带上有，帽子上有，甚至出门远行时还要在肚脐周围画上太阳纹，以此免遭疾病的感染。侗族带有太阳和榕树图纹的背带盖，以天与地、父（舅）与母的名义，给娃娃以温暖和庇荫。当然，自此也可以看出，在男权思想进入侗族的长时期里，太阳纹里女性的符号许多被淡化了，而榕（龙）树却伸展开来，并四处蔓延。

上页

太阳榕树花纹刺绣背带盖片

三江洋溪乡采集
杨培述藏

太阳榕树花纹刺绣背带盖片

三江洋溪乡采集
杨培述藏

太阳榕树花纹刺绣背带

盖片

三江洋溪乡流传

作者佚名

**太阳榕树花纹刺绣背带盖片**

三江洋溪乡采集
广西博物馆藏

树在人类远古神话中，有时是人攀缘登天，与天对话的天梯；有时是支撑天地不致塌陷的顶天柱。《山海经·海内经》郭璞注云：『有木，青叶紫茎，玄华黄实，名曰建木，百仞无枝。有九欘，下有九枸。其实如麻，其叶如芒。大皞爰过，黄帝所为。』《淮南子·坠形训》曰：『建木在都广，众帝所自上下。』侗族《捉雷公的故事》说，姜良射日时，是沿天梯马桑树登天，射下十个太阳来的。天王见马桑树长得太高，地上的人总来找麻烦，就咒道：『上天梯，不要高，长到三尺就勾腰。』马桑树于是不长了。绣在侗族背带上的四棵大榕树，显然更具有顶天柱的性质，是侗家现实与理想的精神支柱。

三江洋溪侗族背带上的大榕树

## 朝阳下的舒畅

在太阳、榕树温暖的怀抱中，侗家一代一代的子孙健康地成长，万物生机盎然。当我们的眼睛顺着太阳四射的光芒投向四方，有花香鸟语、凤鸣蝶舞的世界。背带盖的四边，便是侗乡青山绿水中的理想乐园，花树在太阳下腰肢舒展，就像侗家巧女奇妙的灵感；金凤在树枝上鸣唱，就像侗家歌场上的传情。这些花草树木虽不似大榕树那般铺天盖地、气势非凡，这些禽鸟虫兽更不及金斑大蜘蛛那般至高无上、无所不能，却都是实实

# 生息背带（上）

在在的生命。就像侗家背带里新生的娃崽，从他们来到这个世界开始，就在大地扎下了根，在太阳的沐浴中扶摇直上，茁壮成长。侗族背带上的艺术，是生命对过去、现实和未来的全面追问，也是侗家世世代代对自己的不断回答。

背着日月留着根

——侗族背带篇

终

# 娃崽背带（上）

绣块良田给子孙
——毛南族背带篇（始）

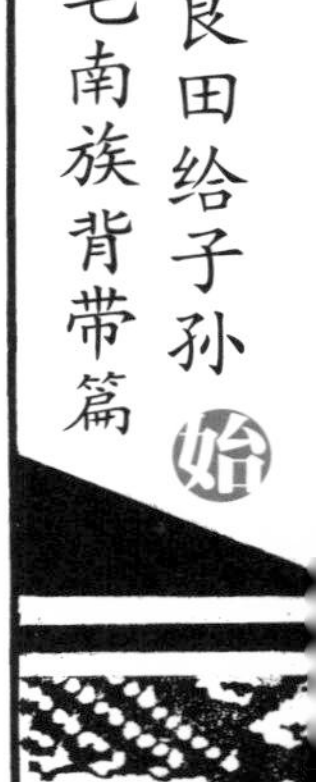

## 绣块良田给子孙—毛南族背带篇

毛南族自称『爱南』，史籍记载今毛南族地区有『茆滩』、『茅滩』等地名，可见毛南族是以地名而称的。他们大多居住在广西北部的环江一带，这个县西部的上南、中南和下南俗称『三南』，有『毛南山乡』之称。境内石山绵亘，耕地很少，这一方面造就了毛南族争取生存的种种能力，如养牛、编织、石雕及勤于读书学艺等，也更酿造了他们热爱土地、精于耕种的朴素品格。毛南族崇拜的三界公爷是毛南族的能人，据说是他教会大家开垦山田、养育菜牛的，为此人们盖起三界庙，并择日为庙节来纪念他的功绩。田地是生命的根基，因而，也成了娃崽背带上的花纹。

毛南族的背带样式基本与当地其他民族相同，背带捆带喜欢用宽而长的黑布做成，背带心的周围常用大红和深蓝色的布条镶边；背带的骑片大多很小。环江水源一带的背带骑片略宽大，兜上有宽约半尺的黑布作为口沿。毛南族的娃崽背带绣花多以『田』字纹结构中布插花草，也有菱花型结构或挑花、织锦的方式。

环江下南毛南族背带样式

环江下南乡采集

环江下南毛南族背带样式

环江下南毛南族背带样式

**栖凤纹大田型刺绣背带心**

环江下南乡流传
作者佚名

毛南族身居并不优越的生存环境之中，养成了自强自立的精神，他们常把民族自我勉励的字句写出来，绣到孩子的背带上，以铭记民族的精神。

双狮纹大田心型刺绣背带

环江水源镇三美村四圩屯 韦四猛外婆绣

福元极纹大田型刺绣背带心

环江水源镇三美村四圩屯

韦志常妈绣

## 娃坐花台纹
## 大田型刺绣

背带心

环江水源镇三美村

韦志常妈绣

福元极纹大田型刺绣背带心

环江下南乡玉环村下街屯采集
环江文管所藏

『土能生黄金，寸土也要耕。』毛南族把土地看成高于一切的财富。在土地私有制时期，自家田地不到走投无路之时决不出卖，出卖也不轻易卖给宗亲之外的人或外族人。所以村庄房舍一律沿石山而建，不允许占用耕地。种植计划有序，常根据作物的生长季节和生长特点，采用复种、间种、套种等方式，提高土地的使用率。如在畬地里种植玉米，必间种黄豆，套种红薯与南瓜，地角边上还种上辣椒、茄子或火麻，可谓立体化地使用土地的有限空间。特别是在大石山区，土地更为宝贵，用当地的话说，是『碗一块，瓢一块』。即使巴掌大的山窝地，也要种上玉米、谷子、南瓜、猫豆之类。耕山开荒因而成了毛南族的必要行动。每年冬天，人们选好一片山地，砍倒树木，铲除杂草，开春以后便放火烧山，余火未尽即开坑播种。由于旧时对土壤治理保护的无计可施，因而这种刀耕火种的土地只能种两三年，便需要再寻找可耕种的田地。土地对毛南族超乎寻常地吝啬，毛南族却对土地超乎寻常地崇敬。他们为了获得土地而艰难开山，又为了获取足食在土地上辛勤耕种，土地是农民的命根子，也是毛南族人自小就背负在身上的责任。

在背带心花纹中，并没有绣上毛南族人种植的玉米、黄豆或红薯、南瓜等花样，毛南女子在大田格子的『艺术』土地上，绣上了美丽的花朵、肥硕的佳果，鸟儿鱼儿和蝶昆虫因花儿的美丽都来了，好一派绮丽的田园风光！

**龟背纹挑花背带心** 环江下南乡 覃金歌奶绣 环江文管所藏

浑厚浓重的红蓝两色带心镶边，在明度相当、色性逆反的对立状态中构成了挺拔、强悍、坚不可摧的梁柱，而带心花纹又如华丽的砌砖垒石——背带也是毛南族为孩子建设的屋宇吗？

# 小草螃蟹纹菱花型刺绣背带心

环江下南乡采集

环江文管所藏

狮子绣球纹
菱花型刺绣
背带心

环江下南乡
大罗屯

覃志蒙绣

田间写意

在民间艺术中，极少看到表现伤痕和眼泪的图像，而现实生活中劳动大众充满了艰辛。是乡村山寨的平民百姓表述上的虚假吗？是时光磨砺造成的精神麻木吗？带着这样的问题，我曾访问过许多民间的巧手，她们认为：『哭哭啼啼的画儿不好看。』『要看真的，还要我画干什么？』『要听伤心事，不如听哭声。』『谁没有一肚子苦水？哪能整天看着难受。』……她们的言语中透出朴素的道理，即把生存过程中的欢乐与痛苦看成了情感经历的瞬间，把创造幸福的一行一动当成理想追求的永恒。

民间艺术是生活中的艺术，它无时无刻不吸引着人的视觉，甚至凝固在人的情感之中，不像文明世界博物馆的

# 娃崽背带（上）

## 绣块良田给子孙
### ——毛南族背带篇（终）

那些艺术品，虽作为永远的收藏，却未必有可能陪伴着芸芸众生。因而民间巧手决不以自己的努力去摄取这个世界的瞬间镜头，他们欲创造属于自己精神世界内部范畴的别样意境。这是一种超越现实的真实，这是一种对于残缺世界的补充。生命因此而丰富多彩起来，现实和理想得到了平衡。因此，毛南娃崽们背上的一块块方田似乎联结起来了，成为万亩良田，而绣花田畦中的花果和生灵们分明在向人们祝福：田地里嘉禾无忧！毛南无忧！

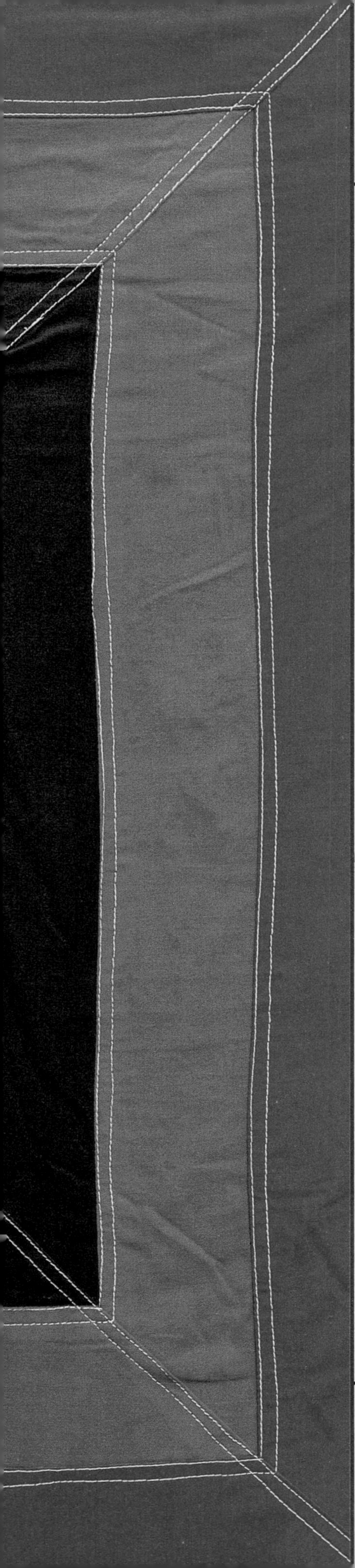

蝶扑混沌花纹刺绣背带心
罗城四把乡大梧屯
罗华姣绣

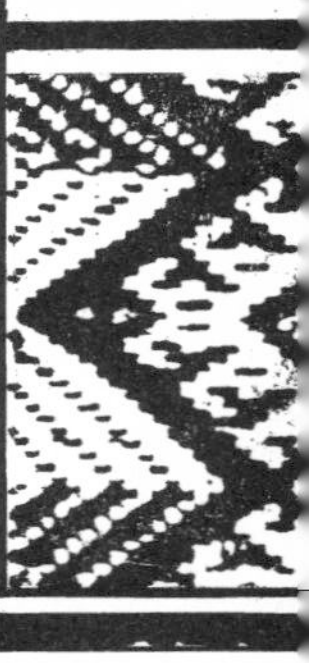

# 混沌花开独一枝——仫佬族背带篇

仫佬族曾称『姆佬』或『伶』，主要居住在桂北罗城的东门和四把，是土著民族和『仫佬山乡』的主要开拓者。由于居住环境优美，人的性格开朗，喜欢交友和集市贸易，故有谚云：『罗城四把，好玩好耍。』反映了仫佬族的人情风貌。

由于男人多经商，仫佬族的妇女也与众不同，她们的族属有一种罕见的传统，叫『女人耕田，男人找钱』。又因『马代牛耕』的习俗，女人又擅于养马、用马和赛马。但女人并非只是农田耕作上的行家里手，在纺织刺绣方面也显示出不凡的能力，仫佬娃崽的背带，便是她们精心经营的作品。因为长期与汉、壮等民族杂居，仫佬的诸多风俗习惯也多有趋同。背带的外形样式与当地壮族背带基本一致，只是带心的镶边有所不同。带心四周黑、红、蓝三色的布边，形成一个强烈撞击视觉的大『回』字，使人很快将注意力集中到主题——中间的混沌花儿之中。混沌花的图案是仫佬族背带中最为普遍的，在苗、侗族的背带中也多有出现，但这里的花朵分外生动。

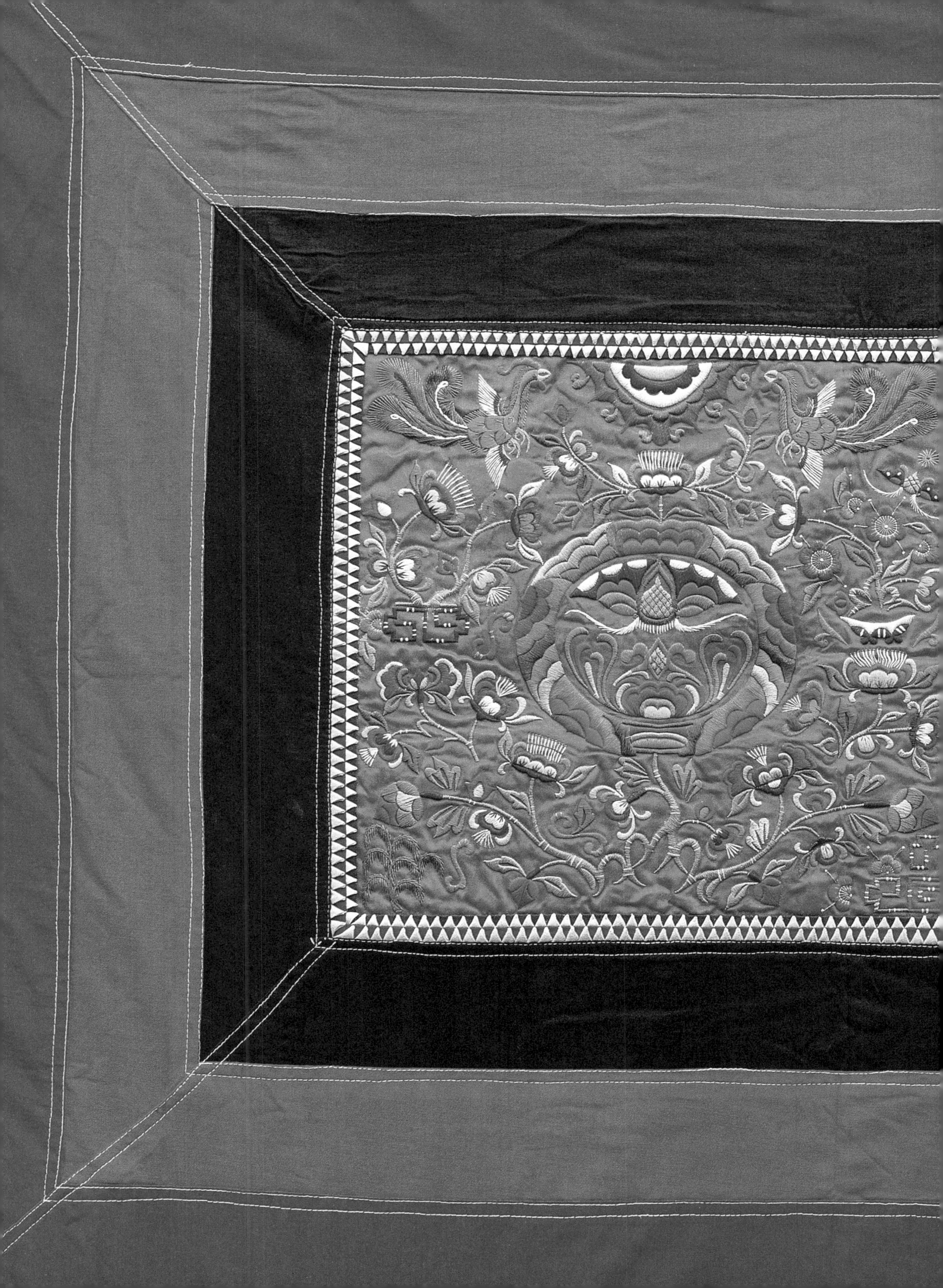

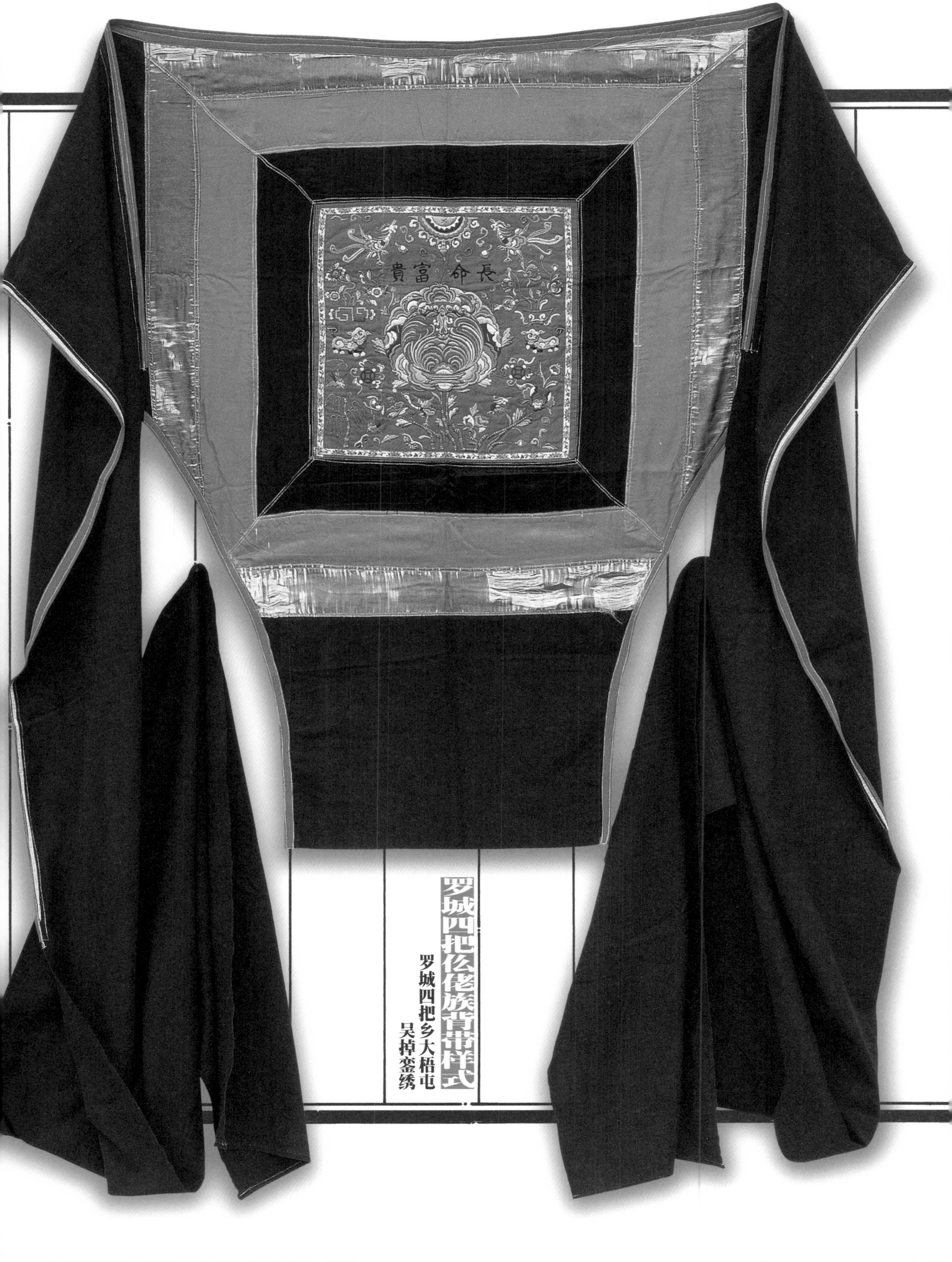


罗城四把仫佬族背带样式

罗城四把乡大梧屯
吴掉蛮绣

心

罗城四把乡流传

作者佚名

**长命富贵题蝶扑混沌花纹刺绣背带心**

罗城四把乡大梧屯
吴掉蛮绣

表现混沌，大都是欲开未开的成熟状态，神话传说中混沌里的清浊二气，常用抽象含混的符号代替。仫佬妇女所绣的混沌花则进一步捅破了这层窗户纸。透视硕大的花朵，我们可看到封闭严实的内部。内部的下面是一个肥硕、小嘴的石榴，是女性的象征，石榴两边扬起若干条须状的草叶，烘托着主体物的静中生动；上面是一只直扑而下的蝴蝶，蝴蝶的多条弯须有的探向石榴嘴，有的似乎要把护着石榴的细细草叶分开，在此扮演着男性的角色。显然，混沌花中隐藏着一个天地、阴阳、男女相交合的神圣场面。石榴和蝴蝶多产子卵，寓意着源源不断的生命创造从这里开始。放眼看去，已是万物化生的活泛世界了。

## 坦率的含蓄

用造型语言描述两性之爱、回答生命来历的问题，对文明人来说难以下笔。但民间艺术恰如其分地表现并展示给每一个孩子：一棵古株上落坐着的宇宙之花正孕育着生命，它将开得撼天震地、惊心动魄。

终

# 娃崽背带（上）

——只见古时蝶飞来——水族背带篇（始）

## 只见古时蝶飞来——水族背带篇

广西的水族居于与贵州交界的南丹、环江、融水等地，有自己的历法和语言文字。相传水族的祖先从南方沿江河而上，从大海边的南方来到此地，因而直到现在他们的节日或仪礼中都必须吃鱼。水族有着饲马、赛马的习俗，每到端节，便要在村外宽敞的端坡上举行赛马大会。也许正因为养马、赛马的习俗，水族女子便创造了用马尾绣娃崽背带花纹的独特技艺。

南丹六寨水族背带样式　南丹文管所藏

## 清代蝶纹马尾绣水族背带

南丹六寨镇马龙村采集 广西博物馆藏

水族的背带硬胎满绣。背带心两边接两片束腰，与长方的尾部相连。捆带分两部分，接口沿的一段同带身一样满绣花纹，将交叉搭在母亲前胸，与之接连的是较长的青布软带，以便于缠系。

清代蝶纹马尾绣水族背带心
南丹六寨镇龙马村采集
广西博物馆藏

**蝶纹马尾绣水族背带心**

南丹六寨镇采集
南丹文管所藏

水族的女天神伢俣是生命万物的创造者和开天立地的仙婆，水语即女娲，但有关的资料没有明确提供出她的形象。水族娃崽背带心上都有一只大蝴蝶的图纹，很容易叫人联想到苗族流传甚广的、生十二个蛋孵化人神兽共同世界的蝴蝶妈妈。水族也有相似的故事。这是否可以结论为民族之间文化的相互附会？不过，在新生命脊背上标示图腾是一件严肃而神

圣的事情，相当于民族的纹身，有着难以抹去的深刻度和真实性。况且，只有水族人把这只气势非凡的蝴蝶绣制在自己子孙的背带上，毫不掩饰地声称：我们是蝴蝶的后代。背带心呈倒梯形，恰好适合着蝴蝶舒展的形态。蝴蝶的身上满是花纹，流动悠畅的线条似是勾勒出无数的小蝴蝶舞动在蝶母身上。带心的周围有石榴花树、凤鸟及双钱、方胜、寿字的图纹，汇合得满地满天神采飞扬。

# 娃崽背带（上）

只见古时蝶飞来
——水族背带篇（终）

**洪福无极纹马尾绣背带尾**

南丹六寨镇采集
南丹文管所藏

背带尾的绣纹并非汉族的五福捧寿，而是绕着混沌飞扑的大蝶，混沌中心的阴阳交合交待得异常清晰。

## 飞蛾扑灯

有蝴蝶远古而来，使我想起《山海经·大荒南经》说到的帝俊之妻娥皇及其生下的三身之国。娥与蛾古相通，而蛾是幼虫、蛹、成虫三段变态的昆虫，与三身之说相符，应是图腾。信奉帝俊的殷是负于周的民族，娥皇的蝴蝶肯定散落隐处，难道它们就在水族的背带上躲着，今天飞出来了吗？

# 娃崽背带（上）

天地包裹虎后生——彝族背带篇（始）

## 天地包裹虎后生——彝族背带篇

广西的彝族主要居住在西部的隆林和那坡的山区，迁来广西有早有晚，大多数来自云南和四川，与当地其他民族杂居，文化生活已有许多同化，但在语言、服饰和重要的民族信仰上仍保持着本民族的传统特色。彝族因其服装又分为黑、白、红彝三种，相互之间语言差别很大，可见并非同一支系，因而背带的样式及图案花纹也各有所异。

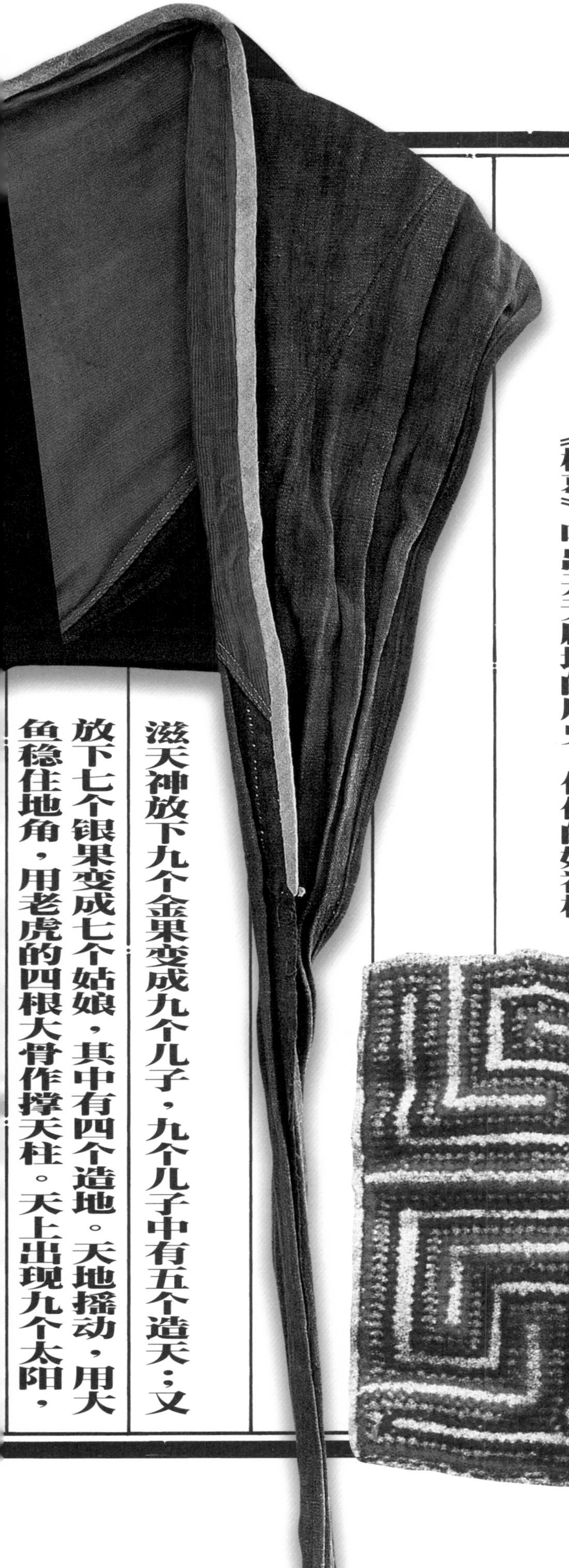

那坡达腊彝族背带样式
那坡城乡镇达腊屯　方桂英绣
那坡博物馆藏

彝族的创世史诗《梅葛》唱出开天辟地的历史：他们的始祖格滋天神放下九个金果变成九个儿子，九个儿子中有五个造天；又放下七个银果变成七个姑娘，其中有四个造地。天地摇动，用大鱼稳住地角，用老虎的四根大骨作撑天柱。天上出现九个太阳，

格滋左手拿錾，右手拿锤，把多余的八个錾掉……那坡彝族背带上的花纹似乎在转述着这些：四个红色块、四个蓝色块展示出造天地的儿女；也是九个太阳，中间的一个卍字符号，正是那颗永远不落的太阳。彝族称这种图纹为『挡花』，常护在身体最重要的部位，太阳旋动的光焰能抵挡所有邪恶。带尾是黑色底布上挑出的大地、山川、河流条纹，底部缀有红黄色线穗。彝族人习惯在衣服或背带上饰以银或锡铸成的钉纽，像是闪亮的星斗。

**花朵昆虫纹隆林彝族镶布刺绣背带心**

隆林德峨乡采集
隆林文管所藏

隆林德峨的彝族喜欢采用镶布与刺绣结合的技法制作背带心的图案。红、黑、黄三种基本颜色的选定，也许基于猛虎皮毛的斑斓色彩，但却变异为另外的花纹。大红色底布上用

黑色拼镶出中心的图形，中心的图形最初可能是太极或混沌，现在却已被自由地变体了。四角用黑布剪出如意云头的角花，金黄色沿边，内部嵌以彩色的蝴蝶或花朵。带心两侧细长的边条上，红、黑色底嵌绣着流动的花蝶纹。

## 蝶恋花纹方盘型刺绣补花背带

隆林德峨乡采集
广西博物馆藏

蝶花之恋几乎成为中国民间具有普遍意义的一种象征爱情的符号，看来这是一个无比恰当的比喻。然而，在娃崽背带上渲染爱情并不是民间文化的本意，而祈祝生殖繁衍、绵延子孙，才是族属对于新生命的嘱咐。蝶，也称为蛾，被视为阳性动物，因而也叫阳蛾子。蝶或蛾多产子，有非凡的繁殖能力，它和代表女性的花朵作成配偶，的确是理想的一对。彝族的巧女子有理由把花蝶引入自己的理想天地。

# 生息背带（上）

天地包裹虎后生——彝族背带篇

上页 一枝独秀纹刺绣背带心 隆林德峨乡采集 隆林文管所藏

德峨彝族在背带上绣的花草蜂蝶，似乎早已走出了他们民族悠久深沉的古老传统，更多追求视觉的审美娱悦功能。其实，花纹的美丽娇艳并没有盖住所有的一切，蝶与花的对偶组合是人类认识生命现象的习惯比喻。

八卦花纹背带心 隆林德峨乡流传 作者佚名

从盛有清浊二气、浑圆如鸡子的混沌，到双鱼太极图；从包容阴阳的奇异花朵，到鱼戏莲、凤栖牡丹、蝶恋花……都在反复探问和提示着一样的生命发端的问题。只要有生命存在，就会永远问答下去。

## 虎踪无痕

彝族的祖先创世时，虎头作天头，虎尾作地尾，虎鼻作天鼻，虎耳作天耳，左眼作太阳，右眼作月亮，虎须作阳光，虎牙作星星，虎油作云彩，虎气成雾气，虎心作天心地胆，虎的五脏六腑、皮毛骨髓化作江河湖海、草木禾苗和金银铜铁，天地万物都承继着虎的生命。往事如烟，当人类踉跄着在必须前行的螺旋舷梯上艰难跋涉的时候，为了轻松一些，为了完成自己的行程，随时会丢掉身上沉重的包袱。那里边，往往有些极珍贵的东西。因此，我到处搜寻着渺无踪影的虎性，但愿人们遗失得不算太远。

终

**图书在版编目（CIP）数据**

娃崽背带：全2册／吕胜中主编．—2版．—南宁：广
西美术出版社，2015.11
（广西民族风俗艺术；1）
ISBN 978-7-5494-1473-4

Ⅰ．①娃… Ⅱ．①吕… Ⅲ．①少数民族—服饰—广
西—摄影集 Ⅳ．①TS941.742.8-64

中国版本图书馆CIP数据核字（2015）第259795号

**出版** 广西美术出版社
**总策划** 甘武炎
**编辑总顾问** 吴崇基（侗族）
**策划编辑** 邓欣 钟艺兵
**责任编辑** 余亚万 钟艺兵 谭宇
**装帧设计** 全子
**责任校对** 陈小英 尚永红
**审读** 林柳源

吕胜中主编

广西民族风俗艺术 卷壹

# 娃崽背带 上

**制版** 雅昌文化（集团）有限公司
**印刷** 深圳市国际彩印有限公司
**发行** 全国新华书店
**版次** 二〇一五年十一月第二版第一次印刷
**开本** 宽889㎜×1194㎜ 1/16 印张 12
**印数** 一五〇〇册
**书号** ISBN 978-7-5494-1473-4/TS·53
**定价** 360.00元 上下卷

广西民族风俗艺术 卷壹

娃崽背带 上

卷末

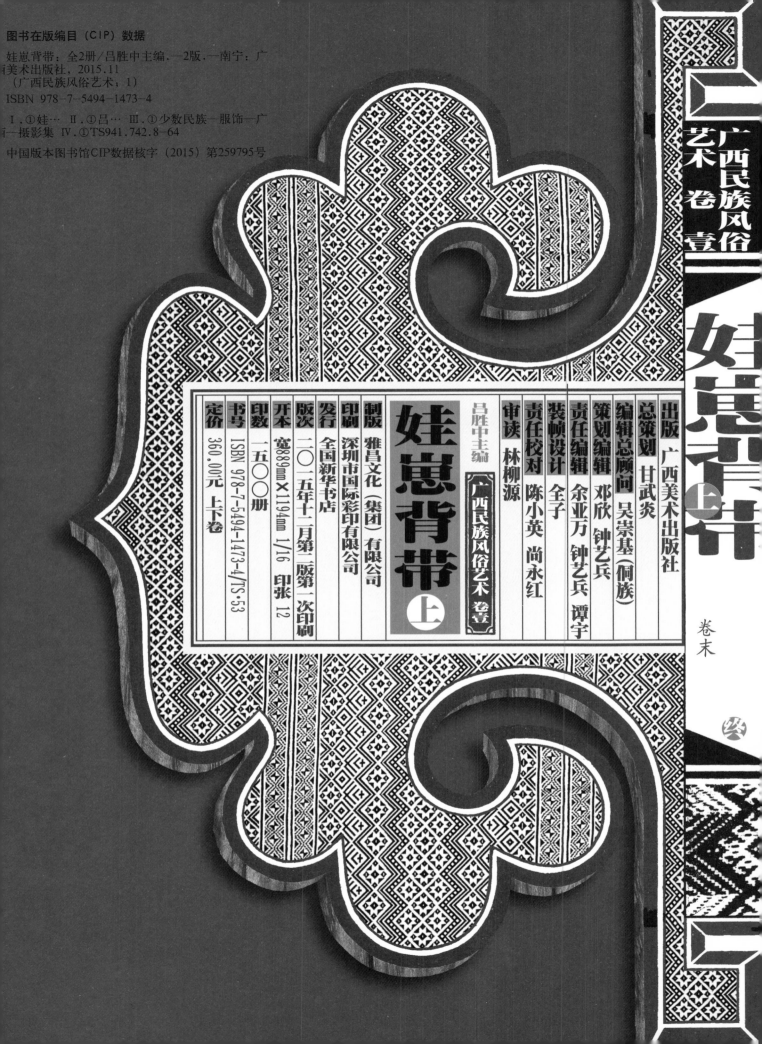

广西民族风俗艺术卷贰

# 娃崽背带

卷首

吕胜中主编

# 广西民族风俗艺术

## 总序

广西壮族自治区位于中国南部，南临北部湾，西南界越南，北连贵州、湖南，东接广东，西邻云南。在这片山岭绵延、江河纵横的土地上，六七十万年前就已有人类生活了。两千多年前『百越』中的西瓯、骆越部落就活跃在这里。历史的漫长路上，古人处处留下闪烁着智慧之光的创造——粗犷古拙的花山崖画，浑厚质朴的骆越铜鼓，『分派湘漓』的秦时灵渠，『杰构天南』的明代真武阁……为广西的山山水水构架出永久的美丽，也为广西五彩斑斓的民情风习铺衬好厚重的画布。

在这块画布前站立着十二个民族——壮、汉、瑶、苗、侗、仫佬、毛南、回、京、彝、水、仡佬族的兄弟姐妹，他们承继着祖先的业绩，以纯真、善良和崇尚美好的心灵，艺术般地开创着自己人生的路途，也把自己的生活幻化为不朽的艺术。

民间艺术——劳动者的艺术。与文明世界艺术家的创造不同，他们没有『艺术品』的概念，也不是为着纯粹的审美目的。他们的创造基于民族、地域文化集体意识的根系，从作用于精神与生活实用的原则入手，去施展各自的聪慧和才智。没有断裂过的民族的、历史的文化与他们一脉相承，没有清规戒律的本色创造能力又扩展着他们自在驰骋的不拘天地。因而，用现代文化人美术分类的方式去套叠民间艺术是极其愚蠢的，持着糊涂的自以为是永远不可能操持原来的本真。鉴于此，本书不以技法、工具材料或形制分类的方式，而是从生活民俗的角度出发，深入到衣食住行、岁时节日、人生仪礼、民族信仰之中，去开掘探究广西各民族劳动者的艺术。《广西民族风俗艺术》将按卷次序列，以箱匣的方式逐次向大家推出。

也许有人会问，现在正是改革开放进入纵深的阶段，包括广西各少数民族在内的中国人民，无论在思想观念还是生活方式方面都在发生着巨大的变化，我们去研究这样的属于陈旧传统的文化箱底，有什么现实的意义吗？

明天，必定已不是从前。但是，如果我们不再简单地相信历史没有纰漏，我们便会以今天的判断重新选择：如

# 卷贰 娃崽背带（下）

果我们不再愿意当寄生的菟丝，我们就会在脚下的泥土中扎根；如果我们不再急功近利寻求一夜的暴发，我们就会留住青山——人类文化基因库里源源不断的柴薪，传递给后世一盏永远的启明灯。

那么，今天，我们是否再回首？

当人类踉跄着在必须前行的螺旋舷梯上艰难跋涉的时候，为了轻松些，为了完成自己的行程，随时会丢掉身上沉重的包袱，而那里边，往往有些珍贵的东西……

大家慢慢看吧。

一九九八年十月
于广西壮族自治区成立四十周年之际

本卷文字
吕胜中 丘振声
蓝正祥（瑶族）
蓝克宽（瑶族）
吴崇基（侗族）

本卷绘图
刘 钻 姜全子
刘广军

本卷图片摄影
余亚万 张小宁
鲁忠民

本卷目录



终

# 序图·一条背带千古根

文 吕胜中

在《娃崽背带》上卷里，我们看到广西少数民族娃崽背带五彩斑斓的式样和花纹，通过背带的图纹，从中也略略可见：背带，作为一种育儿的工具，在抒发母爱的同时，也寓于其中关于生命传承的主题。当然，背带之美自不待言。

一种完善的、立体的、永恒的美，往往不仅是视觉所能包容的。一张补空房壁的装饰画或案头的摆设，只能是现实生活的某种间接的精神填充，却很难直接参与现世生活。而背带之美在于以美的实体包裹人生，又将现实人生与民族历史文化的传承紧紧系结。它的美根深蒂固，它的美铺天盖地，它的美纵横时空，它的美左右动静……

让我们再进山寨，在背带的风俗仪式中，品味民间艺术土壤中的神韵；在背带歌声中，领略民族文化的深厚底蕴。

花红要结果，
树高扎深根，
盘瑶夫妇笑吟吟，
生下一个胖娃崽。
娃崽就是欢乐果，
娃崽就是生命根。
满月日，抱出门，
照张相片永留存，
晒晒太阳吹吹风，
见见世面瞧瞧人。
今日满月喜庆日，
迎接外婆远方来。
（金秀盘瑶）

远方的贵客就要到，
送背带的队伍就要来，
全家老少忙迎接，
远亲近邻聚集来。
切切盼，笑眼开，
登上屋前高台阶。
只听村口礼炮响，
亲家的人马进了村。
（巴马布努瑶）

一路春风一路歌，
一路山高水又深，
外婆家的众亲朋，
带着笑声进村寨。
笼装鸡，手牵羊，
满载厚礼看外甥，
一样礼物一样爱，
最爱比不上花背带。
外公赶圩买绸缎，
舅舅赶圩买钢针，
外婆剪裁外婆缝，
舅娘挑花绣彩纹。
（巴马布努瑶）

一声喊歌唱开堂，
万人齐和声同心。
此时天地动真情，
此刻山水也喝彩。
交背带，接背带，
背带结系两家人。
从来外婆亲外甥，
打断骨头连着筋。
自古生命祖婆传，
一条背带连着根。
（巴马布努瑶）

外婆送来花背带，
喜煞女儿婆家人。
针脚细来颜色亮，
花样配得更精彩。
上面麒麟吐玉书，
下面狮子绣球滚。
外婆心灵舅妈巧，
丝线色浓情更深。
（巴马布努瑶）

外婆寨里女歌手，
又曾牵线当媒人，
手把棒槌捣木臼，
祝贺主家添后代。
木臼棒槌配阴阳，
夫妇和合求恩爱，
绵绵瓜瓞长青藤，
人丁兴旺值万金。
（巴马布努瑶）

三声答，两声问，
七问八问唱起来，
两家各有灵巧嘴，
这就要把筷条摆。
一把筷条未摆完，
歌儿唱得更知心，
互敬米酒润润嗓，
酒不醉人歌醉人。
（巴马布努瑶）

有了外婆花背带，
孩儿不离娘的身。
山寨母亲手脚勤，
东奔西忙人不息。
背起娃娃多便当，
赶圩不误喂儿奶。
（南丹白裤瑶）

有了外婆花背带，
睡里醒里有温存。
娃崽虽是已出世，
还需背带揽在心。
待到孩儿长大了，
走出背带创世界。
（融水花瑶）

主家有歌靠甫桑，亲家有话靠甫洛，一个是山中画眉鸟，
一个是蜂王逗花朵。能说会道巧布迷，出口成章明挑破。
唱出背带带长远，唱出始祖母密洛陀。对歌从早唱到晚，
唱进娃崽心窝窝。（巴马布努瑶）

# 佳慧背带

序图·一条背带千古根

当然，背带中所存储着的传统文化内涵，并非只是瑶族才有，这在上卷的文字、图片中，我们已得到明确的提醒。但是，从布努瑶族外婆送背带的仪式图片中，可以更形象地看到背带所具有的生命主题的神圣庄重。在这里，织染挑绣的具体图纹显得并不重要了，重要的是背带连结着的千古传承，重要的是背带绵延着的永恒生命。

# 一缕丝线万声情——关于背带的歌谣

文 丘振声

在过去的年月，少数民族的娃崽背带都是妇女们用一针一线绣织成的，姑娘们很小就跟着老一辈人学习织锦、刺绣。在熟练地掌握织锦与刺绣技艺后，才开始绣制背带心，因为制作背带技术难度大，要求高。有的姑娘在出嫁前，就绣好背带，作为自己的嫁妆。有的则是母亲在女儿生娃崽时，以外婆的身份送去的。

送娃崽背带的时代和方式，各个民族不完全一样。有的是在外孙出生『三朝』时送，有的在『满月』时送，有的在『周岁』时送，同时还要送布褓、衣被、鞋帽、围兜等。送背带的仪式十分隆重，除外婆之外，外公、舅舅、舅娘等也要同行，亲家则摆酒宴请外婆以及有关宾客。在饮酒过程中，还要唱歌祝贺与答谢。

广西巴马、凤山一带壮族中流传着这样一首《送背带歌》：

家婆：今日奴家有长孙，多得外婆来关心。送襁褓，送背带，送丝被，送床垫，外公特意送银铃。背带上面绣图案，一幅壮锦值千金。绣蝙蝠，绣蝴蝶，绣只凤凰翩翩舞，绣颗太阳冉冉升。用白丝线绣蝴蝶，用红丝线绣蝙蝠，红白蓝绿配紫青。更喜金凤向太阳，金凤朝阳带福音。长孙有福全家福，洪福盖过满天星。多得外婆送背带，一缕丝线万声情。

外婆：石山岭顶开棉地，石板种棉棉不生。没有新棉做棉被，旧胎不值半文钱；背带也是过时货，制作粗糙无花纹。外公外婆贫如洗，哪有银铃送外孙？凤凰莫夸乌鸦美，黄泥怎比得黄金？亲家把奴当贵客，今日敬奴如敬神。亲家特酿墨米酒，杯杯美酒香又醇；鸡鸭鱼虾满桌摆，一桌佳肴值千金。墨米家公亲手种，鸡鸭家婆自养成；如今得吃现成饭，只动筷条不费神。煎炒煮蒸百样味，如今越吃越开心。亲家款待这样好，令奴不愿转回程。

家婆：制作一张金背带，外婆妯娌早商量；制作一张缎襁褓，外婆姐妹早串联；制作一张丝绸被，外婆几夜难入

# 娃崽背带

眠：制作世上珍奇品，外婆舍得花本钱。赶了东市赶西市，赶了南场赶北场：买针买线买染料，挑了丝绸配细棉：购买红绿来刺绣，制作图案真新鲜。中间绣条蛟龙腾，四周蝴蝶舞翩跹。若论背带值多少，可抵奴家几年粮。今日外婆送背带，翻山越岭走得欢。背带送到奴家摆，左邻右舍来围观。只见背带金光闪，金光闪耀瓦和墙；七老八老白头爷，也扶拐杖到堂前，手摸背带心激动，眉飞色舞返童颜。只为外婆送背带，外孙从此洪福添；皇帝为他写八字，不当贫民要当官，文武状元由他管，功名盖世万古传。

《中国歌谣集成·广西卷》第一百五十七页，中国社会科学出版社，一九九二年版

这是送背带时，家婆与外婆对唱的歌。她们彼此唱得那么真挚，那么动情。

一张背带维系了两家的亲情。这金光闪闪的背带，不仅带来了外公外婆对外孙的祝福和关怀，也给亲家和女儿的脸上增添了光彩和荣耀。在人们的心目中，背带的分量很不轻啊！

对唱中，亲家深情地称赞背带的精美，图案的艳丽生动。『绣蝙蝠，绣蝴蝶，绣只凤凰翩翩舞，绣颗太阳冉冉升。』色彩鲜丽，使人爱不释手。『更喜金凤向太阳，金凤朝阳带福音。』让人们感到外婆送来的背带，值得格外地珍惜。

广西靖西的『满月』送背带与给娃崽取名同时进行，不仅摆酒宴，而且摆歌台。外婆家来的客人与亲家的邻里，边饮酒边唱歌。

两位女客盛赞亲家酒宴：老亲送茶又递烟，八面玲珑多周到。酒饭甜香四方飘，烧肉竹笋味味妙。

一对男歌手回礼：老亲心灵又手巧，绣花织锦功夫到。背带绣得有虫草，鞋袜纳织得美牢（意为好看又结实）。

酒宴完毕，使给娃崽取名，还要给娃崽剃头。在这个起名宴中，宾客们还可以自由地对歌，造成浓郁的节日氛围。

广西柳江壮族村寨，外婆也是在女儿头胎满月时送背带。外婆与一起来送背带的同伴来到亲家门口，喜洋洋地唱道：鲤鱼上天去生蛋，麻雀下海去做窝；吉利日子来到了，外甥门前凤落毛！

亲家请来迎客的老奶立即迎上去：昨夜筷条长出叶，今早门墩会唱歌；吉利日子来到了，娃崽开眼见外婆。

外婆眉开眼笑地接着唱起来：鱼见浪花尾也摆，鸟负绿叶心也开；看见外甥会笑了，外婆捎得背带来。

她捧着背带又唱出自己的祝福：总愿背带变张网，网得天边一颗星。星子点灯会读书，肚有文章儿聪明。

亲家顺着外婆的心意接下话音：背带是只宝囊袋，背出一只蜜蜂来。蜜蜂飞来就采花，酿出蜜来娘心开。

外婆最后唱道：背带歌尾是木叶，吹得外甥嘴巴开；明天世界由他做，由他开辟新歌台！《壮族风情录》第一百三十二页，广西人民出版社

壮家人把背带比作『宝囊袋』，能呵护娃崽健康成长，成龙成凤。他们无论在制作，还是在送背带时，都寄托了自己最深情的祝愿，表达了对生活的美好憧憬，以及对新一代的殷切企盼。壮家人的背带，饱含着亲子之情、伦带之意以及对美的追求，成为以美的准则表达情感的特殊方式。

瑶族送背带的仪式，更被看作一件了不起的大事，保持着古老风俗的凝重意味，也是瑶人热爱生活，珍爱生命，追求美好未来的鲜明显示。

瑶人坚信不疑，背带是他们的创世女神密洛陀创制的，背带歌也是阿密遗留下来的，不能忘记，要一道唱下来。背带歌最富有抒情气息，最富有生命意味，是一首生命之歌，也是瑶族创世之歌。他们对生命价值的认识及对新一代的情怀，也就是对民族未来的希望。

背带歌，述说着阿密创世的艰辛，生儿育女的恩情，里面有着瑶族特有的神话故事、历史传闻。如在布努瑶的《背带歌》第八章中密洛陀日夜忙于为儿孙建房造屋，忘记了对太阳月亮的监视，它们便放荡起来，生出了十二个太阳和十二个月亮。阳光把地上的人类与万物都晒死了。阿密只好派两个儿子打掉多余的太阳与月亮，使大地复苏。她又造出人类，生下老大便是汉族，老二是壮族，老三是瑶族。三兄弟同母所生，真诚团结，和睦相处，共创伟业。后来瑶族四姓人在卡拉鲁苏居住，交亲结戚，擂鼓作乐，被皇上官人驱赶，被迫迁徙，漂洋过海。可是娃崽的有意

# 娃崽背带

一缕丝线万声情——关于背带的歌谣

为难自己的丑母，把她丢在老地方。蒙母的女婿游过河去，接蒙母一起迁徙谋生。

第十章里，四姓人共同划船漂洋过海，迁徙到新地方后，把船换得一只猪。杀猪时，猪被贼偷去。由于误会，引起四姓人闹分裂，整整闹了二十年，一姓不和一姓说话，一姓不和一姓通婚，男人无心去劳动，女人无意挑花刺绣。后来密洛陀劝说四姓人，大家出酒携肉来相会，互相谅解，通婚结缘，用密洛陀留下的背带把四姓人的心连结起来。（以上根据蓝正祥、蓝克宽搜集、翻译、整理的《背带歌》）

还有『种棉花』的故事、争取婚姻自由的斗争等等，悲欢离合，充满情趣。『歌越唱越多，话越谈越长，姑娘用手巾去挡住星星，我们用刀箩去装上月亮，星星还是露出笑脸，月亮还是洒下明光。』《背带歌》还在唱下去！

侗族的背带源远流长，同样也是维系着亲情的纽带。侗族的一位母亲唱着这样的《恩情歌》：儿哭女叫闹得慌，好比猫抓娘心肠；上山下田背儿走，背带磨烂娘肩膀。背上背着娘的肉，背带牵着娘心肝；娘心装着百个崽，崽心没有一个娘。（张柏如：《侗族服饰艺术探秘》）

对山区的妇女来说，背带是一个流动的摇篮，她们上山下田，或是赶圩入市，常常背着娃崽。无论是刮风下雨，还是烈日当头，她们都让娃崽安稳地睡在背带里。肩膀磨破了，衣衫尿湿了，她们都不哼一声。她们把一个一个娃崽背大了，让他们长大成人。这时，她们把用旧了的或用破了的背带洗刷干净，珍藏起来。这背带有着她们生男育女的温馨，也有着生活的苦寒，值得回忆。她们还认为这背带里保留着儿女的元气与灵魂。背带是儿女的护身符，也是母亲抚育儿女的见证，她们不轻易示人，绝不会出卖，有时连拍照也不让。这种纯洁而神圣的感情，不仅使背带有着深沉的情思，而且还有几分神秘感。

斑斓的色彩，蕴含着种种观念的图案，亲情的注入和民族风情的积淀，凝成娃崽背带的独特风采，而为之伴奏的一首首『背带歌』，虽然唱出不同的音韵，不同的意境，却都是生命的旋律。

# 娃崽背带（下）

在组织《娃崽背带》上卷的稿子时，我们请广西社会科学院的丘振声先生写篇有关的文章，他写了关于各民族背带歌的风俗，文中提到了广西巴马布努瑶流传的一首长达六千余行的《背带歌》。

当我拿到蓝正祥、蓝克宽搜集、翻译、整理的这部长诗的手工刻写油印本时，正好刚刚写完《辈辈传代》的文字。《背带歌》中生命起源、民族经历及人情风俗所传递的母亲余温，又一次撩起我的热情。

如果说民间的歌谣是唱出来的史诗，那么民间的造型艺术就可说成是生命乐章中的音符。背带艺术与背带歌你呼我应，一起构造了一道完整的生命风景，生活便有声有色起来。

于是，主编决定将『背带歌』全文收入本书，让读者在歌声中再次吮吸母亲的奶浆。另外，又从瑶族衣装、锦被、背带等织物图片中筛选整理出百余个图纹符号，并分类作出解析，它们也将在『背带歌』的生命韵律中跳跃而出，让读者在音符中再次依偎母亲的脊梁。

流传在广西巴马山区的布努瑶生命礼仪长篇对唱

# 背带歌

搜集·翻译·整理

蓝正祥（瑶族）

蓝克宽（瑶族）

# 第一章·开堂歌

布努瑶家嫁女后生下头一个外甥，不管是男是女，人人高兴。岳父母、舅父母和姨父母繁忙地准备好背带等礼物。待到吉日良辰，以布觉〇指结亲的女方歌手为领头的贺喜队伍，着红挂绿，披金戴银，去给头甥送背带。当队伍来到男方家的山坳口或村口时，亲家的家公家婆、叔伯姑嫂、兄弟姐妹和村人早已挤满屋旁迎接。顿时鞭炮声声，震天动地。贺喜队伍慢慢走上阶梯，走到门口，脚还未踏入屋内，等候在门口的亲家布桑〇指结亲的男方歌手和众多青年男女便蜂拥向前，双方握手欢笑。布觉说：『银星落地，恭喜吉利！』布桑答：『谢天拾得金，谢地捡得银！』接着，碗碗糯米蜜糖酒敬给贺喜亲人，随后引入厅堂就座。布桑和布觉悠悠地唱了起来。

布 桑：

尊敬的布觉吔，
山中的画眉王！
我们大家坐在密〇留下的金椅上，

布桑和布觉在对歌

〇指布努瑶始祖母密洛陀

我们众人绕在密传下的银桌旁，
世上有千条道理我们不一一讲，
人间有万支歌儿我们不一一唱，
我们讲一条密留下的道理，
我们唱一支密传下的歌章。
我们只把背带的道理来讲，
我们只把背带的歌来摆堂，
看符合不符合密留下的道理，
看对不对密传下的歌章。
清清的溪水流去很远很远，
弯弯的红水河流去很长很长，
世上的道路连去很远很远，
人间的道理讲来很长很长。
口喝溪水要晓得山泉的甘甜，
嘴吃蜜糖要知道百花的芳香，
手端饭碗要晓得香糯的来历，
口喝香酒要知道酒来自何方，
坐在堂屋要晓得鲁班的辛苦，
人活在世上要知道阿密的艰难。
山中哪只乖巧的画眉
不曾依偎在母鸟的翅膀？
世上哪个聪明的能人
不曾吮吸母亲的奶浆？
天上哪颗星星不围绕月亮旋转？
地下哪盘葵花不朝太阳开放？
山中哪蔸香果离得开雾水？
世上哪朵香花离得开土壤？
再美丽的锦鸡也得靠母鸡喂养，
再聪明的能人也得靠妈妈抚育。
蜜蜂翻山越岭去采花，
要记住暖房的方向；
燕子腾云驾雾去游玩，
要知道暖窝悬挂在屋梁上。

为着密留下的这个规矩，
今天我们来讲一段道理，
为着密传下的这条背带，
今天我们来唱一段撒桑○。

○指布努瑶的哲理歌

我们拿着密留下的背带歌来对唱，
我们拿着密传下的背带条来摆堂。
尊敬的布觉吔，
这首背带歌我们该不该来唱？
高贵的布觉吔，
这条道理我们该不该来讲？

布　觉：
聪明的布桑吔，
山中的蜜蜂王！
一花引来万朵鲜花开放，
一蜂飞舞万蜂跟着帮忙。
我们沿着密开辟的道路走，
我们沿着密架设的金桥行，
我们坐在亲家的金凳上，
我们围在亲家的银桌旁，
我们端着亲家的金筷银碗闪闪亮，
我们喝着亲家的糯米酒喷喷香。
嘴猛喝酒不讲古，
等于拜菩萨不烧香；
坐在宴席不唱歌，
好像哑巴吃糖说不出；
喝酒不晓得酒的来历，
等于牯牛打滚在烂泥塘；
吃糯米粑不知种粮人的辛苦，
好像黄猄吃草在山坡上。
这酒不是别的什么酒，
它是密留下的糯米酿成；
这肉不是别的什么肉，

瑶族作家蓝正祥

它是密留下的佳肴喷喷香。
世间千条道理我们不讲，
人间万种歌儿我们不唱，
我赞成拿背带歌来对唱，
我同意拿背带条来摆堂。
密留下的创世故事我们要讲，
密传下的背带歌我们不能遗忘。
聪明的布桑吔，
山中的蜜蜂王！
你也曾趴在阿密的奶房，
我也曾吸着阿密的乳浆；
你也曾缠过阿密献给的背带，
我也曾紧贴在阿密温暖的背上。
你喝着泉水要回味着山泉的甘甜，
我吃着蜜糖也该知道百草的芳香。
我们同走密用金子铺成的道路，
我们同行密用银子搭成的桥梁，
我们同住阿密用汗水立起的竹楼，
我们同坐阿密用双手铺平的厅堂。
敲起阿密送给的铜锣铜鼓哟，
摆起阿密传下的背带歌堂，
唱起一首阿密留下的背带歌哟，
好比得吃三冬的蜜糖。
聪明的布桑吔，
山中的蜜蜂王！
密留下的背带道理怎样讲？
密留下的背带歌怎样唱？
你要像早上的太阳先露出笑脸，
你要像晚上的明月先洒出银光。

布　桑：
尊敬的布觉吔，
山中的画眉王！
以前未成亲是两家人，

# 娃崽背带

现在结亲就是一家人，
我家的蜜蜂飞舞在你的花枝上，
你的画眉笼悬挂在我的屋檐旁。
我们的话说在一起，
我们的心同盖过县长的大印，
就像月亮树上的叶子，
两张都一样青；
就像椿树上的纹理，
两条都一样深长；
就像竹筒里的泉水，
两筒都一样清。
阿密给我们造了天空，
阿密给我们造了大地，
天高我们望不到边，
地宽我们走不到头，
我们两家交亲结戚，
就像天空和大地一样长存。
太阳是阿密用金子造的，
金子是你的一颗心；
月亮是阿密用银子造的，
银子是你的一颗心。
金子是会花得完的，
我们两家的心和太阳一样永存；
银子是会用得完的，
我们两家的心和月亮一样永恒。
我们的小伙子已捡得你的金花瓣，
我们的小伙子已摘得你的银花环。
他上天已摘得了星星，
他下海已捡得了龙鳞，
星子闪闪发亮，
龙鳞生辉发光。
密留下的歌词有几千种哟，
我们只拿背带歌来对唱；
密留下的歌词有几万箩哟，

背带歌的传唱者之一，一百零六岁的瑶族歌手蓝茂良

我们只拿背带歌来摆堂。
我们的歌路就这样起音，
我们的歌词就这样开唱，
不晓得你满意不满意？
不晓得你欢心不欢心？

布　觉：
聪明的布桑吔，
山中的蜜蜂王！
你们的蜜蜂也不能上天堂去采花，
我们都是山中的竹笋，
我们的画眉也不能下海底去歌唱，
根基都是插在旯旮的土壤里，
我们都是山中的青藤，
枝节都攀缠在树桠石崖旁。
阿密开天辟地交代过，
同坐地方要结交布觉和布桑，
一家有话要对另一家说，
一房有事要对另一房讲。
今天我们有好运
共坐在一个屋堂里，
今日我们有吉庆
同绕在八仙桌旁，
千吉利来万吉昌，
尽情地拿出密传下的背带歌对唱，
给众人共享密留下的福分，
给后人共尝密传下的佳酿。

布　桑：
尊敬的布觉吔，
山中的画眉王！
我们都曾趴过阿密的奶房，
我们都曾吃过阿密的乳浆，
我们拿密留下的背带歌来对唱，

我们拿密传下的背带歌来摆堂。
千谢万谢哎，
鹰谢千座山，
鸟谢万重岭，
山高才有鹰站的地方，
岭大才有鸟飞的竹林。
万谢千谢哎，
鱼谢千江水，
星谢万重天，
水深才有鱼来游，
天高才有星子亮。
谢谢布觉的好心，
谢谢外家的好意。
今天是吉祥的日子，
长虹从天边挂到我村寨，
今日是美好的时光，
彩虹从云层中来盘绕我的屋旁。
一年三百六十五天，
今天最吉利，
一年三百六十五日，
今日最吉祥。
太阳的金光给我们送来了背带面，
月亮的银光给我们送来了背带里。
锦鸡扎上五色的新羽，
飞到我的山冈来啼鸣；
画眉披上六色的彩衣，
飞到我的山梁来歌唱；
百鸟聚拢到我的竹林来游戏，
万凤会集到我的树桠来朝阳。
蜜蜂换上新的翅膀，
飞到我的菜园来采花；
蝴蝶穿上新的巾裙，
飞到我的池塘边来旋舞。
今天我们的山尖呀，

瑶族作家蓝正祥（右二）和蓝克宽（左二）在采访老歌手蓝老能

今日我们的弄场，
好像铺上一层金，
好像镀上一层银。
山头乐开了花，
河水笑出了声，
路边的草丛频频点头，
寨旁的树桠迎风摇晃。
尊敬的布觉吔，
我们拿背带来歌唱。
有白天的太阳照，
才有禾苗的生长；
有夜晚的月亮放光，
才有万物的性灵；
有密洛陀铺开的爱路，
才有人间的来往；
有密洛西○牵下的情线，
才有男女的往来；
有烟叶才有爱情的萌发，
有棉花才有爱情的深厚。
树根深扎在一山一坡，
人情延伸在千山百弄，
天长地久哟，
不如密的恩情长久，
海深河远哟，
不如密的恩情深远。
我们的阿达○哟，
他是密洛陀的后代，
我们的阿旭○哟，
她是密洛西的后裔。
千年不能忘记阿达的深情，
万代不能忘记阿旭的厚谊。

○密洛陀的别称
○即岳父
○即岳母

忘记了江河和海湖，
就失去了饮水的源泉；
忘记了高天和大地，
就没有人住的地方；
忘记了第一粒种子，
就没有今天的食粮；
忘记了第一棵树苗，
就没有地方乘凉；
忘记了第一蔸果树，
就没有甜蜜的果香；
忘记了第一粒瓜种，
就没有南瓜遍山冈；
忘记了高高的山峰，
就没有柴火来烧塘；
忘记了第一条背带，
就没有人类的繁衍。
天下密洛陀的恩情最重，
世上密洛西的恩德最高。
千年不能忘记，
万代不能忽略，
密开拓的爱路就这样走，
密留下的爱路就这样行。
尊敬的布觉吔，
我们拿背带歌来唱。
水有水的源头，
树有树的根底，
要是忘记阿达的恩情，
定被雷公劈伤，
要是忽略阿旭的恩德，
定挨雷婆打残。
为了这个道理，
为着这条情由，
今天长虹萦绕我的山边，
今日彩虹盘旋我的弄场。

瑶族作家蓝正祥在采访一百零二岁的瑶族歌师杨正规

一年吉日在今天，
一春吉利在今日，
我们接阿达来到家里，
我们接阿旭来到厅堂，
我们接外家三代的人来看房，
我们接外家六戚的人来看屋。
你们的队伍像长龙，
你们的人马像彩虹，
桥下的河水留下你们的身影，
弄场的山上留下你们的歌声。
你们百人骑上一百匹金马，
你们百匹金马配上一百副银鞍。
你们人人背着一支火枪，
你们个个背着一把弓弩。
你们走路像大官那样精神，
你们骑马像皇帝那样威风，
你们不嫌我们的山高，
你们不嫌我们的路长，
跨过三十六座山冈，
越过七十二个弄场。
山高你们用双手勾攀，
路陡你们用两脚爬行，
你们不嫌我们的家苦，
你们不嫌我们的草房烂。
世上的贵人不乱登高山，
外家的亲朋不乱走悬崖，
今天你们来到，
好像太阳公公降落我们的水塘；
今天你们来到，
好像月亮婆婆躺在我们的井中央。
道路不走就荒芜，
亲戚不走就生疏；
利刀不磨也会锈，
亲戚不见也难认。

我们全族盼望外家的贵人来临，
我们全家渴望外家的宾客来到，
来了我们才满意，
来了我们才欢心。
花朵在家抵得千金，
花环在屋值得万银。
你们的花朵栽到石板上，
你们的花环甩到石堆中。
我们这个穷寨不抵一丝金，
不抵金也该来临场；
我们这个苦家不值一毫银，
不值银也该来看望。
来看这银兔的烂窝，
来望这蜜蜂的破房。
尊敬的布觉吔，
我们拿背带歌来对唱，
按照密洛陀的道理，
按照密洛西的俗章。
前人种树后人来收果，
先辈留种后代来种粮。
年前种下的金竹，
春后该来望一望；
年前种下的果树，
春后该来看望花儿香不香。
栽树需要浇水才生长，
种花需要施肥才清香。
儿女有父母才贵重，
煮肉有盐水才清甜。
虎爱虎的仔，
蛇爱蛇的蛋，
老鼠爱的是棉花籽，
阿达阿旭最爱女儿和婿郎。
人间的道路就这么走，
世上的情理就这么说。

瑶族生命符号
第一页
不由自主地沉浸在广西少数民族的衣装、织物及娃崽背带之中，被那些奇妙的构图和斑斓的色彩所打动。当从美的陶醉中醒来，里面无数个神秘的图纹符号在我的眼前闪烁跳跃，时隐时现，布成了一个令人困惑又令人神往的谜。
瑶族符号
文 吕胜中 图 全子 刘广军

不是我们夸口，
不是我们自编，
是密铺下的爱路常走不生草，
是密架起的金桥常过才亮光。

布觉：
聪明的布桑吔，
我们拿背带歌来摆堂。
世间有一万种歌体哟，
我们赞成拿背带歌来对唱；
人间有一千种歌路哟，
我们赞同拿背带歌来摆堂。
让歌声像太阳的霞光一样，
照亮我们布努人的心房；
让歌词像月亮的银光一样，
照明我们布努瑶的山乡。
得吃甘蔗我们不忘肥沃的土壤，
得喝糯米酒我们不忘酒的芳香。
水有源头流才长，
树有根基枝才旺，
话有起音声才响，
事有来历才登堂。
我们不是天上的太阳，
我们不是云里的月亮，
我们不是高天的星星，
我们不是蓝天的彩虹，
我们不是吃皇粮的大官，
我们不是皇帝的将领。
我们沿着密洛陀开拓的爱路，
我们踏着密洛西搭起的桥梁，
来看我们栽下的花朵长不长，
来望我们种下的果树香不香。
鸡叫头遍我们就起床，
鸡啼二遍我们就梳妆，

沿着前辈人常走的道路，
朝着先辈人指引的方向。
一马先行百马追，
一鸟飞来百鸟随，
一家有事万家帮，
一户有喜百户忙。
家穷无马我们就走路，
家贫无鞍我们就步行。
不走向东，
不迈向西，
走到锦鸡常叫唤的山上，
走到金龙常盘旋的地方，
走到阳光常照的山寨，
走到月亮常照的弄场，
来看我们种下的金竹生不生根，
来望我们种下的金蕉长不长芽。
年前种树我们来一大帮，
春后赏花我们来满厅堂。
我们像凤凰来护蛋，
护送到九龙山上；
我们像孔雀来做窝，
开窝在西密山梁，○传说是密洛陀常玩之地○
让野猫找不到它们的踪影，
让狐狸不敢走近它们的窝旁。
你们的这村是宝地，
你们的这寨有名望，
金龙常来这里戏水，
飞凤常来这里朝阳，
长虹常降临这个村寨，
彩虹常盘绕这座山冈，
仙女常飘飞来这里游泳，
龙孙常来这里观光，
皇帝的兵将经常骑马来拜候，

## 开篇 说说容易

广西的少数民族过去大多没有自己的文字，在学会使用汉文之前，他们通常以图形符号或刻木刻竹的方式记事，这种方式一直到一九四九年以前还广泛存在。因而可以说，少数民族女子织绣的图纹和符号，就是从远古传承下来的象形表意的『记事纹符』。『纹』与『文』古时可通，无数图纹的排列组合，结构成的不仅是一幅美丽的图画，还可看成是一部关于生命起源、民族历程的天书——这是生命的必然追问——我们从哪里来？我们到哪里去？

瑶族生命符号 第二页

官家的女郎经常来这里梳妆，
锦鸡常来这里拍翅，
画眉常来这里歌唱，
蝴蝶常来这里飞舞，
蜜蜂常来这里采花，
蛤蚧常来这里吸雾水，
蚂蚁常来给坟地盘泥。
你们的村寨，
坐落在九龙相依的山上，
你们的贵地面朝东方，
后山龙腾虎跃逞能，
前山河水日夜歌唱。
这个山寨就坐落在龙脉宝地，
这个村屯就耸立在玉泉山梁，
左边有只猛虎在守门，
右边有头雄狮在把关。
我们就选择这样的村寨来攀亲，
我们就寻找这样的宝地来结戚。
此地不爱爱何地？
此寨不爱爱何方？
我们就爱慕这样的亲家，
我们就向往这样的地方。
这样的贵地，
必定养育超群的贵人，
世世代代出贵子，
生男育女名扬四方。
聪明的布桑吨，
我们拿背带歌来摆堂。
我们选了三十六只柑橙，
唯有这一只最爽口；
我们找过七十二条泉水，
惟有这条最清甜；
我们选了七十二束鲜花，

唯有这束最清香。
蜜蜂就要选这样的香花，
蝴蝶就要找这样的池塘，
锦鸡选得了舒心的草篷，
画眉选得了凉爽的树梢。
聪明的布桑吔，
我们拿背带歌来摆堂。
你家的儿郎聪明像蛤蚧，
能攀崖走壁不慌张；
你家的儿郎箭法似神将，
能射中蓝天的云鹰。
我们女儿就选得这样的射手，
我们女儿就选得这样的婿郎。
她本人真心满意，
我们全族个个欢心。
我们的生米已煮成熟饭，
我们的米粮已熬出酒香。
望他俩结成美美的一对，
盼他俩结成甜甜的一双。
我们来看我们的金花瓣，
我们来望我们的银花环，
看她本人安然不安然，
看你们全家安康不安康。
聪明的布桑吔，
我们拿背带歌来摆堂。
我们不是官家的兵将，
我们不是仙家的宾客降人寰，
无需金光银色讲排场；
无需金铺加龙床，
我们不是天庭的头神，
无需点蜡和烧香。
有心有意冬也暖，
无心无意夏也寒；
有情有意喝水饱，
无心无意龙肉下饭也不香。

### 瑶族生命符号（第三页）

祖先的开创以及世世代代的经磨历劫，作出了深沉的回答。当然，要知道『天书』的细节，必须先认得这些玄妙的『文字』。

我首先整理出一套瑶族的生命符号，作为破谜与解读的开始。瑶族在广西的居住者约占其总数的百分之七十，有大分散、小聚居、多支系的特点，其衣装格式、纹符花样也各不相同。让我们静下心来，看着图画，去仔细认识这些好看但难以读出声来的文章吧。

## 第二章·吐仙水

按照布努瑶的习俗，女儿出嫁的当年，岳父岳母不能上女婿的家门，否则对双方不吉利。旧年过去，新年到来，女婿备好酒菜，派人去请岳父母以及房族亲戚来做客。应邀的亲家把染上红绿颜色的熟鸡蛋装进网袋，去给女儿和女婿做『卸瓜』，瑶语『吐仙水』。这些摆在神台上的鸡蛋、粽粑和钱象征外孙的魂魄，是不能吃用的。『卸瓜』仪式完毕后，『魂魄』放进衣箱里，等待出世的外甥来享用。

布桑：
种树望结果，
栽草盼花香。
蜜种下的稻谷，
需要雨露才成长；
蜜种下的玉米，
需要施肥才苗壮；
蜜种下的小米，
需要护理才结粒；
蜜种下的高粱，
需要盘泥蔸才旺；
蜜栽下的蓝靛，

需要护理花才香。
家有媳妇生财宝，
屋有儿媳谷满仓。
人勤地生金，
人勤土变银，
你们的女儿贵过金，
你们的女儿胜过银。
儿媳抓土变成金，
儿媳担水变成银，
养猪肥满圈，
养羊遍山冈，
养鸡变飞凤，
养马变麒麟。
鸡鸭满庭院，
牛群舞田边，
千种均具备，
百样均齐全。
缺乏人丁家不旺，
缺少儿孙断炉香，
需要儿媳来顾家，
需要儿孙来管房。
今天请亲家来到，
今日请亲家来临，
需要阿旭吐仙水，
需要阿达放魂魄。
吐口水变仙水，
献口酒变仙药，
吐七口仙水变七位男甥，
洒七口香酒变七位女甥。
给我儿媳睡梦见仙童，
给我儿媳梦乡会仙女。
七个仙童个个精灵，
七个仙女人人乖巧，
个个读书聪明，

## 壹 宏观与所在

当生命从混沌或噩梦中醒来，往往会急切地询问：我在哪里？肯定与探究所在的位置，是生存的基点和开端。为此，我们的祖先面对纷纭繁杂的世界和变幻莫测的宇宙一次又一次地勾画——假设，调整，整体把握，局部深入——一张张纵横天地、超越时空的草图，一幅幅宇宙大观传神写照的粉本，就这样留传后世，也夹进了山寨巧妇的花样册子。于是，一个立体的空间有了明确的方位，一个流动的时间在瞬间凝固，天地阴阳定了规矩，生灵万物遵了秩序……

瑶族生命符号 第四页

人人伶俐办事精通。
婿家财发人丁千年旺，
亲家声誉远播万年长。
布 觉：
说发就发，
发像夏天的豆芽；
说富就富，
富像金山和银山。
今春花满树，
今秋果满枝，
金炉不断千年火，
玉盏常明万岁灯。
拿着密洛陀的佛水来放魂，
拿着密洛西的仙水来放魄。
拿神枪来摆，
拿箭弓来放；
拿红蛋来摆，
拿糯米粽粑来放。
讲生金就生金，
说变银就变银。
要婿郎睡梦扛支枪，◎
要媳妇梦乡得把月刮。◎
醒来把枪藏箱里，
醒后把刮子挂内房。
早晨出工去呼魂，
晚上归屋来唤魄，
男魂随爸把屋归，
女魄跟妈把屋还。
男魂来练你的神枪，

◎布努瑶习俗，即生男娃的预兆

◎布努瑶习俗，即生女娃的预兆

男魂来摸你的红鸡蛋，
男魂来揣你的粽粑；
女魄来摸你的红鸡蛋，
女魄来揣你的粽粑，
女魄来操用你的月刮。
吃饭时桌上多添几双筷条，
喝酒时桌上多加几个匙羹。
家公家婆多欢喜，
三亲六戚都来贺，
一家添宝万家乐，
一户得福千户喜。
山也乐，
水也笑，
月更明，
星更亮，
一人来世众人爱，
一户有喜众人乐。

亲家的兄弟多又多，
布拉○的房族胸怀多宽广，

○指亲家

三戚轮流给我们设宴，
六亲轮换请我们做客。
吃完东家上西家，
吃罢哥家上弟门。
猪活血我们吃了三十六碗，
羊包肝我们吃了七十二串，
香糯饭我们吃了七十二团，
墨糯米酒我们喝了七十二缸。
果子狸肉我们也吃剩，
斑鸠鸟肉我们也吃腻，
千种百样我们都吃过，
百种千样我们都吃够。
我们吐的涎水变成了酒，

广西荔浦平顶瑶女子衣襟挑花

我们吐的口水变成了油。
按照密洛陀的道理，
我们应迈步转回家乡；
按照密洛西的习俗，
我们应起步转回程。
吃白米也应留下明年的种子，
吃小米也应留下部分守粮仓，
吃高粱也应留下部分接新粮。
留下人情不断路，
留下谷种粮满仓，
留下青山好长树，
留下河水好养鱼，
留下果树开新花，
留下荔枝发新芽，
留下李树花满椏，
留下桃树果满枝，
留下美酒敬宾客，
留下佳肴敬好友，
留下旱路好上京城买贵货，
留下水路好去州府买盐巴。
我们来贵村已玩十二天，
我们来贵寨已要十二日，
我们的话讲到这里止，
我们的歌唱到这里停。
天亮了，
蜜蜂要离房去采花，
天明了，
蜻蜓要结对去游玩。
春天到了，
布谷鸟已催促我们赶快下种，
寒气散了，
我们应下地去耕耘。
你家的人应该牵牛下田垌，

我家的人也应该挥镰上山冈。
一天种地十天吃粮，
一人下种十人修仓。
春天到了，
皇帝遍地撒金无人捡；
秋收到了，
县长到处撒银无人看。
一日之计在于晨。
一年之计在于春，
春天的宝贵时辰，
大家打抢来下种，
秋天黄金满地，
大伙赶忙来收粮。
这是密留下的道理，
这是密留下的俗章。
要离去我们就吩咐，
要分别我们就嘱托。
鸟要顾鸟的暖窝，
鸡要顾鸡的暖笼，
蛇要顾蛇的地洞，
虎要顾虎的山岩，
人要吃香菇就应该顾好种子，
人要吃毛薯就应该留好种苗。
和和气气家兴旺，
勤勤俭俭甜日长。
尊敬的布桑呀，
你要像母鸡孵蛋一样认认真真，
尊敬的布桑呀，
你要像猛虎护儿一样威严无情，
敬爱的布桑呀，
你要像清晨的阳光一样，
给我们温暖，
亲爱的布桑呀，

广西田林盘瑶女子衣边挑花

你要像晚上的明月一样，
给我们放光。
我们相处的日子，
好像严冬的火塘一样的温暖，
我们相亲的日子，
好像椿木发新叶一样的芳香，
我们共住的日子，
好像糯米酒掺进三冬的蜜糖。
你们离去了，
我们的竹楼就失去了笑语，
你们回去了，
我们的暖房就失去了欢声。
你们真的走了，
悬挂在屋边的画眉不愿再唱歌，
你们真的回去了，
活泼的孩童无心打陀螺来闹场。
我们的话再谈十天，
还嫌白天不长
我们的歌再唱十夜，
还嫌夜晚太短。
你们再住十天，
你们再住十夜，
不愁我家无米下锅，
莫愁我屋断粮。
蜘蛛迁走了，
要记得吐丝结网的地方；
金雀飞走了，
要记得衔草造窝的地方；
燕子飞走了，
要记得衔泥在屋梁上造的暖巢；
蝴蝶飞走了，
要记得枝头上的花簇；
蜜蜂飞走了，
要记住万山中的花蕊；

蜻蜓飞走了，
要记得山边的蓝靛池；
鹞鹰飞走了，
要记得悬崖上的旧窝；
麝香游山去了，
要记得岭顶的运动场；
蛤蚧爬崖去了，
要记得岩洞里的暖房。

## 第三章·送背带

在女婿家的厅堂上，举行隆重的送背带仪式。一位长者摆设两张八仙桌，一张八仙桌上放着亲家带来的背带、一只煮熟的项鸡、一个竹筒装着的鸡汤糯米粥、一箩红绿鸡蛋和三角糯米粽粑、小孩的衣物鞋帽、木制尖刀、弓弩以及用五色丝线绣成的画眉鸟等，桌下放一笼活鸡。双方亲人笔直地站立，外甥由他妈抱着坐在一旁。由女婿家的一位长者摆上两碗米酒，点烛烧香，喃喃地念词，请阿密来饮酒吸香。而后布觉将背带等礼物递给布桑，布桑一一接收，放在另一张八仙桌上。礼毕，两位代表各端起碗酒互敬喝下，入席对唱。

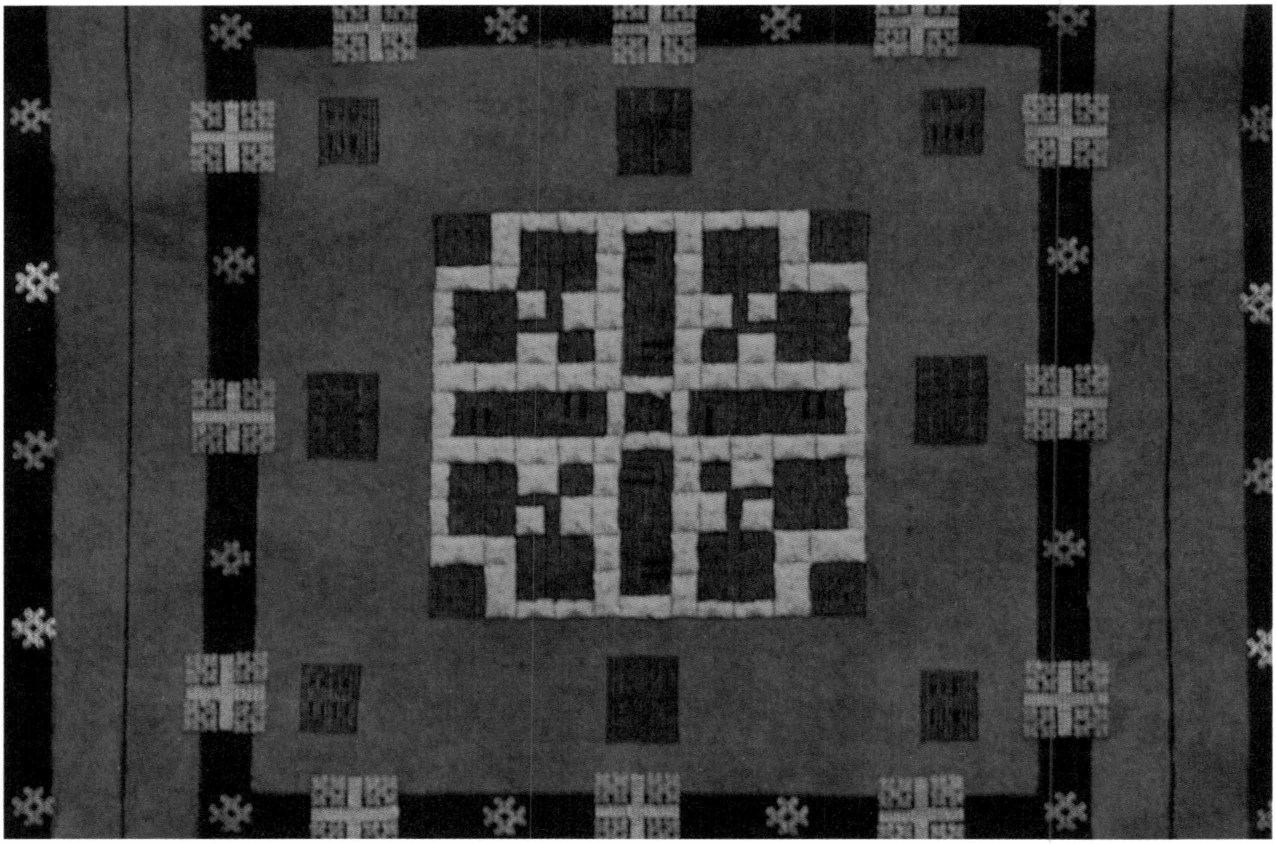

广西南丹白裤瑶女子衣背部印染绣花

布　桑：
尊贵的布觉吔，
可称山里画眉王。
阿密传下的花背带，
今天用它摆歌堂。
学一学，
山中蜜蜂觅花香，
学一学，
枝头对鸟轮番唱。
密洛陀留下的道理千万条，
不知我开口成章不成章？

今天无云不下雨，
为什么彩虹挂天上？
山中没有龙和凤，
为什么祥云罩四方？
不是春夏月月红，
为何各处绽花王？
没有大路接桥梁，
为何远方宾客来？

我们的村寨在山弄，
道不顺来路不畅，
你们人强马壮一齐来，
像是官府贵人从天降。
穿衣戴帽不一般，
走路架势不一样。
百人骑百马，
百鞍百色缰。
人人打把伞，
个个挎着枪。
一路撒金铺宝，
满身挂银闪光。
糯米饭，盛竹筐，

# 佳慧背带

清泉酒，灌满缸。
粽粑鸡蛋几多箩，
背带锦被整一箱。
绣得鸟儿展翅膀，
织得花儿溢浓香。
鸡像凤凰马像龙，
走路带风情高涨。
说是嫁女送嫁妆，
却不见新娘；
说是赶圩做生意，
一点也不像。
贵客临门有何喜？
人欢马叫为哪桩？
尊贵的布觉哟，
请你细将情由讲。

布　觉：
聪明的布桑啊，
花丛中的蜂王。
蜂王引来群蜂舞，
丹凤朝阳百鸟唱，
你出口成章尽是理，
我笨嘴笨舌无规章。
不是今日送背带，
哪有彩虹挂天上？
不是今日龙凤呈吉祥，
哪有祥云罩四方？
春风报信唤上路，
顺着山道走匆忙。
不是嫁女送嫁妆，
不是赶街做生意，
是喜上眉梢路顺畅，
是背带传情笑得爽。

广西龙胜红瑶女子衣挡肩式挑绣

送背带是阿密传下的古理，
针针线线绣着祖神的衷肠。
织锦挑花是阿密教下的手艺，
龙飞凤舞是阿密描出的花样，
织布经纬无限意，
棉花吐絮寄情长。
阿密种棉暖万代，
阿密织布御寒凉。
五彩瑶锦做背带，
白色丝线绣花样。
择得吉日巧剪裁，
千针万线刺绣忙。
上端挑出二龙戏宝珠，
下端绣上凤凰迎朝阳，
左右挑出蝴蝶舞花丛，
中间绣上锦鸡拍翅膀，
四周盘绕彩虹带，
两旁系结捆带长。
自古外婆爱外甥，
真情实意不必讲。
祖神恩赐爱无尽，
胜过大路接桥梁。
翻过九十九座山，
越过九十九道梁，
只见彩霞满天飞，
锦鸡鸣唱歌悠扬，
来到你们的富饶地，
走进你们的高门坎。
我家有朵格鲁花，
你家蜜蜂采花蕊。
送来背带万事昌，
今日你家人丁旺。
听说一片龙鳞海底捞，

听说一颗宝星天上降，
喜事临门必有贺，
我们特意来探望。
来给外甥送背带，
代表外婆家和达央○。
○指舅娘
送背带，
寄托外婆无限爱，
送背带，
表达舅娘无限情。
外甥要学山中竹笋节节高，
外甥要像一花引得花满园，
今日送来花背带，
来日儿孙满家堂。
养马成麒麟，
养鸡变凤凰。
猪满圈，
牛满栏，
羊群遍山冈，
瓜菜满后园，
五谷满粮仓。
烧瓦变成金，
水开变成银。
钱满柜子财满箱，
儿孙聪明上学堂。
金炉不断千年火，
玉盏常明万岁灯。
布　桑：
尊敬的布觉吔，
山中的蜜蜂王。
我们拿背带歌来对唱，
我们拿背带歌来摆堂，

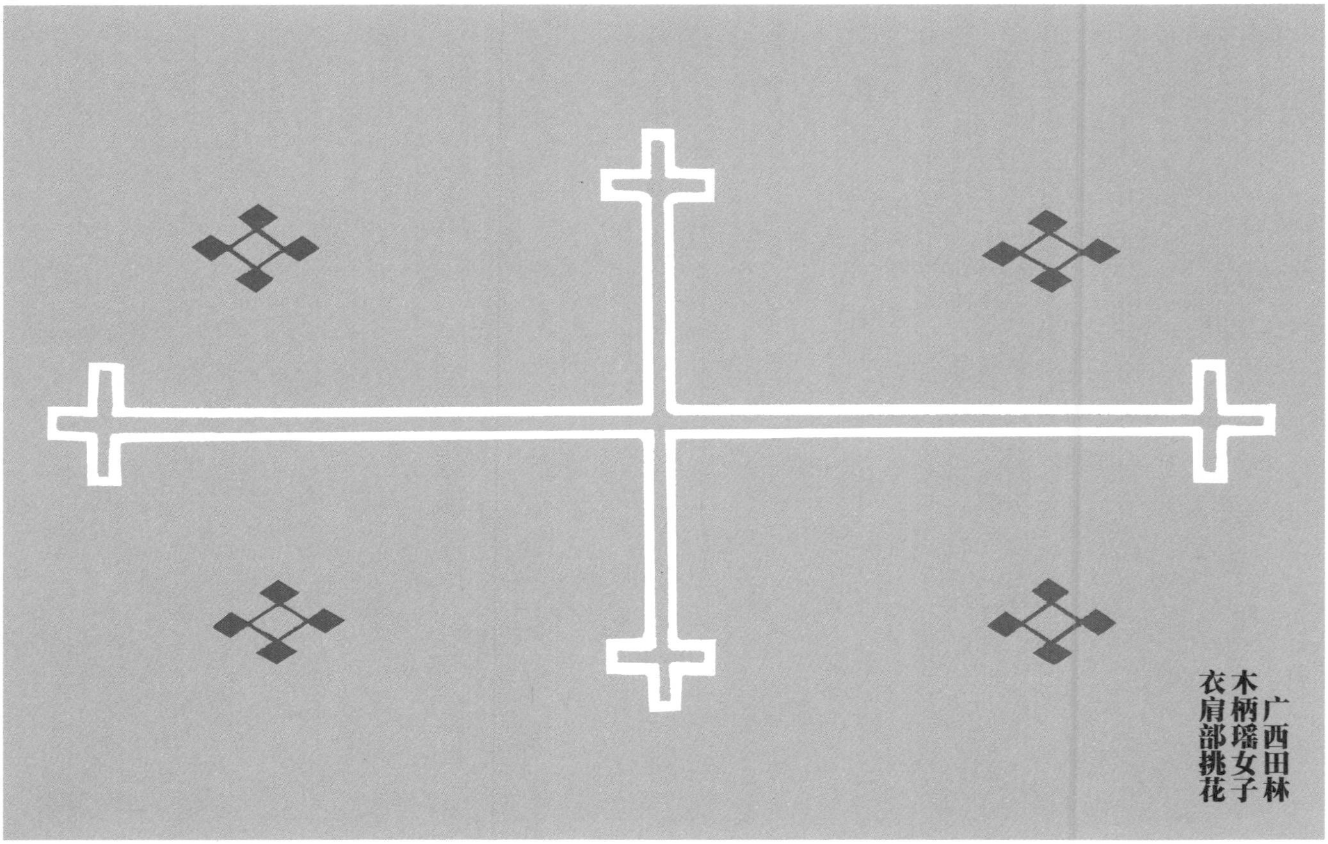
广西田林
木柄瑶女子
衣肩部挑花

看符合不符合密的道理，
看符合不符合密的俗章。
我村揣着烟锅的长者呀，
你们要洗耳听一听；
我寨耍陀螺的孩童呀，
你们要出门望一望。
今天是什么日子？
仙童到我们村边跳舞。
今日是什么日子？
仙女光临我们山坳梳妆。
是不是地方作乱了？
烟雾弥漫五岭四坡。
是不是强盗来作恶了？
箭羽飘过九山十弄。
世上哪有披金挂银的人去打仗？
人间哪有声张雀跃去作贼？
细心看哟，
是不是官家兵马过路？
留心望哟，
是不是天庭的仙女下凡？
你们看，
多像皇家办喜事，
你们望，
多像龙宫的神女狂欢。
他们的队伍像长虹，
他们的人面似瑰丽的花朵。
说他们去打仗，
有男又有女；
说他们去搞生意，
有老又有少；
说他们去耕田种地，
穿红戴绿又披金银；
说他们去赶圩，
枪声隆隆震山中；

说他们去打猎，
玉镯银饰满身挂。
尊敬的布觉吔，
我们拿背带歌来对唱。
昨夜我家的油灯跳金花，
昨晚我家火塘的柴蔸在发笑，
预告有贵客来登门，
预告有亲朋来进家。
真的不出我所料，
真的不出我所想。
昨夜我家的人不断打喷嚏，
昨夜我家的人耳根热像火烧山，
昨天我家的两只公鸡在打斗，
昨日我家的两只银兔在追逐，
昨天两只蜘蛛拉线过我的眼前，
昨日两只蜻蜓在我面前盘旋。
尊敬的布觉吔，
我们拿背带歌来对唱。
烟雾散了，
我们已看清楚，
唢呐声停止了，
我们已经辨明。
你们看呀，
是金龙舞在前，
你们望呀，
是双凤飞头上，
你们瞧呀，
天边的彩霞映红我们的山寨，
你们看呀，
是天上的彩云萦绕我的山冈，
是天上的金子落到我的身边，
是天上的银环降到我寨前。

## 贰 母性的太阳

人类对太阳的崇拜是永恒的崇拜，太阳的图像成为护佑人类的吉祥符号并在瑶族各种织绣中频频闪光。令人惊异的是，在由古及今的图像传承中，太阳纹更多成为渲染女子形象的必须，这与瑶族、侗族创世神话中女神开天辟地的故事遥相呼应，记载了人类社会初始的母系氏族时期女性执掌乾坤的千秋风骚——太阳就是她们的化身。当汉文典籍所归纳的象征对应已把太阳和天空交给男性的时候，瑶族的传承人一如既往，将太阳继续留在自己的身上，顶在自己的头上，作为铭告百世的一个女性创世的勋章，作为普照万代的一个滋养生命的光环。

瑶族生命符号

第十页

尊敬的布觉吔，
我们拿背带歌来对唱。
我们天天盼哟，
我们夜夜望哎，
我们盼望了三九二百七十天，
我们思念了三九二百七十夜，
我们望穿了十二座山，
我们望干了十二条河。
我们盼望太阳，
只见阳光在高空照。
我们盼望月亮，
只见明月缺了又圆。
不见亲家人到我的村边，
不见阿达阿旭到我的眼前。
尊敬的布觉吔，
我们拿背带歌来摆堂。
昨夜我们睡得好觉，
昨晚我们做上好梦，
梦见日头落在我家的菜园，
梦见明月坠落在我的屋边，
红霞缓缓来陪同，
星星蜂拥来作伴。
真正不出我所料，
确实不出我所想，
是我们阿旭来到，
是我们阿达光临，
是我们亲家的人来到，
是我们亲家的人登门。
亲家的人心多好呀，
颗颗心儿像泉水般晶亮，
亲家的人心多齐呀，
像朵朵葵花都朝着一个方向。
你们像天上的星星，
夜幕降临了一齐闪亮；

你们像山中的梧桐花，
暖风吹拂同时开放；
你们像坡岭的竹笋，
一蔸破土万蔸齐飙芽；
你们像村边的红香椿，
迎着春雨齐发芽；
你们像山中的芭芒草，
遍山开花白茫茫；
你们像盘坡的红蚂蚁，
只只辛勤衔泥不闲空；
你们像洞房的蜜蜂群，
游山玩岭采花不空回；
你们像家中的飞鸽，
雌雄轮流来孵蛋。
千言万语讲不完亲家的深情，
万曲千歌唱不尽亲家的厚意。
尊敬的布觉吔，
山中的蜜蜂王。
在你们的队伍中，
在你们的人群里，
个个骑上金马，
人人坐上银鞍，
个个打着红伞，
人人穿着新装，
男的背着钢枪，
女的挎着弓弩，
浩浩荡荡过山岸，
花红柳绿走山冈。
山鸡飞翔调头看，
山雀拍翅来张望，
横跨道路的蚂蚁群停来瞧，
造土窿的泥虫也停来看。
蜜蜂飞在花朵上忘记了采蜜，
蝴蝶停在池塘边忘记了吸水，

广西金秀盘瑶女子织锦盖头中心花

池塘里的青蛙忘记了叫唤，
山中的鹧鸪忘记了唱歌。
万种生物在静静地看，
千种生物在悄悄地望。
公鸡欢畅笑红了冠，
画眉欢喜唱哑了嗓。
都望着我们外家的三亲来到，
都盼着我们外房的六戚光临。

布　觉：
聪明的布桑吔，
山中的画眉王。
我们不是天庭的仙童，
不要抬到天上去夸奖，
我们不是仙家的姑娘，
不需捧到仙境去赞颂。
我们按照密洛陀的道理，
来给外甥道喜，
我们按密洛西的习俗，
来给外甥祝福。
密留下的庄稼，
需要阳光和雨露，
密造成的人类，
需要彩衣和花裙。
孩子们都长大了，
身上没有一块遮体布，
整天打着赤膊去玩耍，
整日光着屁股去游玩，
冬天光身围着火塘坐，
夏天遍身挨着蚊虫叮，
满身是斑点，
满面是伤痕。
阿密看见心里疼，
阿密日夜想办法，

# 佳惠背带

白天到处去观看，
晚上遍山去观察，
看见蜘蛛吐丝结成网，
望见蜘蛛纺纱织成布。
阿密请得大蜘蛛到家来纺纱，
阿密请得大蜘蛛到屋来织布。
大蜘蛛听从密的安排，
日里忙织布，
纺成一捆捆细密的彩线，
织成一幅幅美丽的彩绸。
阿密把话说，
阿密把话讲：
天下最美丽的是天上的凤凰，
要仿照它的五彩羽裁衣裳；
天下最好看的是水中的鸳鸯，
要仿照它的模样缝彩衣；
天下最可爱的是山上的锦鸡，
要把彩绸缝成百褶的围裙；
天下最漂亮的是山间的孔雀，
要把彩绸缝成开屏的新装。
让子孙都穿上新缝的彩衣，
把他们打扮得像山中绚丽的花丛，
让千人看见都爱慕，
让万人看见都赞扬。
我们都是阿密的后代，
我们都是阿密的后裔，
应该懂得阿密的道理，
应该继承阿密的习俗，
给外甥送来背带，
给外甥送来襁裸。
聪明的布桑吔，
山中的画眉王。
密的背带歌是这样讲，
密的背带歌是这样唱。

广东乳源过山瑶女子织锦头帕中心花

密神下的玉米，
棒棒苞米挂在腰；
密神下的稻谷，
穗穗金谷迎风飘；
密神下的芝麻，
结出壳壳来护籽；
密神下的蓝靛，
长出绿叶托花瓣；
密造的太阳，
放出金光照天下；
密造的月亮，
夜里给人间照明；
密造的江河，
灌溉田地万物长。
聪明的布桑吔，
山中的画眉王。
栽树盼结果，
栽草盼花香，
养女盼成家，
养蜂盼酿蜜糖。
有男孙外婆该送给背带，
有女孙外婆该送给背条。
男孙贵如金，
女孙贵如银。
送帽子来戴，
送红花来插，
送神弓来挂，
送花鞋来穿，
送红鸡蛋来陪魂，
送糯米粽粑来陪魄。
望男孙聪明像桑郎○也一样，

○密洛陀长子，是为民除害的英雄

能登天宫射落多余的太阳；
盼男甥伶俐像桑郎仪一样，
○密洛陀二子
征服自然的英雄
能腾云驾雾除掉放荡的月亮；
盼男甥巧乖像桑郎三一样，
○密洛陀三子
是驱除虎豹的英雄
能斩掉山中胡来的饥虎饿狼。
望女甥能挑花刺绣，
巧手绘图美名扬。

聪明的布桑吔，
山中的蜜蜂王。
我们拿密的背带把道理讲，
我们拿密传下的背带歌来对唱。
今天是吉祥的日子，
天上的太阳更红更亮光，
今日是吉利的日子，
天上的月亮更明更辉煌。
一年三百六十五天，
千好万好在今日；
一年三百六十五夜，
千吉万利在今晚。
今天是最洁净最光辉，
今夜是最明亮最吉祥，
我们选择这样的日子，
来给外孙送背带，
我们选择这样的日子，
来给外孙送褓褓。
千两黄金买不得一个男孙，
万两银子换不得一个女孙。
千千万万个好日子呵，
都比不上今天吉祥。

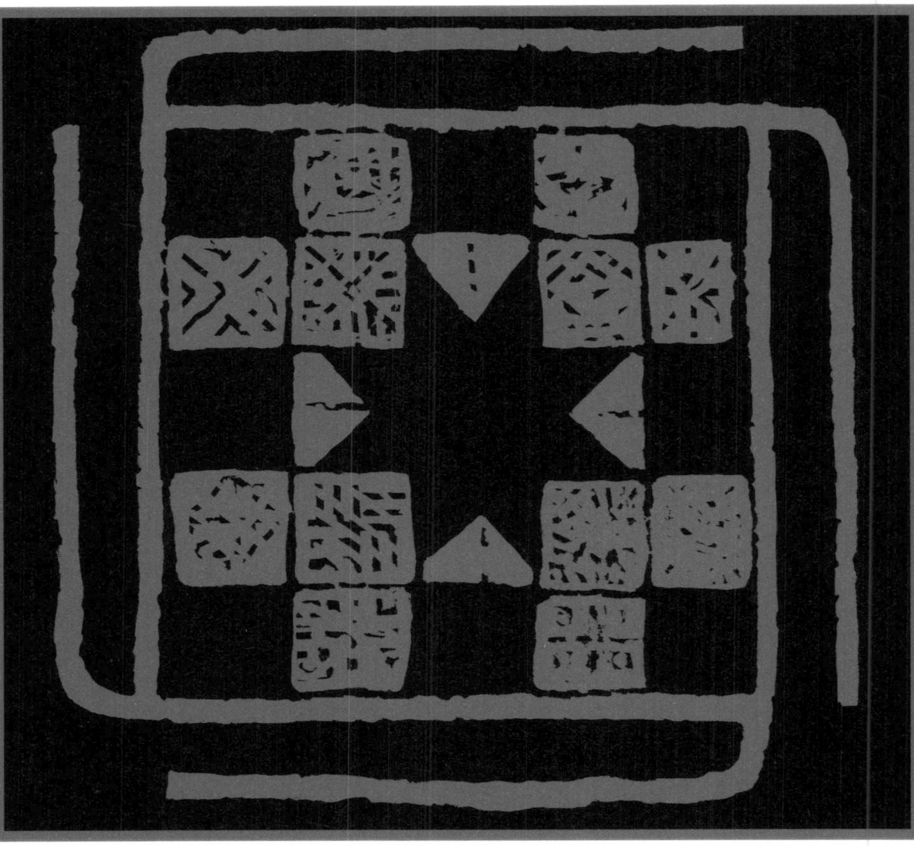

广西上思瑶女子头帕挑花

上个月吉祥的日子，
宝贝像雨点般落下来。
请来了染布的高手，
请来了裁缝的能人，
请来了绣花的妙手，
请来了绘画的巧匠。
她们议去又议来，
她们裁剪又绣花。
挑上双龙戏水波，
绣上双凤朝太阳，
绣上鸳鸯相伴，
画上蝴蝶成双。
缝完背带又缝衣裳，
缝成童帽又造木枪。
一切准备好了，
又请三亲六戚的人来品评一番。
上家拿来了背带，
下家又拿来了背条，
背带数有六对，
背条数有六双，
衣服数有十二件，
童帽数有十二顶，
红绿鸡蛋数有十二筐，
糯米粽粑数有十二箩。
大家欢欢喜喜来挤满堂屋，
大伙高高兴兴来品评一番：
这条背带是五色彩虹闪闪亮，
这条背带是凤凰盘旋山冈，
这条背带是锦鸡啼鸣草丛，
这条背带是孔雀开屏竹枝，
这条背带是金鹿吃草在山上，
这条背带是麝香依偎在悬崖旁。
数来数去有六对，

数去数来有六双，
背带缝好多漂亮，
欢欢喜喜装进箱。
一切准备好了，
才找老师傅选定吉日良辰。
吉祥的日子来到，
吉利的日子来临。
雄鸡拍了三次翅膀，
我们的人马就起床，
雄鸡啼了四遍，
我们就点烛烧香。
踩碓的声音已经传遍八方，
挑水的姑娘已迎上第一道阳光，
我们就在这个时候起步，
我们就在这个时候面朝东方。
我们翻过了九十九座山冈，
我们走过了九十九座桥梁，
来到布桑的贵村，
踏上布桑的贵门。
登上布桑的楼梯，
布桑就抬酒缸来迎接，
登上布桑的门槛，
布桑就捧碗酒来拜敬。
我们进入布桑的厅堂，
翩翩起舞敲响鼓和铜锣，
祝愿我们的男外孙
像早晨的太阳那样壮美，
祝愿我们的女外孙
像十五的月亮那样妩媚。
今天是吉祥的日子，
今日是兴旺的时光。
燕子垒窝在今天，
凤凰下蛋在今日，
老人祝寿在今天，

贵州荔波青裤瑶女子花带绣花

小孩祝福在今日。
今天是大发大旺的日子，
只有吉来没有凶。
祝老人健康长寿添福禄，
祝外甥无病无痛吉祥平安！
愿男外甥像雄狮一样勇敢，
愿女外甥像仙女一样漂亮，
愿他们一生像黄金一样宝贵，
愿他们一世像白银一样闪光。
愿亲家年年五谷丰收，
楼下变盐塘，
金银满箱柜，
子孙满厅堂，
养鸡成凤凰，
养猪大如牛，
养牛大如象，
养马遍山坡，
养狗狗精灵，
养羊满山梁。
财从今日起，
富从今日发。
日进千山宝，
时招万里财。
亲家当门有蔸摇钱树，
亲家屋后有个聚宝盆，
初一早上摇四两，
初二早晨摇半斤，
千年长久不会断，
金银财宝时时来！

布　桑：
尊敬的布觉吔，
山中的蜜蜂王。
尊敬的阿达呀，

你们学得密洛陀的道理。
高贵的阿旭呀，
你们学得密洛西教给的俗规。
你们心齐像蓝天的彩云，
大风一吹都朝一个方向飘动。
你们像高天的星星，
一颗发亮百颗闪光。
你们外家繁荣如山中的竹笋，
风雨一来遍山都飙芽。
你们一起翻山来看望外甥，
你们一同越岭来看望外侄。
绣上凤凰展翅的背带，
我们接收了十二条；
缝上孔雀开屏的背衣，
我们接收了十二件；
画上鸳鸯戏水的童帽，
我们接收了十二顶；
挑绣金龙戏珠的书包，
我们接收了十二只；
锦鸡欲飞的彩巾，
我们接收了十二张；
双凤朝阳的胸裙，
我们接收了十二条；
染红了的鸡蛋，
我们接收了十二箩；
黑糯做的粽粑，
我们接收了十二筐；
墨糯酿的米酒，
我们接收了十二缸；
肥嫩的熟鸡，
我们接收了十二只；
鲜美的鸡汤，
我们接收了十二筒；
蹦跳的项鸡，

广西金秀盘瑶女子头帕挑花

我们接收了十二只；
悬挂在背带上的马刀，
我们接收了十二把；
刺绣在背带上的飞鸽，
我们接收了十二只。
这一切的一切呀，
铭刻外婆家的深情，
这一切的一切呀，
表达外婆家的心意。
严冬到了，
外甥不怕寒霜来袭击；
酷暑到了，
外甥不怕蚊子来叮咬；
大雨落了，
外甥撑着外婆家送的红伞朝前走；
狂风吹了，
外甥戴着外婆家送的纱巾逆风行。
豺狼敢挡道，
外甥一枪把它击倒；
蟒蛇敢拦路，
外甥一箭把它射穿。
白天坏人敢进村来行盗，
外甥一枪使他变成死鬼；
间恶人夜间破门来行偷，
外甥一箭使他丧命见阎王。
让好人看见都夸奖，
让坏人望见都慌张。
全是托外家的福分，
全是靠外家的威望。

布　觉：
聪明的布桑呲，
山中的画眉王。

从今天起，
外甥像禾苗获得喜雨；
从今日起，
外甥像树苗喜得阳光。
外甥像山中的竹笋一样，
一天比一天长高；
外甥像盘地的芭蕉一样，
一日比一日茁壮。
五个月后会翻身摆手，
六个月后会转脸发笑，
七个月后会摸会爬，
八个月后会生门牙，
九个月后会学讲话，
十个月后会叫爸妈。
哪只小鸡会雄壮，
从小狮冠自然红；
哪个小孩要乖巧，
幼小自然精灵。
外甥快快长大呀，
好给阿达敬烟；
外甥快快长高呀，
好给阿旭敬茶。
官人进家会招呼，
亲戚进屋请入坐。
眉毛清秀像天上的新月，
嘴巴伶俐像山中的画眉鸟，
打扮美如玉，
梳妆如花香。
十人看见十人爱，
百人看见百人夸，
大人看见打抢抱，
儿童看见争着背。
发财发利靠勤奋，
聪明伶俐靠外婆家。

广西金秀盘瑶女子头帕挑花

## 第四章·谢外家

生下头甥一年后，女婿备好一头肥猪或肥羊，两只活鸡，一缸糯米酒，一挑五色糯米饭(或一挑糯米粽粑)，十斤烟叶、红糖和饼干等礼物，由布桑带队去给岳父母还恩，俗称『谢外家』，瑶话叫『送拉罄』。岳父家的房族兄弟各家各户都要轮流宴请女婿，迎甥道喜。

布桑：
万年长青的高山忘不了雨露，
日夜流淌的涧溪忘不了源头。
我们沿着古人走过的爱路，
我们跨过前辈就有的金桥，
早上太阳露脸我们就起步，
晚上明月洒光我们才进屋。
来拜谢我们的亲家，
来感恩我们的爹娘。
虽说拜谢亲家，
却几年养不成一头猪。
虽讲感恩爹娘，
却几年养不成一只阉羊，
用铁皮包羞面来叩首，
用泥巴糊脸来拜敬。

我们家住穷苦的山寨，
我们寨坐落在贫瘠的山上。
养猪像老鼠那么大，
酿酒才装满小油缸；
养羊才像松鼠那么大，
养鸡才像麻雀一个样；
糯米糍粑装不够一箩筐，
糯米饭舀不满一竹篮。
我们只拿一片心来拜敬，
我们只拿一片意来谢恩。

布　觉：
你们懂得古代的道理，
你们精通前辈的习俗，
你们饮水不忘源头，
你们吃果记得树根。
交这样的亲戚抵得千金，
结这样的亲家值得万银。
你们的话语贵过金，
你们的歌词胜过银。
酒不醉人人自醉，
歌不迷人心自迷。
你们用密粮养的猪，
头头肥壮重千斤；
你们用密草喂的羊，
只只膘肥体量沉；
你们用密粮喂的鸡，
五脏六腑都是油；
你们用密粮熬的酒，
一滴下肚醉三冬；
你们用密粮做的粽粑，
一家开吃香满寨。
你们说话值千金，
你们吐字值万银。

贵州麓川青裤瑶女子衣背绣花

你们的礼物数箩不数斤，
你们的礼物数万不数千。
你们抬的肥猪放进我的栏，
还剩半截露在栏外；
你们牵的阉羊放进我的圈，
还剩两只脚卡在圈旁；
你们养的肥鸡装进我的笼，
还剩狮冠卡在笼门；
你们挑的酒装入我的缸，
还剩一半无缸装；
你们挑的糯米饭，
还有一半无箩存。
样样礼物我们收下，
件件佳品我们收得，
摆满我家的宽神台，
搁满我家的大堂屋。
点上香烛喊密来，
请密高坐神台上，
请密慢慢来清点。
清点几孙养的肥猪千斤重，
清点几孙养的阉羊重一百八，
阉鸡肥又大，
小猪满月如滚瓜。
数清烟叶一百担，
数清茶叶一百箩，
千件礼物要点清，
万种佳品要数尽。
牲畜你要刀来宰，
熟物你要筷条挟，
该吃的你要吃欢心，
该尝的你要尝个够。
剩下的牲畜请你要牵回养，
余下的熟物请你要碟碗装，
喝不完的酒请你要缸来装，

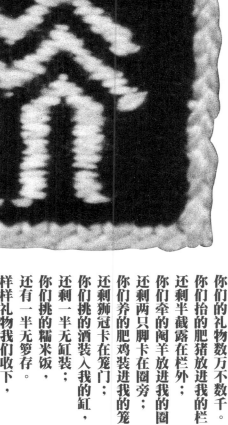

# 娃崽背带

吃不完的糍粑请你要箩来放。
吃完了要给儿孙保安康，
尝完了要给儿孙祝吉祥。
儿孙一敬得百利，
儿孙一拜得百昌。
从今天起大吉大利，
从今日起大兴大旺。
财源不中断，
名声传远方，
讲话有钢声，
办事像首长，
聪明又伶俐，
读书中状元。
人勤春来早，
种田粮满仓，
一生无疾病，
一世乐安康。
抓土变成金，
挑水变成银，
养鸡成飞凤，
养马成麒麟，
上山打得虎，
下海擒得龙，
走路捡得金，
出门拾得银，
财源滚滚来，
金银涌进仓。
千吉利来万吉利，
儿孙代代当大官。
世世代代我们把背带歌来唱，
年年岁岁我们亲戚不断来往。
我们共住在月亮照明的弄场，
我们同住在太阳升起的地方。

中心的太阳纹是铜鼓中所常见的纹样，因而画面可看作描绘太阳祭祀的盛典，领头的人手拿鼓槌，敲击铜鼓，祈求太阳之神赐福予她的子民。

隔山隔水不隔音，
交亲结戚情意长。
我们两家种下的树已开了花，
我们两家栽下的花已结了果。
两只燕子衔泥已造成了暖窝，
两只蜜蜂采花已酿出了蜜浆。
天上的金星已掉到我们的眼前，
天上的银星已飘落到我们的厅堂。
山头笑红了脸，
河水乐开了怀。
家里原养一头猪，
很想杀给外甥尝。
谁知猪的耳朵特别灵，
昨夜跑入山中去躲藏。
阉羊养不成一只，
白兔养不成一双，
鸡被鹞鹰抓走了，
鸭被野狸吃精光，
我们实在难堪，
我们穷得丁当响。
高山岭顶种高粱，
高粱好吃叶子长，
想对亲人说句话，
笨嘴笨舌不会讲。
小米蒸不成糯米饭，
玉米熬酒哪有糯米酒香，
南瓜当肥肉放锅煮，
清水当酒给亲人尝。
你们吃素不要埋怨，
回去不要给旁人讲，
我们打从今天起，
亲戚交好万年长。

# 第五章·摆筷条

传说布努瑶的第一条背带是密洛陀亲手缝制并长留于世间的。所以，外婆给头甥送背带时，布桑和布觉便摆起筷条对唱。

布　桑：

靠着大树好乘凉，
登上花山全身香，
结交好亲戚心欢畅，
好比孤儿得吃三冬糖。
谢谢布觉的好意，
谢谢亲家的好心肠，
给我们送来金背带，
给我们送来银襁褓，
眼看背带要知道背带的根底，
手拿背带要晓得背带的来历。
前冬你们给我们送来一蔸金竹笋，
前年你们给我们送来一根银竹枝。
给我们送来金猫，
给我们送来银兔，
给我们送来金花瓣，
给我们送来银花环。
我主人的家厅堂太窄，
我主人的家门楼太矮，
你们亲家的贵人不曾到，

## 叁　生命树与神竿

### 瑶族生命符号　第一九页

以树为天梯者，古有建木、若木、穷桑等。树是人们可登高的途径，人们便赋予其精神上与天相接的神奇功能，以满足人类的心比天高。在瑶族神话中，有人类通过树与天上的女神恋爱的故事，这倒是与瑶族图纹中的神竿与太阳对偶型纹样取得巧合。神竿或顶天柱可视为男性的象征，神竿指对着太阳，有的穿透了太阳，恰验证了太阳喻女性的说法。这似乎可以揭示一个陈旧的秘密——中国古神话中普遍存在的『射日』，莫不就是男权社会初创时期对母系部族的攻击？而有的神竿之形确为箭头形。由此说来，创世的女始祖们将男性视为顶天柱，最终它却成了消灭女性天地的武器。

你们布觉的贵宾不曾来。
楼梯没有留下你们的脚印，
石阶没有留下你们的身影，
你们不曾登上我们的穷山，
你们不曾走进我们的苦寨。
我们的山路石头多，
我们的桥梁窄又小。
难走又难攀，
走过要晃动。
登进我们的破木楼，
踏进我们的茅草房，
你们打扮和其他人不一样，
你们骑马装饰和别人不同。
你们百人百匹马，
你们百马百个鞍，
你们百人百顶帽，
你们百人百把伞，
你们金银财宝一路撒，
你们花红柳绿过山冈，
金银财宝挂满身，
手镯项链戴齐全。
热热闹闹像呐官○，（○县官的队伍）
浩浩荡荡像呐洋○，（○皇帝的队伍）
踏进我们的破木楼，
我们的竹梯不像样。
上第一步，
双脚难抬；
上第二步，
双手难攀；
上第三步，
腰酸腿痛；
上第四步，

头昏脑涨；
上第五步，
心跳怦怦；
上第六步，
气喘吁吁；
上第七步，
大汗淋漓；
上第八步，
筋松脚软；
上第九步，
手脚打抖；
上第十步，
才到门坎。
千谢布觉送给的金背带，
万谢亲家送给的银背条。
现在我们来讲这条背带的故事，
现在我们来唱这首背带歌的全文。
敬爱的布觉呀，
你说这样合适不合适？

布　觉：
密栽下的大树好乘凉，
密开掘的山泉好清甜，
密种下的柑树像把伞，
密拉下的丝线好久长。
为着这个道理，
我们来送背带，
为着这条情由，
我们来交心肠。
没有金猫来相送，
没有银兔带进房，
嫁女没财宝，
送亲无嫁妆。
你家后园有棵摇钱树，

广西田林盘古瑶女子裤脚绣花

召引我家金凤凰；
你家楼前有蔸甜桃树，
远在千里闻花香。
你家木楼银光闪，
你家堂屋耀金光。
你家的后生爱我家的红花瓣，
我家的蜜蜂恋着你家的暖房。
因为这条道理，
今天我们才欢聚一堂。
我们千世共亲戚，
我们百代同烧香。
今天来到你们的山寨，
今日踏进你们的厅堂，
铺金的楼梯滑又亮，
镶银的房柱多辉煌，
墨糯米酿酒甜又醇，
百花蜜赛过三冬糖。
聪明的布桑呀，
山中的蜜蜂王。
我们喝酒应该晓得酒的历史，
我们吃蜜糖应该知道甜来自何方，
我们给外甥送背带，
正是密洛陀制定的规章。
今日是什么日子？
太阳特别关照。
今夜是什么良宵？
圆月格外赏光。
千棵树叶绿油油，
万朵花蕾齐开放。
百鸟为何今日比翼飞翔？
丹凤为何今天同心朝阳？
骏马为何今日齐奔腾？
弩弓为何今天射万箭？

# 娃崽背带（下）

温暖的风吹进家门，
吉祥的云飘到楼房上。
四月的玉米为什么吐缨结苞？
五月的烟叶为什么由金变黄？
群山为何放笑声？
江河为何齐歌唱？
绿树为何出新桠？
红花为何竞开放？
小伙为何早早起床？
姑娘为何对镜梳妆？
今天你家有何喜事？
亲朋好友挤满楼房。
莫非地方大乱？
大家都来躲藏。
莫非山头崩塌？
众人来修整山梁。
莫非你家得罪了谁人？
大伙来商量和解的妙方。
莫非你家人畜不安宁？
三亲六戚都来这里磋商。
千言万语只管讲，
有问不答闷得慌。
我唱到这里暂停，
轮到你布桑开腔。

布　桑：
千谢万谢，
谢谢布觉好唱腔，
谢谢贵人好心肠。
有密洛陀才有今天的喜事，
有密洛西才有今日的荣光。
是密洛陀创造的第一条背带，
连起两家情意长。
你们是密洛陀的后代，
你们生长在密洛西的故乡。
太阳是密洛陀造的，
今天照亮了我的山冈；
月亮是密洛西造的，
今日照明我的岸场。
万树在今日迎春，
千花在今天开放，
亲人在今天团聚，
贵客在今日到场。
百只山鹰盘旋在我的楼顶，
千只金凤齐飞来我的厅堂。
万马今天齐来奔跑，
箭手今日齐来逞强。
千不是来万不是，
就是我家小伙子做得不当，
因为他爱慕你家的红花瓣；
今夜蜜蜂落在花枝上，
你家的姑娘走错了门，
她爱着我家的茅草房。
从前年起他们的结成一对，
银燕金鹰配成双。
昨天我家迎来了一朵娇花瓣，
今日我屋增添了一个小儿郎。
一花开放引群蜂，
一人有事万人帮。
今日喜鹊登临我家门前树，
今日三故八亲聚厅堂。
有天才有地，
有江河才有桥梁，
有桥梁才有人来往，
有密洛陀留下的背带，
才有今天欢乐的海洋。
密洛陀造了千重山，
密洛西造了万条河。

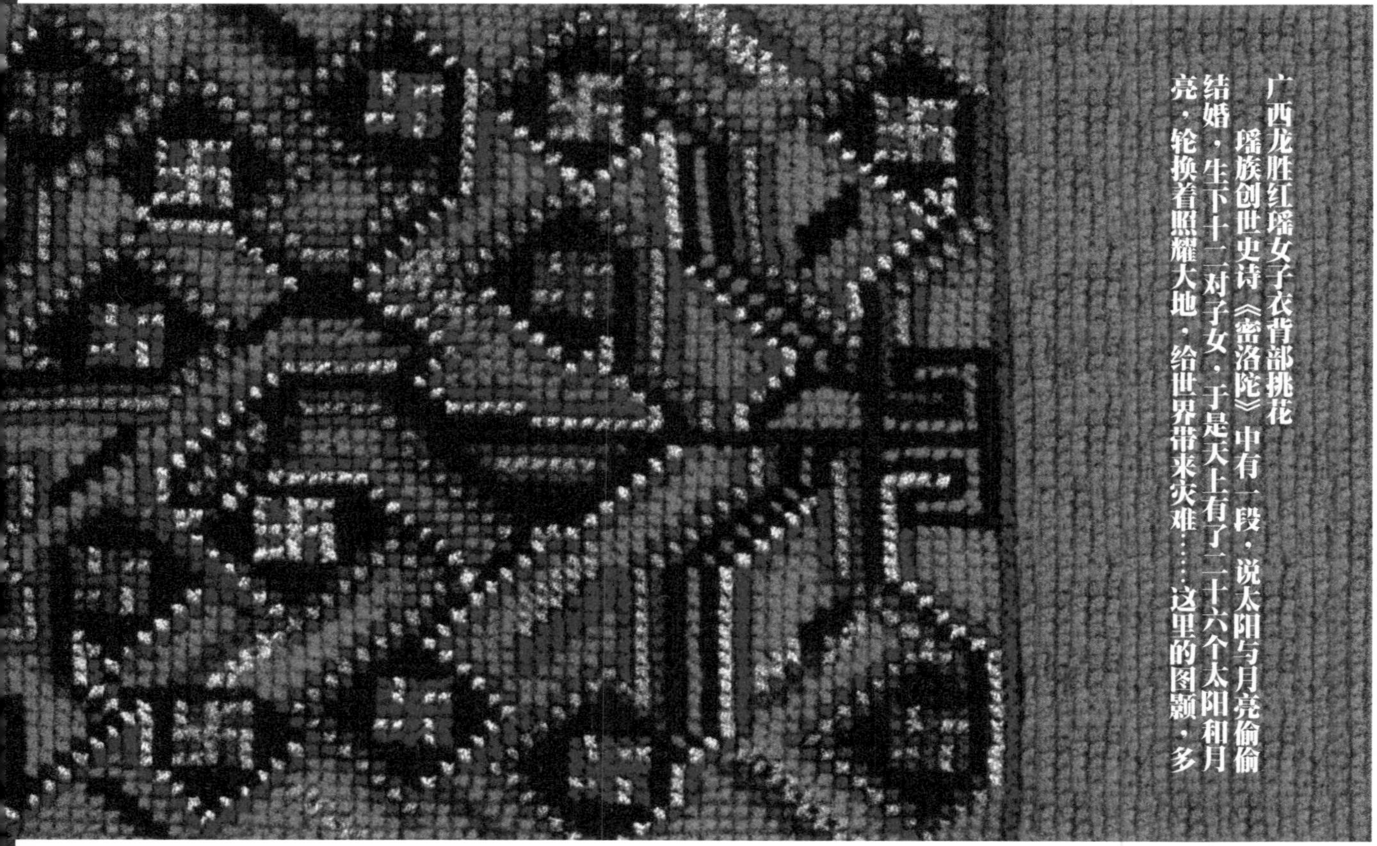

广西龙胜红瑶女子衣背部挑花

瑶族创世史诗《密洛陀》中有一段，说太阳与月亮偷偷结婚，生下十二对子女，于是天上有了二十六个太阳和月亮，轮换着照耀大地，给世界带来灾难……这里的图颢，多

# 佳意背带

我们起楼房才稳固，
我们种的百花才清香。
我们养马像麒麟，
我们养牛如大象，
我们养鸡成飞凤，
我们养鸟遍山乡。
我们不是和月亮结亲戚，
我们也不是和星星相交往。
人没兄弟找兄弟，
人没亲戚找亲戚，
鸟没有窝就找窝，
鼠没有洞就挖洞，
蛇没有窿就找窿，
鸡没有笼就找笼。
我们曾带红糖去向你们问亲，
我们曾带蜂糖去向你们问好，
你们父母看合意不合意，
你们兄弟看欢心不欢心。
坡地的烟苑有没有人来浇水？
房后的红花有没有蜜蜂来光临？
楼前的菜园有没有人来播种？
地里的蓝靛有没有人来栽培？
我们不是这一代人才结戚，
我们也不是今日才交亲。
密洛陀给我们开了一条爱路，
密洛西给我们架了一座情桥，
密洛陀创造的第一条背带，
连结着今天的千人万人。

布觉：
我们的菜园未有人来看望，
我们的花朵还依偎在树枝上，
我们坡地的烟苑未有人来浇水，
我们楼后的花朵还未见蜜蜂飞来，

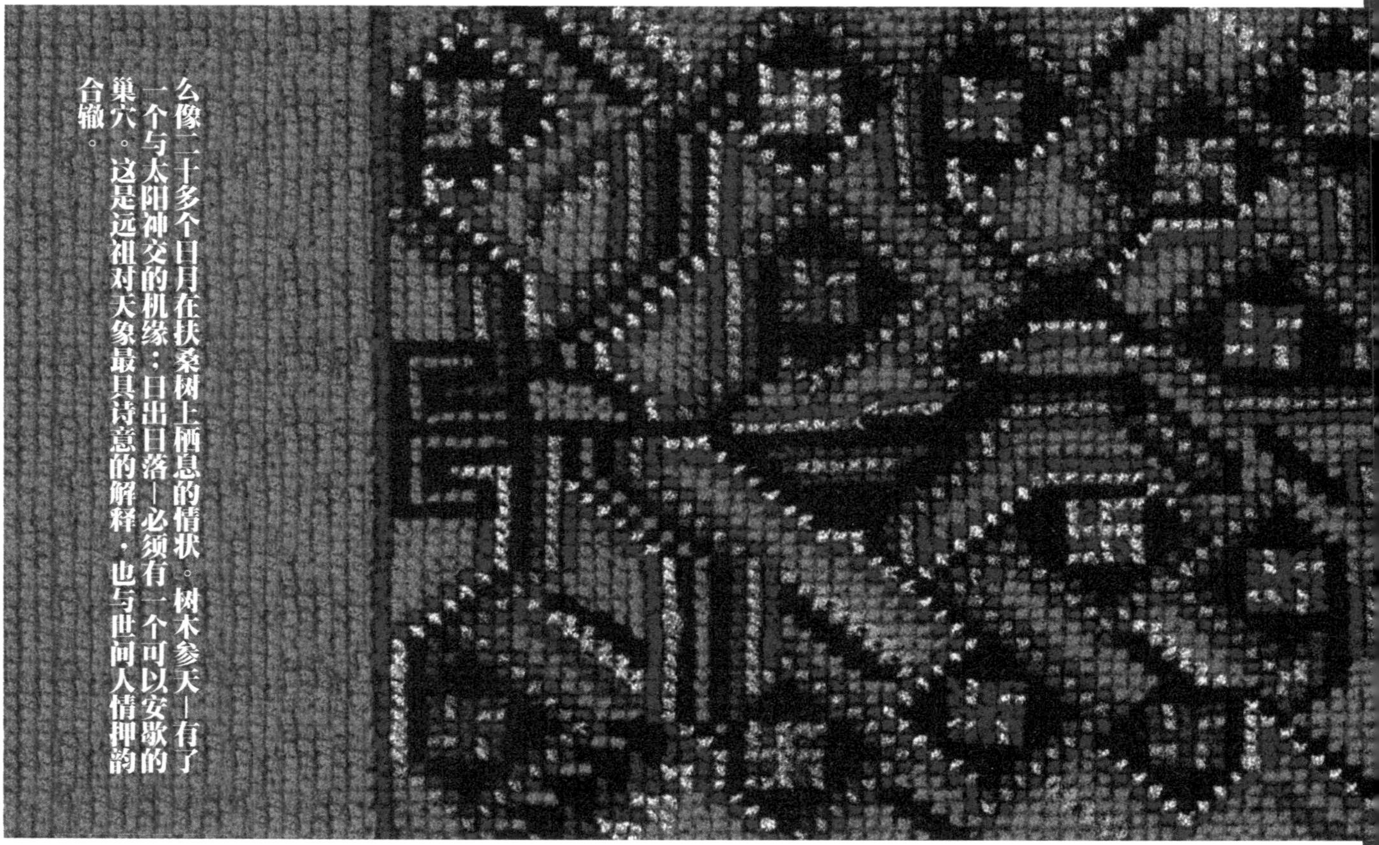

么像二十多个日月在扶桑树上栖息的情状。树木参天，有了一个与太阳神交的机缘；日出日落，必须有一个可以安歇的巢穴。这是远祖对天象最具诗意的解释，也与世间人情押韵合辙。

我们家的姑娘未有人来过问，
我们家的姑娘没招得郎君。
我们父母未收下谁人的烟叶，
我们的兄妹没吃过哪家的红糖，
我们的背带未有任何人来欣赏，
我们的襁衣没有人来掂量。
虎不离山呀人不拦路，
鹰要高飞不怕累坏翅膀；
鸟不离窝呀鸡不离笼，
就怕我家却邦没你家独邦高强；

○却邦：对年轻姑娘的美称
○独邦：对年轻小伙子的称谓

禾苗不离土呀竹子不离根，
就怕蜂儿嫌花不馨香。
这条爱路是从哪一代开拓？
交亲结戚是从哪一代创始？
第一条背带是怎样问世？
请你布桑把古歌唱一唱。

布桑：
是密洛陀造的天，
是密洛陀造的地，
是密洛西造的山，
是密洛西造的河。
从古代到今天，
世世代代结姻缘；
从卜贞到布壮，

○卜贞：即汉族
○布壮：即壮族

家家户户要结亲。
天对星子说，
要去陪月亮才显光。
星子去拜求密洛陀，
阿密又开腔：

# 娃崽背带（下）

天是我造的，
你星子要跟月亮在一起，
就得派媒人来和我商量。
要用彩虹来作背带，
要用彩云来作衣裳，
有衣裳来遮身体才好商量，
有背带来背小孩才有希望。
星子派媒人来了，
媒人叩拜密洛陀，
拿酒拿肉来问亲，
拿烟拿糖来相求。
密洛陀请九兄弟来同喝，
密洛西请八姐妹来品尝。
九兄弟都说这酒肉芳香，
八姐妹都说是好烟好糖。
九兄弟同计议，
八姐妹共商量，
碧空由星子陪月亮共住，
蓝天任燕子齐飞翔，
呼唤彩虹来作背带，
剪裁云霞来缝衣裳。
媒人拜堂再拜堂，
媒人开腔又开腔：
密洛陀呀密洛陀，
你造蓝天很辛苦，
你造山头多艰难，
你忍饥又挨饿，
你流血又流汗。
天给月亮住很可爱，
山给鸟住很舒服。
我求求你和月亮交亲戚，
我求求你和太阳管蓝天，
我求求你和月亮照高山，
我求求你和太阳照江河。

广东乳源过山瑶女子衣边饰绣花

密洛陀开腔了：
蓝天不是自成的，
江河也不是自成的，
我造的天是给月亮行走，
我造的地是给人类繁衍，
我造的彩虹
是给人类制作五色的背带，
我造的彩云
是给众生剪裁斑斓的衣裙。
流了九百桶的汗水才造成蓝天，
流了九千桶的汗水才造成江河，
你的星子要和月亮交亲，
你的星子要和月亮同住，
需要树叶子○你应该给，
需要山泉水○你应当送。
媒人回来对星子说，
星子满口答应：
造天的确很辛苦，
造河的确很艰难，
造的彩虹是后代用不尽的背带，
造的彩云是众生穿不完的衣裳。
你媒人再去求密洛陀，
你媒人再去拜密洛西，
需要多少张叶子就直接说，
需要多少桶山泉水就直接讲。
媒人再去拜见密洛陀，
媒人再去拜求密洛西。
阿密情真意切地说：
你看蓝天有多宽？
你看江河有多长？
你看云层有多厚？

○指钱

○指酒

你看彩虹有多长？
你们拿尺子去套，
你们拿尺子去量。
我要一千桶泉水怕你们讲太多，
我要一万张树叶怕你们难承当。
我的蓝天那么宽广，
不需要树叶来铺张；
我的江河那么长，
也不必要山泉水来助浪；
我的彩虹一纵身映红天下，
你很难套也很难量；
我的彩云一飘布满晴空，
任由你剪裁成多少套衣裳。
该给多少张树叶，
由你们自己思量；
该给多少桶山泉水，
由你们自己协商。
星子的媒人通情达理，
星子的媒人宽宏大量：
要一千张树叶我还嫌少，
要一万桶山泉水我不怕多。
千斤不怕重，
万斤我敢当。
乖人才敢来办好事，
笨人不敢登场，
硬木才能做头柱，
好马才能走山冈。
你敢摆出千斤的担子，
我敢挑起翻山过坳出弄场。
今天我来就因为有硬实的肩膀，
今日我来就敢把担子挑上。
只要你们让星子陪着月亮放光，
只要你们送云彩制作衣裳，
只要你们送背带情深意长，

云南麻栗坡盘瑶女子围腰挑花

该要多少张树叶和多少桶山泉水，
我布桑立即点头不用讲。
布　觉：
未到十五的月亮，
不圆不要紧，
未到中午的阳光，
不烈也可以。
我们不是登天和玉帝结亲家，
我们不是下海和龙王做同年。
密洛陀开拓的爱路，
我们走过来了，
密洛西架设的金桥，
我们早晚都要过。
你们养育的金猫，
要守在我的碗架上，
我们养育的燕子，
会盘旋在你的屋顶上。
种竹是为着长笋，
播种是为着收粮，
种菜盼望菜长满园，
养羊就盼羊遍山冈，
种花为着花芳香，
嫁女为着变成娘。
我女儿同意嫁给你男儿，
我家米甘愿装到你的粮仓，
由他两人配成一双，
由我两亲家来商量。
密洛陀同意了，
给星子和月亮共住在天上；
密洛陀开恩了，
给彩虹好制作小孩的背带；
密洛陀开恩了，
给云姑娘做五彩霞衣裳；

密洛西点头了，
夫妻可以在地上造楼房。
同走一条山路，
同耕一垌田地，
同踩一个楼梯，
同过一座桥梁，
同抽一支烟杆，
同吃一锅干饭，
同撑一把雨伞，
同烧一炉香，
同养一笼鸡，
同放一圈羊，
同玩一只画眉鸟，
同养一窝蜜蜂产蜜糖。
上山打虎是一对，
下河擒龙是一双。
夫像猛虎般爱护自己的娃崽，
妻像蟒蛇一样爱护自己的儿郎。
要彩虹来制作娃崽的五色背带，
要云霞来制作儿郎的斑斓衣裳。
你们带着主家的心愿来，
深情厚意已经表达。
你们不是从天上来，
你们是从金桥上过。
主人要你们怎么说？
主妇要你们怎么讲？
厅堂要你们怎么说？
门窗要你们怎么讲？
大山要你们怎么说？
道路要你们怎么讲？
春风要你们怎么说？
夏雨要你们怎么讲？
有什么事要做？
有什么歌要唱？

## 瑶族生命符号

第二五页

## 肆 蜘蛛——外婆

在布努瑶创世史诗《密洛陀》中，有给孩子制作背带的情节：金蛛高兴纺纱，银蛛欢喜织布，拜它们做外家，认它们当外婆……悬挂空中的蛛网给予人类的启示不只是纺织。《抱扑子·对俗》说伏羲氏『师蜘蛛而结织网罟』。蜘蛛视觉灵敏，其中圆网蛛有十二只眼睛，每只眼睛又有四对复珠，遍布全身，可视三百六十度全空间，而结网规则地分三圈，经纬均匀作等距间隔，很像八卦太极图。据说蜘蛛一旦交配过后，雌蛛总要把雄蛛吃掉，这与母系氏族男女交欢后男子必须离开女方回到自己窝棚去的情况极其相似。看来，以它比拟创世的始祖母——后来的外婆是很贴切的了。

你们从远方来，
走到坳上碰着什么？
踏进村庄遇着哪样？
经过路口遇着什么？
登楼梯见着哪样？
什么行空没有路？
什么过河无脚印？
什么一天走路三摆远？
什么一时盖遍天下？
你们到我的屋边，
你们登我的家门，
到门口哪个向你们打招呼？
到堂屋谁人喊你们坐下？
什么叫三脚？
什么成四耳？
什么是独脚？
什么是独个？
什么蹲在火塘边？
什么挂在墙壁上？
你们对这些道理会知晓，
你们对这些根由会明白，
不懂讲你们不会来，
不懂唱你们不会到。
如果你们实意来结亲，
这些盘话就要答腔；
如果你们真心来结戚，
这些盘词就要唱。
无心来结亲，
不答也可以；
无意来结戚，
不唱也原谅。
布 桑：

# 娃崽背带

我们带主人的心意来，
我们托主家的厚谊到，
主人对我们这样说，
主妇对我们这样讲：
山和山相靠，
树和树相傍，
人无亲戚找亲戚，
人无兄弟找兄弟，
养儿要娶妻，
养女要嫁郎。
房子对我们这样说，
柱头对我们这样讲：
有房无人管，
茅草无人割，
有草无人盖，
有木无人围，
需要勤劳的姑娘来割草，
需要伶俐的媳妇来管家。
柱头对我们这样说，
门方对我们这样讲：
我们需要木板来作窗，
我们需要红瓦来盖房，
我们需要姑娘来管家，
我们需要媳妇做背带。
让她来管我们的楼梯，
让她来管我们的楼房。
就像辛勤的蜜蜂来采我们的花蜜，
就像和善的金猫来看我们的灶堂。
冷风吹不到我们的身上，
大雨泼不到我们的脊梁。
千年不怕忧，
万年不怕愁。
锅头对我们这样说，
鼎罐对我们这样讲：

广西金秀盘瑶围腰挑花

我们住在房子里，
早晚无人向，
没人捧到山脚下，
没人端到灶堂上。
我们需要聪明的巧妇，
我们需要伶俐的姑娘。
把我们端到三脚架上，
把我们捧到火塘旁。
饭菜满楼香，
全家喜洋洋。
房间对我们这样说，
门帘对我们这样讲：
我住在木楼里，
活像个孤零零的庙堂。
没有人来打扫屋里灰尘，
没有人来开门窗透光，
蜘蛛结网半边床，
你看悲伤不悲伤？
我们需要活泼的媳妇来料理，
我们需要灵巧的姑娘住内房。
背带对我们这样说，
背条对我们这样讲：
我们被压在箱底三年久，
我们被藏在柜里三春长。
没有人来打开，
没有人来欣赏，
蜘蛛结网满箱口，
你说悲伤不悲伤？
没有活泼的娃崽哭闹要妈妈携带，
没有年轻的妈妈把孩儿背上脊梁。
我们需要活泼的媳妇来料理，
我们需要年轻的妈妈背儿在脊梁。
我们需要贤慧的媳妇来料理，
我们需要年轻的姑娘来开柜开箱。

这样我们才春风得意，
这样我们才如浴阳光。
听了这话我们才准备上路，
我们来到贵家的门口，
碰见一只可爱的金狗汪汪叫，
像有内心话儿对我们讲：
你们从哪个地方来？
为何走近我家屋檐门旁？
我们来到你家的屋檐下，
碰见一只可爱的金猫尾巴摇晃，
它和善地对我们开腔，
它喵喵地向我们询问：
你们去哪个地方？
为何走近我家的屋檐门旁？
我们来到你家的楼梯口，
碰见你家的一只金鸡喔喔啼，
它高高兴兴地把话讲：
你们从哪个地方来？
要找什么活路？
有什么大事商量？

你们讲话有道理，
你们盘问也应当。
飞鸟过天没有路，
行船过河无脚印，
蜗牛走一天路不去三摆远，
老天翻脸一时乌云盖满天。

到门口金鸡向我们热情地打招呼，
进堂屋金猫和善地请我们坐下。
煮饭的铁架叫三脚，
烧饭用的鼎罐有四耳，
山坡有独脚，

广西龙胜红瑶女子衣挑花

鸡蛋是独个，
火塘鬼常住在火塘边，
雨帽常挂在墙壁上。
我们这样回答对路不对路？
我们这样唱歌应当不应当？
尊敬的布觉呀，
请你解释和引唱。

布　觉：
你们是密洛陀的子孙后代，
道理讲得就是正确。
唱出实意来交亲，
唱出真心来结戚。
我们一千个感谢你们的深情，
我们一万条感谢你们的厚谊。
有头路才走出主家的门，
有红事才进我们的木楼。
主家托你们捎什么信物？
可有鸡蛋哄小孩？
可有木叶造鸟窝？
没有也不要紧，
金鸡不能把凤凰怪。

布　桑：
我们托主家的好意，
我们托主妇的好心，
来到亲人的家门口，
进得布觉的木楼来。
拿一把火镰来给你们打火抽烟，
请试试看燃不燃？
我们是实意来交亲，
染了红蛋送娃崽。
我们是真心来结戚，
带三张烟叶来敬老。

我家的独邦爱着你家的却邦，
带五斤山泉水拜谢阿爹阿娘。
独邦和却邦的心早已连在一起，
前年互换的银信仍在身上发光。
我们拿心来相换，
我们拿胆来相照。
我们要红要白不要黑，
我们要那金龙吐珠不变色，
我们要芬芳的花朵，
我们要清香的花瓣。
跛脚不要，
酸果不尝，
臭蛋不要，
要的是好蛋好黄心。
变色的花朵我不要，
专要那朵红红的牡丹。

布　觉：
我们再要筷子放桌上，
我们再要筷条来摆堂，
摆给你们看看，
放给你们思量。
密洛陀为何要造天？
因为要给太阳和月亮投宿。
密洛陀为何要造地？
因为要给人类安居。
造白崖给蛤蚧攀伏，
造江河给鲤鱼游畅。
造田希望翻稻，
耕地祈盼粮满仓。
嫁女望成家，
娶媳盼抱孙。
你们需要我家的姑娘，
我们需要你家的儿郎。

广西龙胜红瑶女子衣挑花

双方十分满意，
两家格外欢喜。
财从今日起，
富从今日发，
时进千山宝，
日招万里财。
养鸡成飞凤，
养马成麒麟，
猪满圈呀牛满栏，
羊群遍山冈。
生男更聪明，
育女更漂亮，
生男育女都乖巧，
屋里屋外粮满仓。
打从今日起，
一家更亲近一家；
打从今日起，
两家就是一家。
鱼游江河要小心滩头水，
鸟儿造窝要找安全的地方。
麻雀想偷粮
要注意主人安下的套网；
蛤蚧要安居，
须找峭壁的崖洞藏。
人类结亲求发达，
树木长大盼生桠，
我女儿出嫁求安然，
你娶媳妇图成家。
养猪求得千斤重，
满月小猪八十八；
栽花望花开，
养蜂图蜜糖；
旱天求下雨，
雨天求阳光；

秋天求舒爽，
严冬靠火塘。
千样百种，
百种千样，
全靠密洛陀的恩赐，
全靠密洛西的奖赏。

## 第六章·飞彩虹

布努瑶格言：『路是一步一步地往前走，歌是一首接着一首唱。』布觉和布桑把歌路引向远古，引向人类的始祖母——万物灵神密洛陀的出世。

布觉：
咩呀咧吔，
我敬爱的布桑哩，
密洛陀的歌，
像从山顶通到山脚的路，
要一步一步地往下走。
密洛西的歌词像竹楼的梯子，
要一步一步地登上去。
来到山脚回头张望，
登上楼梯心中思量，
歌路到这里应该提醒，
歌词到这里应该提问。

广西龙胜红瑶女子衣挑花

在那遥远的年代里，
在那昏暗的岁月中，
第一个人是哪个？
第一个始祖母是谁？
是什么生成第一个人？
是哪样变成始祖母？
她出现在什么东西的顶头？
她依偎在哪样东西的上面？
什么东西陪伴着她出世？
哪样东西跟着她降临凡间？
有了第一个人才有今天的人群，
有了第一个灵神才有今日的万物。
你们吃了妈妈煮下的饭才出发，
你们喝了母亲熬下的酒才上路。
你们告辞了妈妈的小房屋，
你们告别了母亲的大房间。
你们告辞了妈妈的小门槛，
你们告别了母亲的大门边。
你们走下妈妈的小楼梯，
你们步下母亲的大楼脚。
你们告辞了母亲的大鸭笼，
你们告别了妈妈的牛马栏。
你们暂离了母亲的猪羊圈，
你们走出了妈妈的村边。
你们登上妈妈用双手抹平的山坳，
你们翻越母亲用双脚踏平的弄场。
你们翻过九十九座高山，
你们走过八十八个弄场。
你们大路不走走茅草坡，
你们大河不过过小沟河。
这些道理不懂不会来讲，
这些歌词不熟不会来唱。
亲爱的布桑吔，
请你顺着歌路往下唱。

# 娃崽背带

布 桑：
咩呀吻吔，
我敬爱的布觉吔，
我们的歌路长长像彩虹，
我们的歌词滔滔如海浪。
要走大路小路由你带，
我一步跟着一步不停歇。
彩虹不长不飞天，
江河不长不入海。
铜鼓打不响不算真铜鼓，
铜锣敲不响不算好铜锣。
在那混沌的远古，
在那洪荒的岁月，
天地合一黑麻麻，
宇宙未成不见光。
那个年代哩，
那个岁月哟，
天地抱成一大圈，
宇宙卷成一大团。
没有青天，
没有大地，
没有人类，
没有生灵。
不见飞禽走兽，
不见树木花草。
到处荒凉，
到处黑暗。
在那个黑暗的世界里，
在那混沌的年月中，
阴风刮了一载又一载，
阳风吹了一年又一年。
不懂过去多少岁，

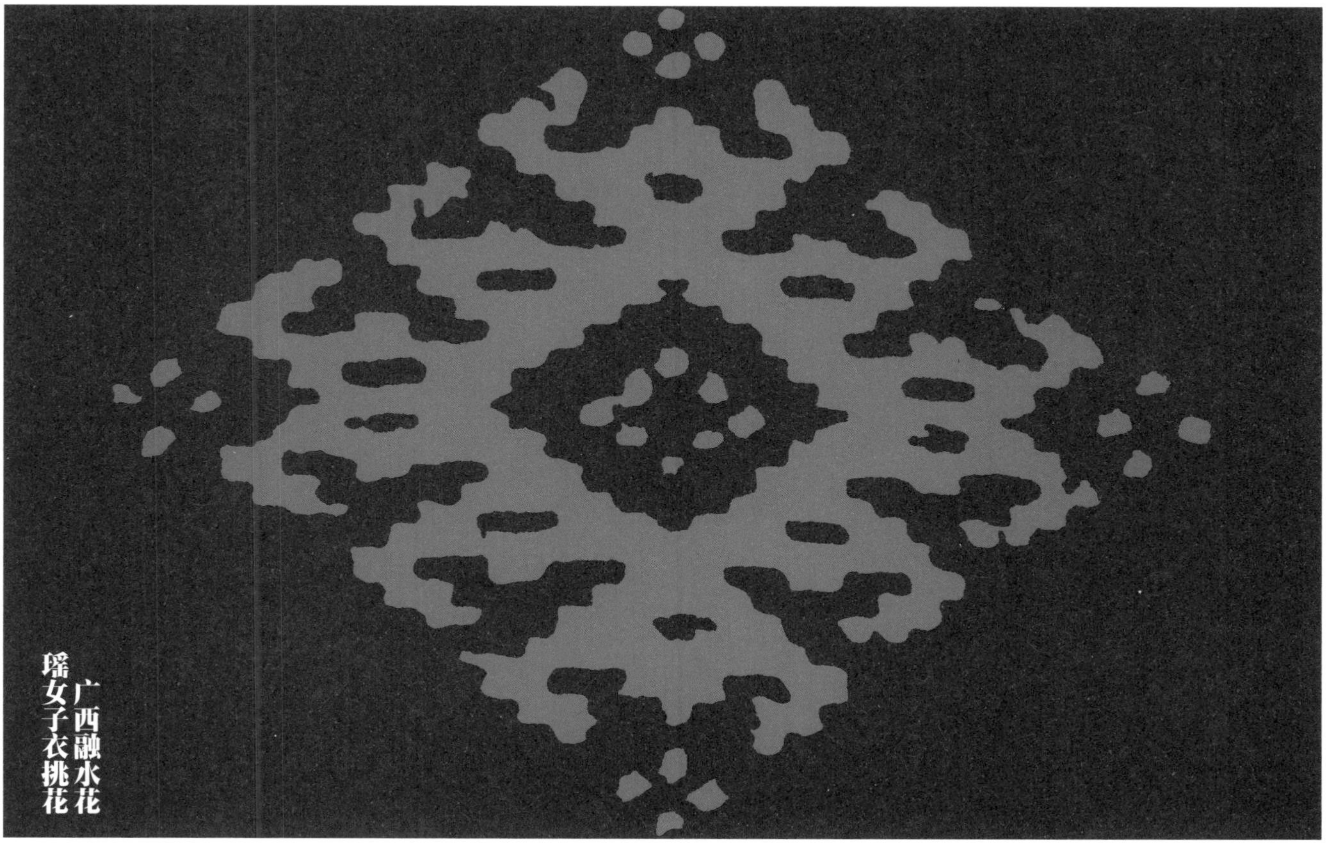
广西融水花瑶女子衣挑花

不知流逝多少年。
突然轰隆一声响，
四周全翻覆。
宇宙裂开一个大黑洞，
宇宙劈出一个大空窿。
万丈深渊不见底，
千丈深洞起旋风。
阴风呼呼冒出洞，
阳风嗑嗑滚出窿。
旋风飞起一条大彩虹，
气浪卷起一条大金龙。
大金龙护着大彩虹，
大彩虹伴着大金龙，
它们随着旋风舞了八百年，
它们随着气浪飘了八百岁，
变成世间的第一个始祖母，
化作凡间的头一个灵神。
这个始祖母就是密洛陀，○
这位灵神就是密洛西○。

○洛陀、洛西是密洛陀的分称。「密」，母亲之意

密洛陀依靠在彩虹的身上，
密洛西依偎在金龙的身旁。
崇高的密洛陀，
她是万物的灵神，
南海水深三千三百丈，
淹不过她的一双大脚板；
血顶山○高三千三百尺，

○在广西东兰县境内

高不过她的裤腰沿；
大地广阔三万里，
不够放她那张大手掌；
大江大河万里长，

也没有她一根头发的三分之一长。
她的眼睛比星星还要亮，
她的脸庞比田垌还要宽。
她骑着彩虹游太空，
她跨着金龙看凡间。
她游太空九万圈，
她看凡间九万次。
密洛陀要创造世界了，
密洛西要开辟天地了。
我们沿着密洛陀抹平的道路，
我们顺着密洛西架设的桥梁，
带着够数的钱登上布觉的贵门，
带着够量的米踏进布觉的故乡。
我们不是无理到处乱窜，
我们不是发癫随便乱来。
为了这条道理，
为了这个缘故，
早晨太阳升起就上路，
晚上月亮泛光就登门。

敬爱的布觉呀，
山中的蜜蜂王。
刚才你的话没有问到底，
刚才你的歌没有唱到头。
你问未完轮到我来问，
我问完了请你来答。
请你不要发牢骚，
哪首歌儿答不对路再作商量。
密洛陀的岳父是哪个？
密洛西的岳母是何人？
卡波○是哪个的岳父？
华波○是哪人的岳母？

○指雷公

○指雷母

美国瑶女子衣肩部绣花

在历史漫长的岁月中，许多瑶人为谋求生存流离故土到了国外，但是他们不管到什么地方，都不忘自己的根。这是在美国的瑶民服装上的图饰。每当瑶族的传统节日来临，他们就会穿起本民族的盛装，寄托对家乡的怀恋之情。

彩虹是男还是女？
皇特○是女还是男？
它们是否结成一对？
它们是否配成一双？
它们生多少个男儿？
它们是否生过女儿？
哪个男儿管哪样？
哪个女儿做哪门？
彩虹有多少种颜色？
各种颜色是怎样变的？
敬爱的布觉呀，
山中的蜜蜂王。
请你来答话，
请你快开腔。

○远古时代的一位名神

布　觉：
敬爱的布桑呀，
山中的画眉王。
你的歌声停我接音，
你的话说毕我答腔。
一会儿你画眉鸟先起音，
一会儿我小米鸟再跳笼。
对歌不分先与后，
有问有答属平常。
半斤就要对八两，
锦鸡不能怪凤凰。
你的问话我来答，
你的歌词我来唱，
看对不对密洛陀的歌路，
看合不合密洛西的俗章。
亲家与亲家从来不说牢骚话，
你家与我家本来就是一家。
密洛陀不是无源之本，

密洛西不是无本之木。
阴风不是无缘无故地吹，
阳风不是无法无度地刮。
密洛陀的岳父是岳达管，
密洛西的岳母是几日来阳。
岳达管也不是无源之水，
几日来阳也不是无本之木，
他们的岳父叫做皇特，
他们的岳母叫做彩虹。
彩虹和皇特配成一双。
皇特与彩虹结成一对，
皇特是个雄性的，
彩虹是个雌性的，
他们长年累月居住黑洞里，
他们深居简出在空穴中。
他们在一起生活了九千九百岁，
他们在一起长住了九千九百年。
他们吐出雾气九千九百里，
他们喷出旋风九千九百卷，
他们共生下十二个男儿，
他们又生下十二个女儿。
这十二个全部是龙子，
这十二个全部是龙女。
龙子龙女长大了，
皇特彩虹给他们做了安排：
将来世界是密洛陀的世界，
你们要陪着密洛陀好好掌管。
你们一对去管上界，
你们一双去管凡间；
你们一对去管山泉，
你们一双去管江河；
你们一对去管山头，
你们一双去管山脚；
你们一对去管田垌，

美国瑶女子衣肩部绣花

你们一双去管山岳；
你们一对去管道路，
你们一双去管村寨；
你们一对去管植物，
你们一双去管动物。
父亲给你们的本领，
母亲给你们的本事，
你们各对有各对的安排，
你们各双有各双的名分。
将来世界是密洛陀的世界，
将来凡间是密洛西的凡间，
你们要各自安分守己，
你们要各自尽职尽责。
你们要配合密洛陀管好天下，
你们要伴随密洛西管好凡间。

蛟龙是什么样子？
它是什么变成的？
彩虹有多少种颜色？
它是怎样组成的？
我来解答这道难题，
我来回答这条歌路。

不知在多少亿年以前，
那时的世界是女神的世界，
那时的凡间是女神的凡间。
这七位女神是七姐妹，
这七姐妹有七种颜色。
大姐专种红果子，
红果子是红色；
二姐专种玉米，
玉米是橙色；
三姐专种黄花菜，
黄花菜是黄颜色；

四姐专种芥菜，
芥菜是青颜色；
五姐专种蓝靛，
蓝靛是蓝颜色；
六姐专种茄子，
茄子是紫颜色；
七姐专种绿豆，
绿豆是绿颜色，
七姐妹有七种不同的颜色，
七姐妹有七种不同的衣裳。
那时候是女神的世界，
那时候无男神来配成双。
七姐妹相伴过日子，
七姐妹相挨过一生。
她们活到老年了，
她们活到尽头了，
她们换上最鲜艳的服装，
她们穿上最绚丽的服饰，
她们相约到无底的深洞，
她们相邀到无底的深渊。
她们毫不犹豫地跳下了黑洞，
她们毫不畏惧地跳下了空穴。
她们在深洞里汇成一体，
她们在深渊中结成一团。
深洞掀起了旋风，
深渊冒出了雾气，
这旋风就变成七色的彩虹，
这雾气就变成雄壮的皇特。
皇特配彩虹造就了密洛陀的神，
旋风与雾气铸出了密洛陀的形。

布　桑：
密洛陀一吼出现了天，
密洛西一吹出现了地。

广西龙胜红瑶女子衣挑花

皇特又称华特在世三千载，
活到老时归终年。
他的手脚比铁硬，
他的筋骨比钢坚。
密洛陀用他的脚骨来支地，
密洛陀用他的手骨来顶天，
天地稳固天下平，
皇特的筋骨成山川。
你唱皇特有一段故事，
我讲皇特另有一种传奇。
皇特的老婆叫列葩，
列葩的老家住在德浪。
他们生下九个孩子，
这些孩子不会说话，
有的蠢笨，
有的残缺，
有的有头没有脚，
有的有眼没有鼻，
有的有嘴又缺耳。
密洛陀看了很伤心，
密洛陀看了生悲悯。
她上高山挡阴风，
她上大岭遮阳气，
她用仙水来洒身，
她用神雾来沐浴。
培育了一百年，
护理了一百岁，
他们终于变了样，
一个一个不寻常。
个个乖巧精灵，
个个英武雄壮。
他们有高超的本领，
他们有非凡的功能。

身高能有二十丈，
伸手可抓得天庭。
生有两只眼睛两只耳，
四只手臂四只脚。
眼睛像碗口大，
耳朵像芋蒙叶宽，
脸膛像铜鼓面一样圆，
鼻孔像背篓筒一样粗，
嘴巴像八成锅一样大，
牙齿像钢刃斧一样利，
头发像芭芒草一样细，
胡须像龙须草一样长。
说话比钢音还要脆，
吼声比雷霆还要响，
爬岩比蛤蚧还要快，
攀树比猴子还要灵，
腾云比鹞鹰还要高，
驾雾比彩虹还要神。
他们练功九千九百岁，
他们学艺九千九百年。
他们的父亲皇特归了阴，
他们的妈妈列葩过了世，
把他们交给密洛陀，
要他们辅助创天地。
他们成为开辟的九位大神，
他们成为创世的九员大将。
老大叫卡亨卡独，
老二叫罗班俄路，
老三叫甫托牙右，
老四叫阿波阿正，
老五叫昌郎也，
老六叫昌郎义，
老七叫昌郎朽，
老八叫初岩初金，

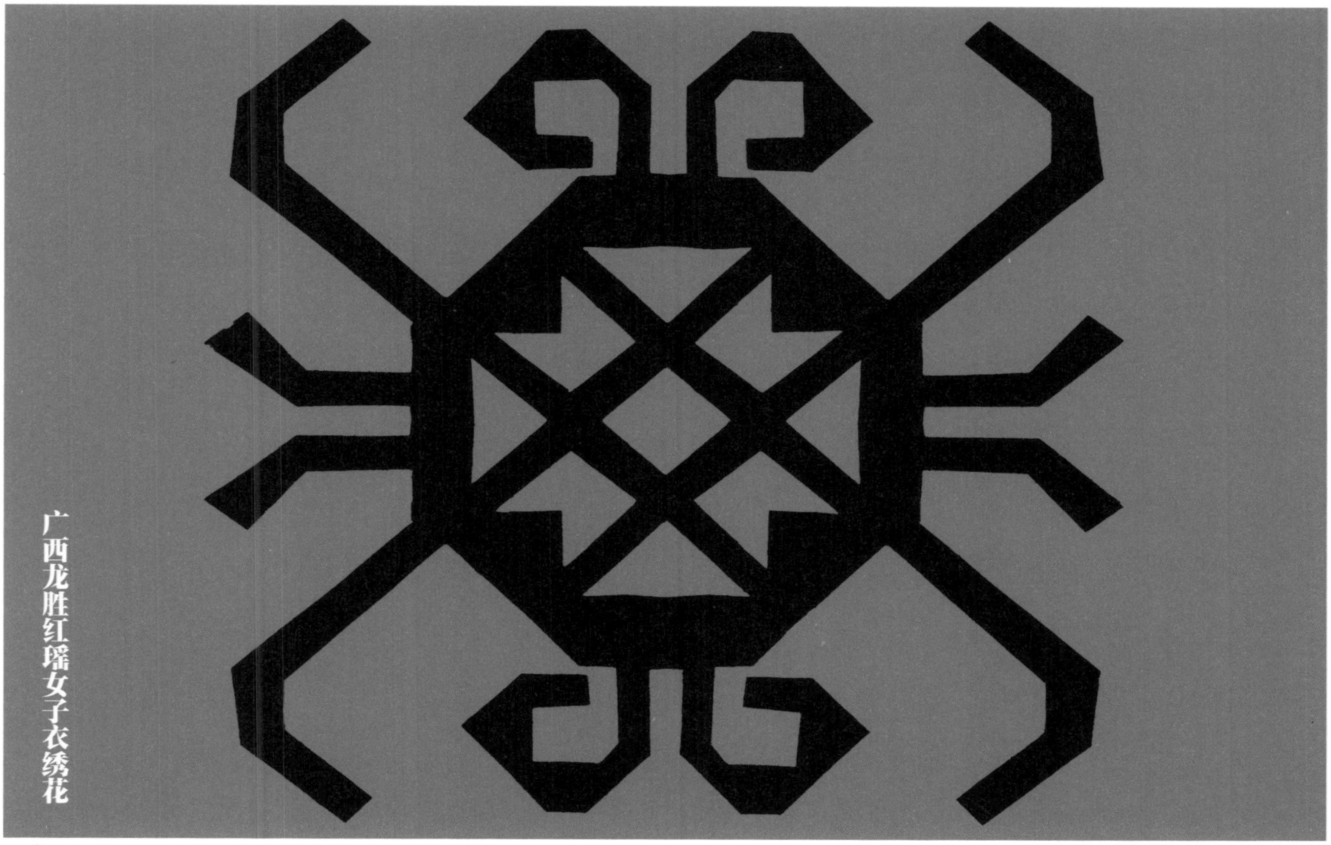
广西龙胜红瑶女子衣绣花

老九叫花米香。
密洛陀率领九神创世界，
密洛陀率领九将定乾坤。
她两臂向上猛顶，
她两脚微弓狠蹬，
顶出头上宽浩浩，
蹬出脚下广连连。
她解下胸前银项圈，
她摘脱耳垂银耳环，
把银圈轻轻抛上天，
把银环轻轻甩上天，
天空出现日滚圆，
天空出现月光闪。
密洛陀又抛去一串珍珠，
变成数不清的星星；
密洛陀又甩出一捆褶裙，
变成朵朵五彩云。
九位大神看在眼里，
九位大将惊在心中。
密洛陀就是这样造天造地，
密洛陀就是这样造山造岭。
我们千年不忘密的德，
我们万载不忘密的情。

## 第七章·种棉花

远古时，密洛陀的满女玩火，把千山百弄烧得光秃秃的。为使大地复苏，密洛陀费尽脑汁，千方百计寻找树苗、草种和棉花籽，她亲自播种，使大地回春。树长高，花开放，棉花吐白，纺纱织布，缝制衣裳，绣制背带。所以，在送背带时，布桑和布觉必须对唱《种棉花》，歌颂密洛陀的恩德。

布　觉：
密洛陀造天造地造山川，
密洛西种树种草遍弄场，
造田造地种五谷，
造人造畜造楼房，
山山长满树，
处处好乘凉。
一天阿密去赶街，
呼唤满女送火忙。
○卿花米香
满女送火到坡边，
火种丢失弄场上。
上头烧到坡洛东山边，
下头烧到坡洛西山上。
千山被烧尽，
百弄被烧光，
群山光秃秃，
坡谷黑压压。
阿密要找百样树种来撒，
阿密要找棉籽来种，
要大地万紫千红，
要山坳绿树成荫。
种出棉花好织布，
绣制背带送外甥。
山山长树绿荫荫，

## 伍 龙犬盘瓠

### 瑶族生命符号

第三五页

据瑶族历史文献《过山榜》载，瑶人始祖盘瓠是评王的一只龙犬，在评王与高王之战中咬死高王而立功，与评王的三公主成婚，生下六男六女，传下十二姓瑶人。为此，瑶族的许多支系至今把盘瓠作为民族的图腾，不仅千方百计地按传说中五彩斑斓的龙犬之形装扮自己，也把龙犬形象织绣于衣装。明·王士性《桂海志续》云：『……用五彩缯锦缀于两袖，前襟至腰，后幅垂至膝下，名狗尾衫，示不忘祖也。』其实，崇狗非仅瑶族，在中原地区汉族民间传说中，人祖伏羲为狗头人身，并说『伏』字本就是『人』与『犬』的合体。从字面象形表意的角度看，这比伏羲龙蛇之身的说法更有道理。

岭岭长草花才香。
天急地急人更急，
天旋地转云飘荡。
是谁人开了恩？
是哪个找到树种棉花籽？
是游走远方的老六。
○古时布努瑶的劳动英雄
他到贯西贯东去，
○指广西广东
在街上，
遇见瑶宝贵摆卖树种棉花籽，
不禁心花怒放，
问他无钱怎么讲？
他说无钱难商量。
老六回报密洛陀，
老六回报密洛西。
尊敬的布桑呀，
树怎样种呵花怎样栽？
请你把古话讲一讲，
请你把古歌唱一唱。

布　桑：
布觉尽管把筷条来摆，
布觉尽管把筷条来放。
多得老六来回报，
多得老六表衷肠，
密洛陀喜在心头，
密洛西笑在眉间。
第二天晚上鸡啼头遍，
鸡叫第二遍，
阿密起床来煮饭，
阿密呼唤儿孙来商量。
老六呵老六，
你方便不方便？

方便就去贯东买树种，
方便就去贯西买棉花籽。
老六回答道：
阿密喂阿密，
我实在太忙，
白天要去赶山造河，
晚上还要劈岭修山。
给老二去买树种，
给老二去买棉花籽。
老二赶忙答腔：
阿密喂阿密，
我实在太忙，
白天要去铺沙造桥，
晚上要去搬石开路。
买树苗要别人去，
买棉花籽要别人帮忙。
阿密命令老六去贯东买树种，
阿密指定老六去贯西买棉花籽。
把饭包交到老六手里，
把钱包交给老六上路。
阿密反复交代：
老六呀老六，
你莫贪去玩老表，
你莫图去耍同年，
快去快回来，
带回种子一路顺畅。
老六离开家门，
老六走出山寨，
翻过九百九十九座山坳，
游过九百九十九条江河，
来到贯东贯西，
看见树种摆满街上。
瑶宝贵站起忙问话：

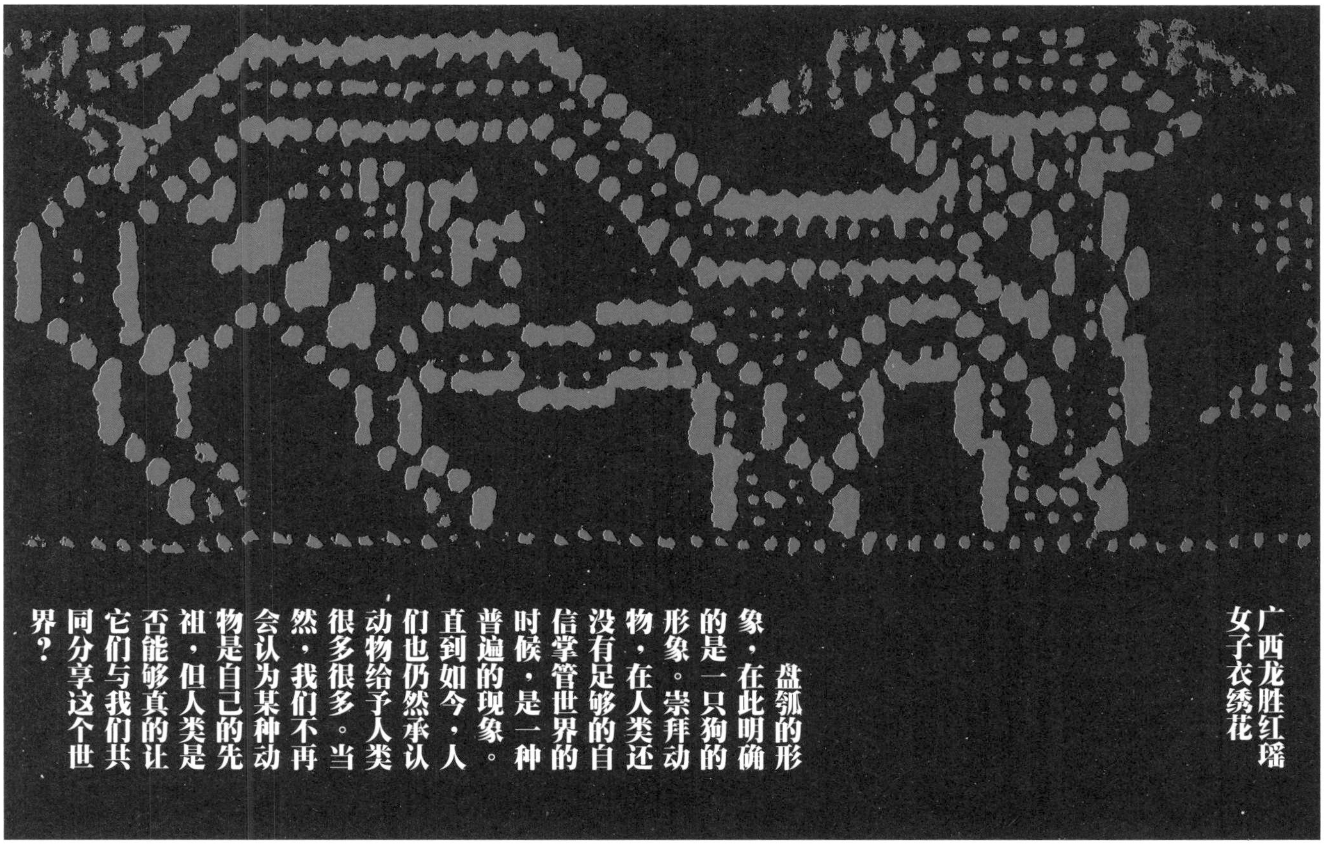

广西龙胜红瑶女子衣绣花

盘瓠的形象，在此明确的是一只狗的形象。崇拜动物，在人类还没有足够的自信掌管世界的时候，是一种普遍的现象。直到如今，人们也仍然承认动物给予人类很多很多。当然，我们不再会认为某种动物是自己的先祖，但人类是否能够真的让它们与我们共同分享这个世界？

老六呀老六，
你来买牛还是买马？
你来买鬼还是买香？
你闯我大街干什么？
有何贵干快快讲！
老六急忙把话答：
一不买牛二不买马，
三不买鬼四不买香，
阿密派我来买树种，
阿密派我来买棉花籽。
你的树种怎样卖？
你的棉花籽多少价？
瑶宝贵满脸笑容来答腔：
一两钱起码，
价钱最公平，
过秤过筒任你选，
要多要少随你便。
老六担忧把话说：
一两钱刚给二蔸种，
栽不满山头和岭顶，
一两钱刚得二两棉花籽，
撒不遍岸场和沟底。
瑶宝贵连说带比划：
货真价又实，
种子保质量。
山山必生草，
岭岭花飘香，
坡坡棉花白，
家家织布忙，
孩童有背带，
大人有衣裳。
老六忙递钱，
瑶宝贵把话讲：
树种播下慢生芽，

阿密所造的动物，
要到时辰才会爬。
母羊怀仔要五个月，
母猪怀仔要四个月，
母牛怀仔要九个月，
母马怀仔要十二个月，
女人怀胎要九个月。
好种子要有好土地，
好苗要有肥料撒，
雨露滋润禾苗壮，
万物生长靠阳光。

老六右手抱树种，
老六左手提棉花籽袋，
兴高彩烈回家转，
树种搁在大门外，
棉花籽藏在木楼旁。
他对阿密撒了个谎，
装模作样把话讲：
贯东地方很远很远，
贯西的路程很长很长，
你给我的钱太少，
不够吃饭和喝汤。
我买不到树种，
我买不到棉花籽，
打我骂我任阿密，
杀我留我由阿娘。
说完老六溜出门，
要到外边去玩耍，
阿密把老六叫住，
满脸布满了怨气：
一千个做得不对，
一万条办得不妥。
你老六要耍老表也可以，

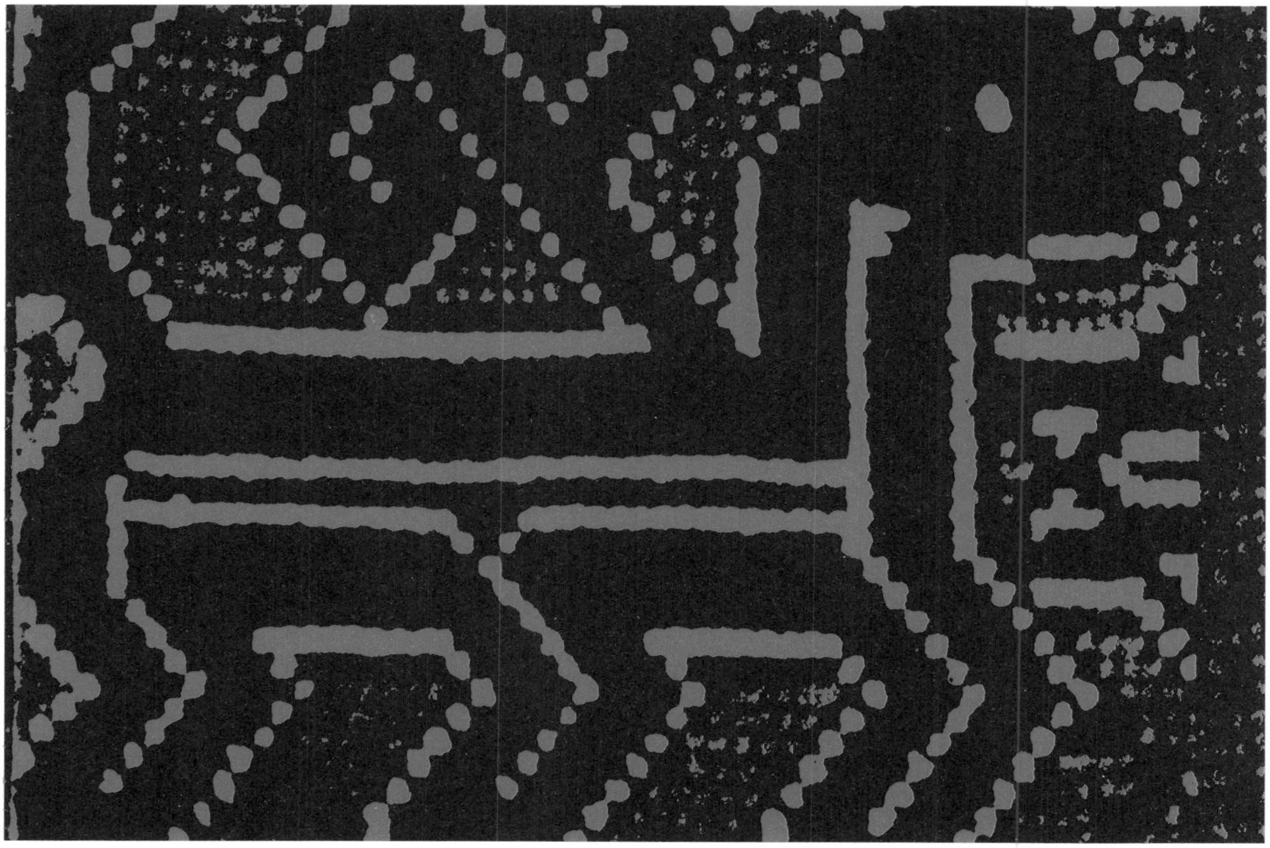

广西龙胜红瑶女子衣挑花

你老六要玩同年也无妨，
为什么不问我多拿钱？
为什么不买种子回家来？
无树种阿密哭得很悲伤，
无棉花籽阿密哭断肝肠。
晚上狗吠不止，
夜间猫叫不停，
阿密到门外去看，
阿密到门外去望，
看见树种堆遍山坡，
看见棉花籽铺满弄场。
阿密喜在心头笑在心上，
责怪老六让她虚惊一场。
鸡叫头遍，
阿密起来煮饭菜，
鸡叫二遍，
阿密召唤儿孙商量。
老大呀老大，
你快去千山播树种；
老二呀老二，
你快去百弄撒棉花籽，
老大忙回答：
我天天赶山造河川，
哪里得空闲？
老二也答腔：
我天天劈山开路，
从早忙到晚。
哪个买来树种，
由他去开坑；
哪个买来棉花籽，
由他去撒播。
阿密即下令：
老六呀老六，

你快去种树，
你快去撒棉花籽！
老六回答说：
我脚可以踏地，
我头不能顶天，
种树不满大地，
撒棉花籽不满山川。
种子我买回来了，
不应找我再操劳。
阿密深情地对儿女们说：
我脚能踏地，
我头可顶天，
树种由我去栽，
棉花籽由我去撒。
阿密吃罢早饭，
揣起树种和棉花籽，
离开了自己的儿孙，
告别了自己的楼房。
她迈开双脚，
跨越过三千个弄场；
她伸开双手，
横过九千条大江。
她对着树种吹了一口唿哨，
她对着棉花籽发了一声鸟叫，
风吹遍大地，
乌云布满天，
树种随着风飞散，
棉花籽随着云飘远。
山山都播满，
弄弄都撒遍。
天从木撒在白崖上，
竹种撒到江河边，
青桐木长在山顶上，

广西龙胜红瑶女子衣挑花

茅草播遍土坡间。
处处有树种，
坡坡有花卉。
最后剩下三把种，
阿密带回家，
撒在菜园边，
播放木楼旁。
阿密亲自来试验，
阿密亲自来栽培，
早晨拿洗脸水去淋，
晚上拿洗脚水浇灌。
三天过了不见树木生，
五天过去没见棉芽显，
阿密叹气了，
白白浪费我金钱！
种树树不生，
栽苗苗不长，
怎么不痛心？
怎么不悲伤？
老六告诉密洛陀，
老六告诉密洛西：
你造人类很辛苦，
你造动物很艰难，
孕育也要经过一段时间，
才能有生命的乐章，
树种要九个月才能生发，
暖风吹过来才会枝茂叶繁。
阿密喜上眉梢，
阿密乐在心坎。
来年三四月，
春风吹大地，
雨洒遍山冈。
树生满山岭，
草长拂峒场，

棉桃花结满山坡，
花朵飘清香。
老六去坡上耍，
老六去弄场玩，
看见树木成横条，
茅草长满山坡上，
竹子生根遍河岸，
万花百草铺满山，
朵朵花瓣满枝头，
累累果子压枝上。
野狸来吃果，
蜜蜂来采花，
松鼠来攀树，
虫兽爬满山。
阿密千分高兴，
阿密万分欢喜，
今日儿孙得享福，
往后儿孙得发富。
儿孙喜在心窝里。
阿密乐在心坎上。
古路从此往哪走？
古歌而今往哪唱？
请布觉你把道路指引，
请布觉你把背带歌续唱。

## 第八章·射日月

密洛陀昼夜忙于为儿孙造福，忘记管束天上的太阳和月亮，导致日与月淫乱，生下十二个太阳和十二个月亮。阳光像火山一样猛烈，把万物烧光灭尽。阿密派出两个儿子制弓造箭，腾云驾雾破天门，打掉多余的太阳和月亮，使大地回春，万物复苏。

广西融水花瑶女子衣背织锦花

布觉：
千件事情都是阿密为人类忧心，
万件事情都是阿密为人类着想。
为着人类的幸福，
阿密历经千辛万苦，
为着人类的安居，
阿密不怕烈火烧胸膛。
为造儿孙的住房，
阿密派男人上山去砍树，
为着儿孙的暖窝，
阿密派女人上坡割茅草。
男人布满六里坡，○
女人撒满六王坳，○
山山有斧头的响声，
坡坡有镰刀的闪光。
树木遍山倒，
茅草满地放，
树木砍去十五坡，
茅草割去十五山。
早晨砍到月亮起，
晚上割到太阳升，
木头运回六里坡，
茅草挑回六里峒。
房子起好了，

○传说是密洛陀居住的地方

○传说是密洛陀常玩的山坳

木板无法锯，
回报密洛陀，
告诉密洛西。
多得桑郎也，
多得桑郎仪，
上山去打猎，
入林去守兽，
看见大刀虫，
两脚好锋利。
抓来大刀虫，
交给阿密看。
阿密开箱取铁板，
大刀虫的脚来做样。
铁锯打好了，
锯得木板满山上，
儿孙们运回六里峒，
儿媳们扛回六里坡。
告诉密洛陀，
回报密洛西。
样样准备好，
件件都筹齐，
要立房就立房，
要起仓就起仓。
阿密笑着说：
我不是寡妇，
我不是寡母，
立房要千秋，
起仓要万代。
要去请师傅，
择吉日良辰，
到那桑去拜求师傅，
到那伦去拜求师公。

○传说是仙人居住的地方

湖南隆回瑶族女子围裙挑花

○传说是仙人游玩之地

第一次去看，
吉日在正月初七，
第二次去看，
良辰在正月十九。
初七开墨线，
十九立大房，
大房用木头做柱，
外面要竹笪做围墙。
房子立好了，
屋上盖茅草，
不如太阳有红光，
不如明月亮。
阿密说：
我有银水来洒放，
我有金水来洗房，
用金水来刷柱，
要银水来粉墙。
整个房子粉刷好了，
闪金耀银多辉煌。
金像东方升起的太阳，
银像十五的月光。
儿子回报密洛陀，
儿媳告诉密洛西，
房子全部做好了，
迎接阿密进家堂。
阿密笑着说：
我不是寡妇，
我不是寡母，
要选吉日才进家，
要选良辰才进房。
请师公来看，
拿罗盘来安，

○布努瑶的盛大节日——祝著节

五月廿九才进房，
那是属虎的吉日，
吉日进新房，
儿孙才安康。
用金轿来请密洛陀，
用银杠来抬密洛西。
从此密洛陀离开自己的岩洞，
从此密洛西离开原来的石床。
翻过一山又一山，
越过一岭又一岭，
来到自己的新家，
来到六里的新房。

布　桑：
阿密这样说，
阿密这样讲：
要是六里住得安宁，
千年万代不回老石床，
让野兽来住我们的老家，
给鸟群落脚我们的老床。
儿子跟我去住新家，
儿媳随我去住新房。
金轿抬到六里坳上，
看见六里是个好地方，
田地纵横交错，
山河绕在旁。
山上有飞凤，
河里有游鱼，
左边崖壁有白虎，
右边河床有金龙。
金龙依白虎，
代代儿孙坐官府，
白虎偎金龙，

湖南隆回瑶族女子头帕织锦花

代代不会穷。
从此阿密天天管理儿孙创家业，
从此阿密月月督促儿孙造山河。
阿密忘记监督天上的太阳，
阿密忘记严管天上的月亮。
太阳和月亮天天打同年，
太阳和月亮夜夜偷情场。
月亮猛增十二个，
太阳猛增十二个。
蓝天没有一丝浮云，
大地像火烧一样，
烧得海河干涸，
烧得草木枯黄，
烧得禾苗全枯死，
烧得姑娘脸皮像锅底样，
烧得山头哭干了泪水，
烧得田庄尘土飞扬。
儿媳望天摇头巾九九八十一夜，
魔公求神作揖了九九八十一回。
叫天天不应，
喊地地不答。
后生的脸庞笼罩着愁云，
姑娘的眼睛呆望着火场。
人们整年喝不到一口清水，
鱼儿无法再戏游。
儿孙去拜密洛陀，
要限制天上的太阳，
要管束天上的月亮，
不许他们再相会，
不许他们繁衍儿郎。
阿密忙开腔：

我天天忙管你们儿孙，
我夜夜监督你们创家立业，
不知太阳在天上乱来，
不懂月亮在天庭放荡，
我造你们有头又有眼，
我造你们有手又有脚，
太阳和月亮乱了套，
你们应该把多余的打掉，
留一个太阳白天照人间，
留一个月亮晚上放光明。

老大要密西木○来做弓，
老二要毒蛇胆汁来浸箭。
他们登上高山，
他们爬上高岭，
老大射去十一箭，
落下十一个太阳，
老二射去十一箭，
掉下十一个月亮。
只剩下一个太阳和一个月亮，
太阳和月亮恼火不发光。
阿密挥巨臂示神威，
阿密伸铁拳显力量：
今后不许你们乱放荡，
今后不准你们赶野街，
今后不许你们依偎在一起，
今后不准你们同房造灾殃。
你们要相离十万八千里，
不能同步相随。
太阳东升往西走，
月亮西边沉睡床，
日夜各司巡天庭，
不能误时不能忙。

○指制弓弩的上等白木

广西融水花瑶女子衣背织锦花

要是你们敢违抗，
就把你们严打捆绑。

布觉：
火山灭了，
火海熄了。
水从海底溢出，
树从山边长起。
金鱼在江河戏游，
群兽又走满山冈，
牛马成群满坡岭，
鸡鸭成帮耍河旁。
千种百样具备了，
世上人类太稀少。

为了造人类，
密洛陀先用红石造，
结果变成了各种各样的鬼神。
她造成戈告鬼虎，
三步五步跳起舞；
她造成戈告妖怪，
三步五步跳起来；
她造成戈告卜熊，
夹起尾巴跑山中；
她造成了大南蛇，
摇头摆尾窜草丛。
她造不成一个人，
垂头又丧气。
密第一次造人类失败了，
她死不甘心。
她第二次要泥巴来捏，
又用泥土来造，
她造成人的形状，
她捏成人的样子。

她用起仙法，
她施起佛法，
到了九个月的时辰，
过了九个月的时光，
这些泥团变成了瓦缸，
浪费密的一片心机。
密洛陀不服气，
她第三次来造人。
她要芭蕉叶来造，
她要玉米叶来做。
到了五个月的时辰，
过了五个月的时光，
这些草人成了蚂蚱，
这些草堆成了蝗虫。
密洛陀仍不甘心，
她又要红薯来造人。
过了八个月的时光，
红薯变成金猴会翻滚，
红薯变成猿猴懂攀树。
密仍然不甘心，
密仍然不泄气，
她第四次来造人。
用铜块来造，
用金箱施法，
用银柜撤药。
到了九个月的时辰，
过了九个月的时光，
金箱里有人哭，
银柜里有人闹。
密打开金箱来看，
密揭开银柜来望，
它们手舞足蹈了，
它们动手动脚了，
面貌像人又像鬼，

广西融水花瑶女子衣背织锦花

相貌像鬼又像人。
密洛陀心里高兴，
密洛陀心里思量，
世上各有各的生命，
凡间各有各的本分。
成鬼虎也好，
成妖怪也罢，
成水缸可装水，
成蚂蚱也有用场，
成石人也有样子，
变铜人也可欣赏，
是我把它们造出来，
我就把它们抚养。
成鬼虎就上山冈，
变南蛇就窜草坡，
成猴子攀崖爬树，
成蚂蚱就吃玉米叶，
变蝗虫可啃豆叶，
各有各的用处，
各有各的能耐，
有害的挨罚，
有用的保护。
密洛陀上街去买东西，
精心喂养这些小生灵。
过了九年之后，
它们长大了，
都变成坏家伙。
密洛陀给它们一个个惩罚，
密洛西给它们一个个处决。

布　桑：
密要红石片来造人，
结果造成了有生命的铜人。
密对它们慢慢地养育，

密对它们精心地护理。
它们长大学拳术，
它们长高学技艺。
有一日密赶到家中，
有一天密回到房里，
看见这些小铜人挥刀，
看见这些小铜人拔剑。
它们像一群天将在比武，
它们像一帮神兵在操练。
一个比一个高强，
一个比一个凶狂，
一个不输给一个，
一个不让给一个。
密看得眼花耳乱，
密望得地转天旋，
密反复地思索，
密细心地在想：
这些长不大的小人，
为什么有这样武艺？
她马上叫九位大神来看，
她立即喊九位大将来评。
他们看了这些小人的表演，
他们看了这些小鬼的武艺，
个个看得眼不眨。
九位大神对密讲：
它们不是发疯，
它们确有本事。
它们武术像武术，
它们武艺像武艺，
它们身强力壮，
它们手脚齐全。
密喊小铜人们到跟前集中，
密叫小鬼们到面前听训话：
我不是无故造就你们，

## 陆 龙蛇及蜈蚣

龙蛇形象在中国古文化中蔓延不尽，瑶族亦如此。汉代许慎《说文解字》曰：『南蛮，蛇种。』近人刘锡蕃《岭南纪蛮》说：『今蛮人祀龙者，无论苗、瑶、侗、壮，无不相同，见于巫觋词唱者，尤到处有之。』瑶族史诗《密洛陀》中的二子波防密龙，便是专造江河湖海兴波作浪的龙。湖南江华瑶族描述曾击败清军的民谣『金龙出大洞，海马归池塘』，也以龙自称。人依据蛇、蜈蚣等虫类形象虚幻成龙，当它的地位在中国文化中普遍升格之后，龙不再仅司水神之职，它几乎挤兑了所有曾经权威的图腾。因而，瑶人崇敬的狗也被冠以『龙犬』的名分，其实，它的原形与本色仍在五彩衣上爬行。

瑶族生命符号 第四四页

我要交给你们任务。
今后各人靠本事吃饭，
将来各人靠技艺养命，
有的要成对上天去当神，
有的要成双在地上做仙。
要给世界做好事，
要干善事留人间。
你们要恪守本分，
你们要各负其责，
好事要做万万千，
坏事千万不要做，
人类要尊重天仙，
人类就要崇拜灵神。
密分配一对腾云上天宫，
密安排一双驾雾进天庭。
它们变成了吹风的龙仙，
它们变成了刮雨的雷神。
密又分配一对顺路去山边，
密又安排一双顺道到山前。
它们死守在仪思罗的山，
它们把守在辉也议的路。
开棹的甫么要请它们带路，
送葬的甫托要求它们跟帮。
密分配一双到村后的大树旁，
它们就变成守山的社王。
过路的人要给它们挂纸，
赶畜的人要垫把树叶。
过路的人莫要乱拉屎，
走近的人不要乱吐口水。
社王保护人走路顺风，
社王保佑人畜无病安康。
密又送一对攀崖走壁到山顶，
密又派一双翻山越岭到山上。
它们严守在高高的山上，

它们定居在遥遥的岭顶，
它们变成威严的山红鬼，
它们变成蛤蚧的大王。
谁人爬崖抓蛤蚧就得挂纸，
谁人捉蛤蚧就得烧香敬神王。
谁人违反了要遭到灾祸，
哪个违反了不死也跌伤。
密又护送一对到各家各户，
密又安排一双到祖宗灵堂。
它们要监督家鬼，
它们要管束火灶王。
家中有病人要给他们烧纸，
楼脚牲畜挨瘟要给它们烧香。
火塘里被雨水淋湿了，
它们责令家主洗刷火塘。
它们保护代代安吉，
它们保佑人畜安康。
密洛陀做事很有规矩，
密洛陀做事很有条理。
人有人的住地，
神有神的庙房，
人有人的名分，
鬼有鬼的名堂，
奉告世人不要违章，
密的嘱咐不能遗忘。

## 第九章·数来历

布觉和布桑有条不紊地摆着筷

广西龙胜红瑶女子衣织锦花

条，对唱渐渐引向远古，唱出女神密洛陀开辟天地、创造人类的故事，唱出汉、壮、瑶族同出一源，唱出瑶族四姓人的来历。

布　桑：
为了造人类，
密洛陀费尽了心，
她天天在想，
她夜夜在思，
密天天忧，
密夜夜愁。
山中老树也有根，
海水长流也有源，
我长寿也有终年，
不能与天地长久。
不创造新世界，
谁来传宗接代？
天下的公鸡不会下蛋，
世间的男人不会生育，
为了不断子绝孙，
我想办法造人类。
密洛陀和孩子们一起造天地，
他们忙了十个年头。
蓝天大地造成了，
高山大岭造成了，
江河造成了，
田地造成了，
弄场造成了，
禽兽造成了，
千树万木栽成了，
名山秀水建成了，
村庄住地选定了，

从此可以创造人类了。
密洛陀天天忙碌起来了，
九位大神夜夜睡不着了。
密洛陀翻过九十九座大山，
九位大神越过九十九条大岭。
密采集了九十九种草，
密将草花碾成细粉。
密先要糯米来试验，
密先要草药来拌和。
密蒸熟了三斗的糯米饭，
密捏成了七十二个人头样。
药粉糯米拌一堆，
捏来捏去精心配。
她捏成人头又捏人身，
她捏成人耳又捏人脚。
人身捏成了，
人样做成了，
放到金缸来养育，
放到银坛来管护。
过了十天又十夜，
满屋喷喷香。
造人变成酒，
密哭泪水流。
布 觉：
老大去求阿密开恩，
老二去求阿密原谅。
阿密这样讲：
你俩兄弟天天打虎进深山，
你俩兄弟夜夜打猎入密林，
观看深山的动物，
查看野岭的植物，
看哪样动物像人类，
看哪样植物可以繁衍人丁。

广西龙胜红瑶女子衣织锦花

两兄弟上山查看九十九天，
两兄弟去守林九十九夜，
他们找列了好东西，
他们看到了好样子。
喜讯带回家，
回报密洛陀：
我们砍倒了一棵木棉树，
从树根到树顶是空心。
蜜蜂钻进空心树里做窝，
蜜蜂在空心树里酿蜜，
蜜蜂在空心树里育养后代。
阿密造人类，
最好学蜜蜂。
阿密很高兴，
阿密把话说：
你俩兄弟赶快去砍木棉树。
兄弟俩持斧上高山，
兄弟俩拿刀入密林，
挥起砍刀将木棉树劈，
抡起铁斧将木棉树砍。
白天伐不倒，
夜晚继续砍。
暴雨来帮忙，
北风来相助，
木棉砍倒了。
兄弟俩急忙把蜜蜂装入竹箩，
兄弟俩赶忙把蜜蜂运回家中，
兄弟俩急忙把蜂交给阿密处理。
阿密要箱子来装，
一共装了三箱。
洒了三次水，
施了三回法，
红布封得紧，

红伞盖得严，
限定九个月开箱，
巴望九个月造成人。
二百七十天过去了，
九个月终于来临，
阿密打开箱子看，
阿密打开箱子望，
好多活泼的胖男小手抓挠，
好多可爱的俊女小脚蹬跳。
人造出来了，
他们不会吃饭怎么办？
两兄弟来查看，
干脸着急没法子。
阿密喊老六来看，
阿密叫老六来望。
老六看了这样说：
我有一个同年妹，
她胸前有两个奶房。
她的名字叫迷应规，
她家住在单龙○。

○地名，传说靠近密洛陀住的六里附近

叫她要奶水来喂，
这些娃崽才能长成人。
阿密点头说：
快请迷应规。
迷应规来了，
给娃崽喂奶。
喂奶九九八十一天，
三箱蜜蜂变成了真人，
第一箱是汉族，
第二箱是壮族，
第三箱是瑶族。

广西金秀瑶族女子衣摆绣花

阿密精心来护理，
阿密辛勤来管教。
阿密绣五色背带，
阿密缝五色衣裳。
男的长成勇敢的后生，
女的长成伶俐的姑娘。
阿密召集他们到跟前，
阿密有话对他们讲：
我把你们养大成了人，
你们应当各自去谋生。
以后不要忘记阿密的深恩，
以后不要忘记阿密的厚德。
不要忘记大哥的斧头，
不要忘记二哥的砍刀。
我把你们养大成了人，
也有东西来相送：
你们可以结成对，
你们可以配成双，
你们应当去创家立业，
你们应当去闯天下。
有书给你们读，
有枪给你们扛，
有斧头给你们用，
有种子给你们撒，
有镰刀给你们割禾，
有秤给你们衡量，
有背带给你们背儿孙，
有布匹给你们缝衣裳。
从此大地欢腾了，
从此江河欢笑了，
村村升起火苗，
寨寨传扬歌声，

一男一女结成对，
一夫一妻配成双。
汉族壮族少喝酒，
入夜就睡觉。
瑶族爱喝又爱讲，
夜半才入睡，
天亮未下床。
鸡啼头遍汉族就起身，
鸡叫二遍壮族就起床。
老大拿书去攻读，
又带秤杆去做生意，
老二牵牛去犁地，
又拿谷种去撒满田，
他们生活好，
儿女也聪明，
老三财物少，
穷得好悲伤。

阿密对老三说：
不要哭别悲伤，
有把镰刀可割草，
有把刮子可开荒，
有面铜鼓可驱鸟惊兽，
有把小米可播种，
有把棉花籽可种遍山山岭岭，
有了棉花可织布缝衣裳。
阿密把老三的家人带到第卡噜苏，
要老三的家人在山上开荒种玉米，
他们在那里结成了美美的一对对，
他们在那里配成了甜甜的一双双。
阿密给老三的家人安了姓，
阿密给老三的家人道了名，
四个姓氏蓝罗韦蒙。
分居在山腰和弄场，

广西金秀花篮瑶女子衣摆绣花

猜码喝酒喷喷香，
努力开山劈岭造良田，
秋收粮满仓。
丰收不忘本，
致富敬阿密，
年年祝著节○，
祝寿又补粮。

○又叫达努节

祝阿密日日无病，
祝阿密月月安康。
阿密说的话不要忘记，
阿密说的话要记在心里：
上山砍树挨刀伤，
要杀鸡祭拜山红鬼；
猪要是睡在猪槽里，
要拿猪头拜敬大婆鬼；
养鸡生怪蛋，
要用鸡头拜祭过场鬼。
姓蓝不得和姓蓝结婚，
姓韦不得和姓韦成对，
姓蒙不得和姓蒙交亲，
姓罗不得和姓罗结双。
违反天理阿密不允许，
违反家规阿密要惩罚，
这样做树木才生桠，
这样做人丁才发达。

在第卡噜苏的木楼里，
第一对布努人在那里结成夫妻，
第一胎布努娃崽在那里出世，
第一条背带在那里携背小孩，
第一件褓衣在那里给小孩裹上。
罗家和蒙家怎样结亲？
蒙家和罗家如何商量？

敬爱的布桑，
请你把古歌继续唱。

布桑：
布觉把筷条来摆，
布觉把筷条来放，
一蜂引路万蜂飞舞，
一人唱歌万人登堂，
一花引来万花开放，
一只甜果众人品尝。
古时蒙家有个好姑娘，
古时罗家有个好后生，
罗家的后生叫罗仁，
蒙家的姑娘叫蒙兰，
交亲就从那里开始，
结对就从那儿开张。
姓罗的派来第一个媒人，
姓蒙的说不应当：
那里是呐哈○的村边，
那里是呐咩○的山旁，
那里住地不稳当，
那里当家不久长，
我女不爱你的后生，
你男不爱我的姑娘。
姓罗的派出第二个媒人，
姓蒙的满意来开腔：
我们不是腾云去打开天门，
我们也不是下海去打开龙宫，
我们不敢和官府打亲家。
我们不敢和头人结亲戚，
一人垒墙给千人挡风，
一人种树给万人乘凉。

○即县官头人的意思
○即皇帝的意思

广西金秀盘瑶女子头帕挑花

小时候同玩一个弄场，
大时可结成一双，
罗仁不嫌蒙家的花瓣，
蒙兰不嫌罗家的茅草房。
鲜花不是自开，
有主人浇水施肥花才开放，
女儿不是自己长大，
是母亲孕育九月长。
女儿吸尽了父亲的血汗才长大，
女儿吮干了母亲的乳汁才成人，
耕田种地多辛苦，
养育女儿也艰难。
我的兄弟多得像蜂群，
男男女女遍山寨，
上寨有九百个火塘升烟，
下村有八百个火苗点燃。
如果罗家不嫌蒙家的人众多，
今天向你要点谢恩的钱粮，
让我的兄弟来看，
让我的姐妹来尝。
姓罗的媒人十分满意，
姓罗的媒人十分欢喜。
千斤不怕重，
万斤算为轻，
需要多少钱粮，
请亲家讲明。
我蒙家说要少怕不够吃，
我蒙家说要多怕你做不来，
每样我要一块，
由你自己安排。
大米要一筒○，
米酒要一缸，

○即大米一百斤

○即米酒一百斤
猪肉要一根筷条，○
○即猪肉一百斤
钱要一张青菜叶。○
○指一百元钱
喜日定在何时，
请提前两天送礼物来。
你罗家选吉日接媳妇，
我蒙家按时嫁姑娘。
喜日终于来到，
良辰终于光临，
彩金如数送到，
聘礼悉数交清，
罗家接亲人马来到，
蒙家兄弟姐妹都临场，
欢欢喜喜一整天，
热热闹闹一整夜。
猪肉互交了九十九串，
香酒互敬了九十九杯，
现在只看到甫拉，○
○新郎的父亲对新娘的父亲称呼
为何看不见眉拉？○
○新郎的母亲对新娘的母亲的称呼
罗家的布桑开口说，
罗家的布桑开口问：
我要你家的红花瓣，
我娶你家的好姑娘，
眉拉到哪里去？
不见她的脸庞。
她辛勤哺育红花瓣，
她劳累养育好姑娘，
我要敬给眉拉一碗酒，

看来，古龙的造型只是一条能盘蜷弯曲、多足或带毛的大虫。民间传承下来的这个简约概括的符号足以描写出龙刚柔相济、雄浑大气的态势。面与龙比肩或试图驭龙，则是人的风度。

我要敬给眉拉一串肉，
以谢眉拉的高恩，
以还眉拉的重德。
喊眉拉不见眉拉回应，
唤眉拉不见眉拉到场。
甫拉不愿把真话说清楚，
甫拉不愿把实情讲明白，
吞吞吐吐讲不出道理，
支支吾吾说不出原由。
因为眉拉面貌生得不好看，
甫拉早已把她藏在内房。
她在内房只能听不能讲，
她在内房只能走不能出，
她在内房坐卧不安，
她心急如火烧山，
她心痛如刀割肝肠。
她踱步听众人闹场，
她侧耳听众人高唱，
左脚踩着铜鼓面，
右脚又碰着铜鼓身。
闻到鼓声众人笑，
听到鼓响众人乐，
罗家的布桑把话说，
罗家的布桑把话讲：
甫拉喂甫拉，
有铜鼓拿来打，
有铜锣拿来敲，
欢欢喜喜闹一场。
事情到了这地步，
蒙家无话讲，
只好照着办，
铜鼓挂厅堂，
响声震山谷。

没想到惹恼了官府人，
官老爷○大怒，
呐哈发狂说，
呐哈大声讲：
罗蒙布努瑶有何了不起？
我县官管万民，
我办喜事都不敢闹场，
你们敲锣打鼓必遭殃。
你们两家瑶民这样搞，
你们平民百姓这样乱来。
你们过得今天过不得明天，
你们过得初一也过不得十五，
总有一天把你们杀尽，
总有一天把你们灭绝！

○指官老爷

呐哈的喊声比雷声还大，
呐哈的吼声比山洪还响，
布努瑶四姓兄弟个个心惊，
罗蒙两家亲戚人人胆颤，
紧急商定要迁徙，
紧急商量跑地方。

众人走到江河边，
大家走近大海旁，
江河波涛翻滚，
大海浪潮滔天。
要过河就砍树，
要过海就造船，
布努瑶四姓人扛斧上高山，
布努瑶四姓人持刀入密林。
蓝罗力大去砍栎木，
蒙韦力小去砍木棉树，
四姓的船都造好了，

湖南隆回瑶族女子围裙挑花

众人准备划船过江河。
姓蒙的甫浪○对大家说，
姓韦的头人对大家讲。
凡事要先试验，
划船的要先试行，
看谁的船沉入江水，
看谁的船浮在水面。
先拿木屑来试验，
先拿木片来试行，
栎木的木屑沉入河底，
木棉的木屑浮在江面，
栎木的木屑无影无踪，
木棉的木屑顺水漂浮。
蓝罗对蒙韦央求说，
蓝罗对蒙韦哀求讲：
时间不许可，
灾难要临头，
呐哈的兵马已逼近，
让我们一起乘木棉船过大江。
蒙韦满口答应：
大伙齐上船，
我们都是密洛陀的子孙，
遇难同肩担，
有福大家享。
四姓人马都走尽，
只留铜鼓在原房，
铜鼓上面撒几把米，
引诱獠兽来觅吃。
獠兽踩着铜鼓咚咚响，
呐哈以为布努在闹场，
家家烧留一堆火，
户户冒起一股烟。

○指头领

呐哈以为布努还在家，
呐哈以为布努在煮饭。
铜鼓响彻官州地，
火烟迷漫遮蓝天。
铜鼓响了五天五夜，
火烟飘了五夜五天。
呐哈带领兵马，
在村外守了五天五夜。
铜鼓声停止了，
火烟不飘了，
呐哈才敢杀进村。
呐哈扑了空，
瑶人去无踪，
呐哈干顿脚，
连连喊上当。

布　觉：

话又讲回头，
船划到江边，
船在江面浮，
四姓一起走。
姓蒙老母丑，
不给同上路，
借说背带忘在家，
要她回去拿。
老母回家转，
急忙进旧房，
找来又找去，
汗水浃背流，
猛见那背带压在碓窝里。
碓身大且重，
踩也踩不动，
老母气力衰，
无法取背带。

湖南隆回瑶族女子围裙挑花

半天过去了，
老母赶跑到河边。
众人已过河，
老母泪汪汪。
她向老天叫，
她向对河喊：
姓蒙的把船划过来，
接我同去新地方！
蒙父忙答话，
蒙父忙开腔：
我们不接你了，
让你留守第卡噜苏老地方，
那里还有南瓜，
你可以福康寿长。
天黑了你去看月亮，
天亮了你去看太阳，
房子烂了你就登高山傍栋树，
房屋破了你就找岩洞当住房，
烦闷时你可以面朝东方，
大声呼喊对天讲。
老母向老天诅咒，
老母向对河呼喊：
『蓝韦罗多笨啊，
蒙家多乖啊，
他们带着自己的母亲去找新地方。
你们把我丢在第卡噜苏的老房。
蓝韦罗以后繁衍人丁，
他们后代像千花竞开遍弄场；
蒙家以后生男育女，
必然半世遭殃。
你们蒙家伤天害理，

必定是短命夭亡。
蓝韦罗孝敬母亲，
必然是地久天长。
不然你们把弓箭朝河这边射，
谁射中了蒸笼就长寿安康，
谁射得不中，
就短命遭殃。
蓝罗韦张弓搭箭，
一射就中蒸笼中央，
蒙家连射三箭，
箭箭射到对河的山坡上。
罗仁听到岳母的悲声，
早已泪如泉涌满腮帮，
罗仁听到慈母的呼唤，
肝胆欲裂肠欲断：
再丑也是自己的岳母哟，
再难看也是蒙兰①的亲娘。
蒙兰蹲在一旁已哭干了眼泪，
催促罗仁快接老母同行。
罗仁纵身一跳河浪翻，
拼命游到对河上了岸。
母婿俩抱在一起诉衷肠，
母婿俩依偎一团泪汪汪。
他俩赶忙跑到第卡噜苏的老房，
他俩跑到老家的碓窝旁，
女婿忙去搬碓窝，
碓头高高抬举，
岳母赶忙取出背带。
他俩高高兴兴又上路，
他俩欢欢喜喜到河旁，
罗仁背岳母过大江，
蒙母将女婿的孝道铭记心肠。

①指罗仁的爱妻

广东乳源过山瑶女子衣绣花

从此背带是外婆的心意，
世世代代送给自己的大外甥。

## 第十章·四姓人

四姓人同划船漂洋过海，一起来到新地方后，将船卖掉，换得一头大猪。杀猪时，猪被贼抢去。由于误会，大闹分裂，整整闹了二十年。一姓不和一姓说话，一姓不和一姓通婚，男人无心去劳动，女人无意挑花刺绣。后来密洛陀给四姓人说道理，大家出酒携肉相会，各姓多作自我批评，互相谅解，互相通婚结缘，密洛陀留下的背带，终于把四姓人的心连了起来。

布　桑：
布努人的木棉船边划边行，
布努人的竹竿边点边飞，
船行了九九八十一天，
竹竿点了九九八十一夜，
船划到了安全的地方，
船驶到了安静的地带。
四姓人把船卖掉，
卖给土族的老同。
换得一头母猪连带十二只猪仔，
又加一只鸡和十二只小鸡。

大家商议来聚餐，
共叙患难情。
安排蓝罗韦三家杀猪杀鸡弄菜，
安排蒙家去找地方安家。
谁知强盗来打抢，
猪肉鸡肉全被抢光。
蒙家的人回来大吵大嚷：
为何猪肉鸡肉三姓人这么烂肚肠？
为何你们的心比毒蛇胆还毒？
为何猪肉鸡肉一点不留全部吃光？
木船是我们姓蒙的制造，
你们过了河就把棍子丢在一旁，
想起当初心太软，
不该给你们坐船来到这地方。
蓝罗韦三家理说了千万筐，
姓蒙的仍不信，
很难来收场。
吵架就结仇，
各走各的路。
蓝家跑走坡洛东，
罗家跑到闪义闪安，
蒙家跑到白寸白毛，
韦家跑到相山相索。
四姓分散住，
东西南北方。
相离不很远，
同饮水一塘，
斑鸠来拉屎，
野兽来撒尿。
月久年又长，
塘水变了味，
用水来煮饭，
饭熟有臭气。

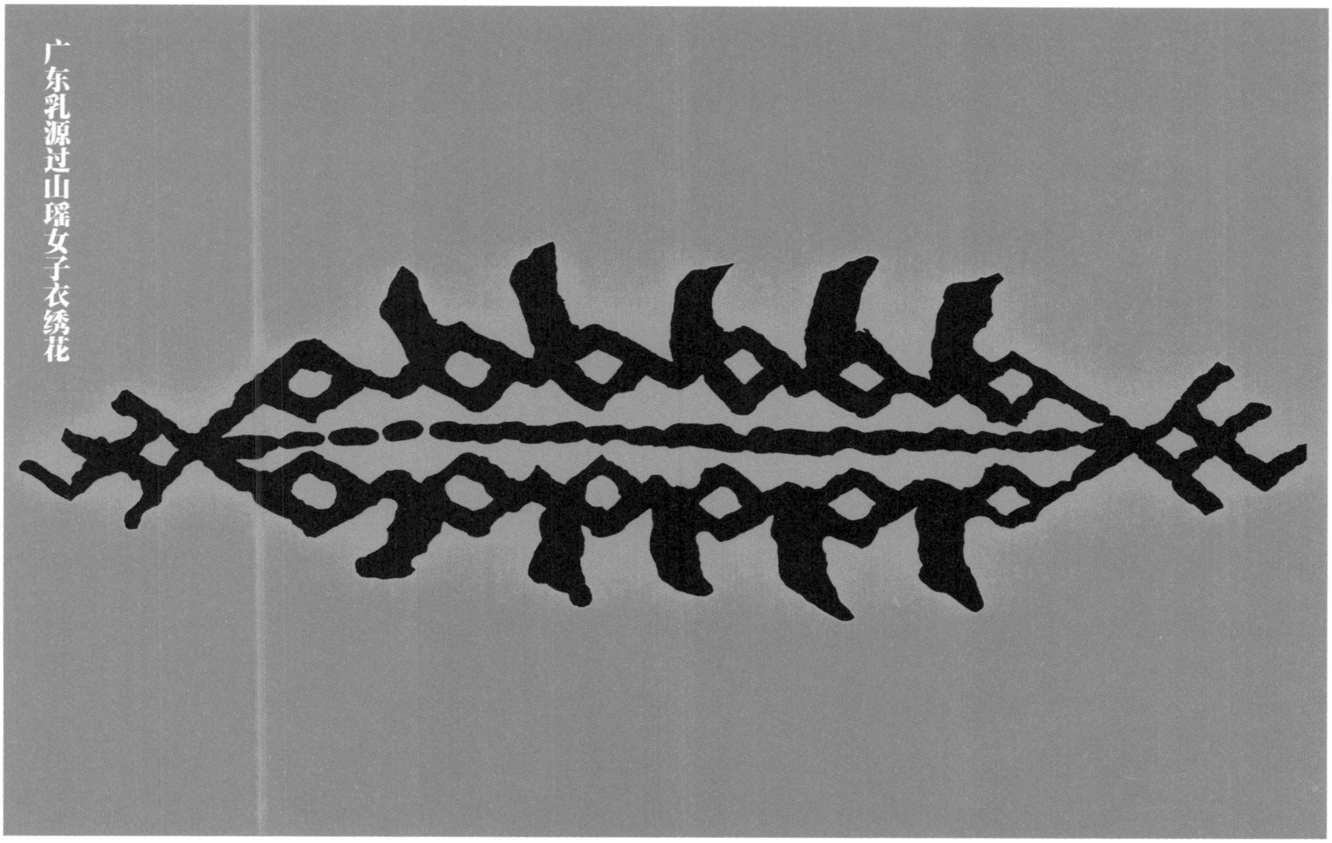
广东乳源过山瑶女子衣绣花

一姓怪一姓的老婆来拉屎，
一姓怪一姓的娃崽来撒尿，
一姓讲一姓做得不对，
一姓讲一姓缺德，
一姓不服一姓硬到底，
一姓不服一姓撑到头。
白天争到月亮起，
夜晚吵到太阳升，
唇枪舌剑好犀利，
争吵不断如烈火烧山。
你家的姑娘不嫁给我家的儿郎，
你家的儿郎不能要我家的姑娘。
男的老了无法娶妻，
女的老了无法嫁郎。
一姓碰见一姓互不讲话，
一姓碰见一姓黑脸相对。
树木无法生桠，
鲜花无法开放，
小伙编的小刀箩○无法赠给却邦○，

○小刀箩，布努瑶小伙编的如拳头般的精美竹篾箩筐。初次谈情说爱，小伙将小刀箩送给却邦。往后每次约会，却邦将小伙赠的已卷成小手头样的烟叶装进腰间的小刀箩，以示珍爱

○却邦，指姑娘

姑娘绣的花头巾也无法赠给独邦。
过节无人走外家，
有病无人来探望，
立房无亲家的人来上梁庆贺，
老年人生日无人来祝寿补粮。
争吵了十年之久，
隔阂了二十年之长，
外甥无法享受用外婆送的背带，

婴儿吮着母亲的奶汁笑不来，
男的无力去劳动，
女的无心把家当，
个个心情沉重，
人人悲观失望，
既无心上天摘月亮，
也无力下海擒龙王。
再争下去塘水就要干涸，
再吵下去布努人就要灭种，
去问密洛陀看怎样说，
去问密洛西看怎样讲。

布　觉：
四姓派出四个有名望的长者，
四姓派出四个有权威的波朗，

○布努瑶头领

翻过了九百九十九座岭，
爬过了九百九十条山梁。
阿密这样说，
阿密这样讲：
弯木怕墨线，
短木怕尺量。
四姓的头人协议，
四姓的波朗交谈。
四姓四缸酒，
四姓四头猪，
四姓四箩糯米饭，
四姓四只阉羊，
欢欢喜喜来团聚，
热热闹闹来赶场。
拿酒拿肉来会面，
拿鸡拿蛋来商量，
各讲各的不对，
各说各的不应当。

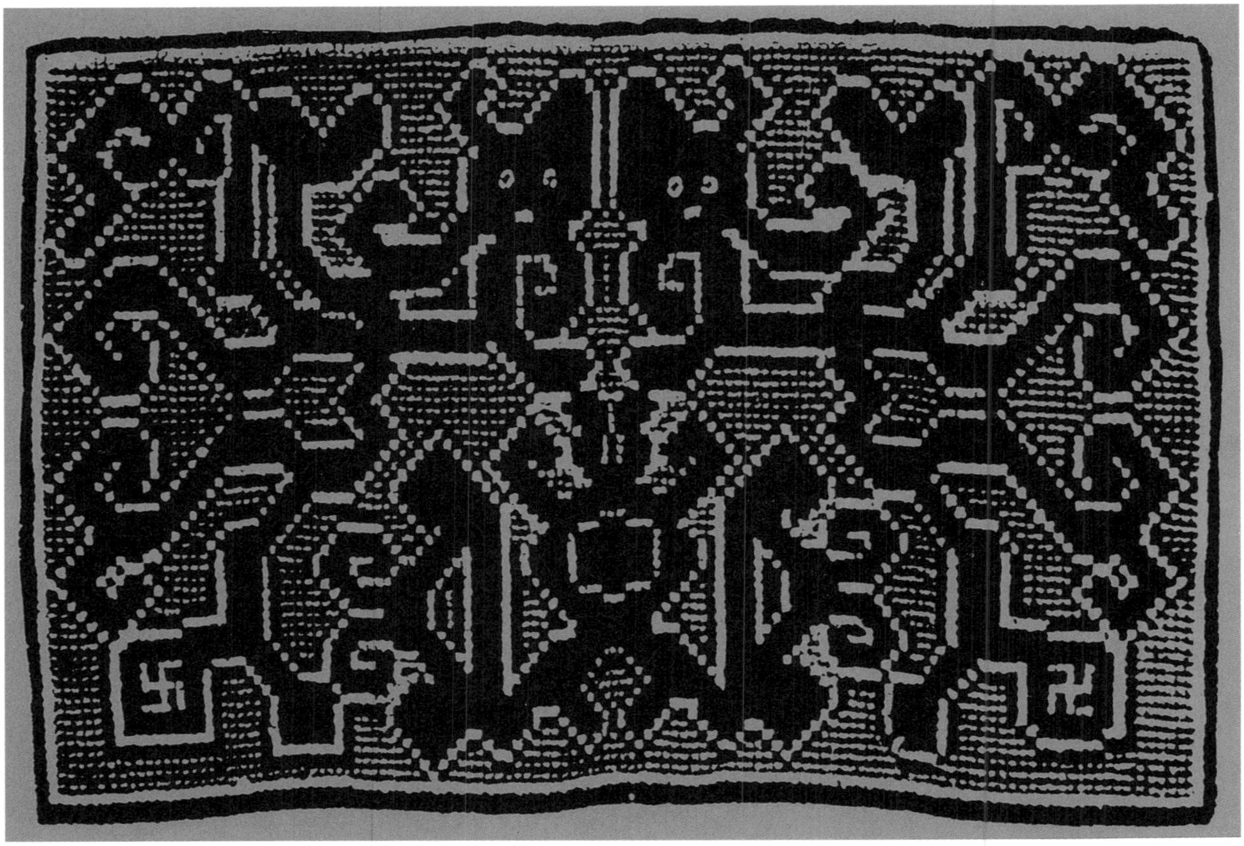
广西龙胜红瑶女子衣挑花

话说到了一块，
道理讲的都一样，
男和女笑脸相近，
老和少相爱搭腔，
一姓和一姓拉家常，
一姓和一姓的男女青年把歌唱。
蓝家有个男子汉，
罗家有个好姑娘，
上山劳动互相召唤，
下地栽蓝靛互相帮忙。
大树随着雨露生桠，
万花随着阳光开放，
蓝家派媒人去说亲，
问罗家的好姑娘：
红花还在不在树桠上，
青菜还长不长在父母的菜园中央？
好水还在不在河里流淌？
好柴还在不在山坡上？
是否有人来摘走了枝上的鲜花？
是否有人要去了山坳上的好柴？
早晨太阳出来是否有人去采花？
我想来采花一朵，
我要来问你家姑娘。
求要你家的蜜蜂去住我家的蜂房，
求要你家的竹笋
去栽在我的土坡上，
求要你家的小米
种在我家的地里，
求要你家的粳谷长在我家的田间，
求要你家的甘蔗长在我家的田园，
求要你家的竹筒去打水，
求要你家的筛子去筛糠，
求要你家的筷条去挟菜，

求要你家的蓝靛去染布，
求要你家的金猫去管粮仓，
求要你家的银狗去守住房，
求要你家的栎木去做屋柱，
求要你家的红瓦去盖房，
求要你家的姑娘去主持我的家务，
求要你家的妹崽去当我的家，
求要你家的枕盒去管我家的银钱。
罗家是这样说话，
罗家是这样开腔：
红花还开在树桠上，
青菜还绿在父母的菜园中，
金猫还守在父母的仓库旁，
早晨太阳出来无人上高山砍柴，
晚上月亮出来无人去坡顶采花，
你需要我的蜜蜂也可以，
你需要我的姑娘好商量。
男大需要娶媳妇，
女大需要住郎房，
养妹崽本是嫁他乡，
妹崽大了要离开家去作新娘。
你要走这条结亲路请放心，
你要过这座结亲桥请安定，
你要捧走这朵花也可以，
你要我这蔸树也欢迎。
草木要人常浇水，
花红不是自然开，
母亲怀胎九个月，
抚养女儿多辛苦，
不知洗过多少块尿布，
不知熬了多少个不眠的夜晚。
父亲挖山薯来喂养，
母亲扯野菜来抚育，

## 柒 大鸟与雄鸡

古人不解太阳的起落运行，便想像一只大鸟驮着它在天空巡游，到了夜晚便返回到一棵扶桑树上歇息。进而又认为太阳的升降与巨鸟的科啼相关，为此，报晓的雄鸡也被视为逐阴导阳的吉祥物。不过，瑶族对鸟的崇拜不只这些，创世女神密洛陀的四子雅友雅耶就是一只到远方衔来花草树木种子的大鸟，而帮她惩罚背信弃义者又找到理想迁徙地的，是一只忠实的老鹰。候鸟明辨方向，来去有信，不但可将植物的种子随处携带，还可报告季节的讯息，这些从天而降的恩泽，使人类由崇鸟及于自身的装扮。想来古代传说中的羽人，正如现在广西还可见到的穿着百鸟衣的山寨男女。

瑶族生命符号 第五五页

外婆拿背带来祝贺，
房族送礼又送粮。
我家妹崽已长得十八岁，
我家姑娘已长得六千五百七十天，
母亲哺育十八春，
父亲养育十八载，
流血又流汗，
辛苦过艰难。
一头野猪跑在前，
几只猎狗撵后叫汪汪。
父母放羊上山冈，
兄妹跟着忙，
一条道路要众人走，
一个甜果要大家尝，
一朵好花有人种，
一棵桂树靠人栽。
我的亲戚满山寨，
我的朋友遍四乡，
我家儿女有人去陪送，
你家立大房有人去帮忙，
我有一百个人去送亲，
我有十桌人去陪姑娘。
大地多高山，
江河源远又流长，
深山有百种树，
坡上花草长得旺。
一个太阳天上转，
一个月亮天上走，
万朵葵花朝阳开，
高山平地有银光，
一条彩虹挂长空，
天上红雨飘洒忙，
一朵红花开在先，
万朵红花满山上。

金鸡衔草去造窝，
万凤成双迎朝阳。
乖巧的姑娘要出嫁，
母亲奶钱不要多，
只要两对和两双○；
○暗指要奶钱四十元
兄弟姐妹去陪送，
需要谊华甫○五十双；
○送亲的头人。暗指要给陪送人辛苦费一百元钱
天上还有雨来淋，
地下还有土来养。
外家的谊冬家农○需要一指长，
○指外祖母家的人
从头数到尾，
共要青菜叶一百五十张。
你看是轻还是重？
你能按时办得到，
我定按时嫁姑娘，
要是办不到，
由你自己来收场。
话就是这么说，
道理就是这样讲，
请你蓝家的媒人来答话，
请你蓝家的媒人来答腔。

布　桑：
布觉说的有道理，
布觉讲的理应当，
你能架锅头煮饭菜，
我敢亲口来品尝；
你敢架锅头来煮酒，
我敢闻它的浓香。

广西金秀花篮瑶女子衣摆挑花

天上星星不怕多，
地下河水不怕长，
大风刮来我敢挡，
暴雨下来我修塘。
你要按时嫁姑娘，
一百五十张青菜叶我能办到。
我有话儿要对你说，
我有道理要对你讲：
你的一只老鼠不能挖两个洞，
你的一只鸟儿不能装两个笼，
你的一只脚不能踏两只船，
你的一条蛇不能挖两个窟窿，
你的一粒谷子不能分两窝下种，
你的一颗豆子不能分两处装，
你的一只鸡不能抱两个窝，
你的一个蛋不能装两个黄。
你的妹崽不能嫁两夫，
你的姑娘不能哄两个郎，
我的独邦上山去砍柴，
你的却邦要去帮扛，
我的独邦下河打鱼，
你的却邦要去帮撒网。
一个有事另一个要帮忙，
一个遇难另一个要分担。
男的说话要温和，
女的态度要和蔼，
白天干活齐努力，
晚上理了家务才上床，
对年老的要懂得尊敬，
对年轻的要懂得关怀，
早晨要懂得喂鸡，
晚上要记住圈羊，
不要乱去数别人的筷条，

不要乱去拆别人的屋梁，
这是阿密留下的爱路，
这是阿密留下的规章。
我的兄弟多得像天上的星星，
我的姐妹多得像鲜花一丛丛。
一百人有一百把弓，
一千人有一千支枪，
我的人马多得像山上的火蜂，
一飞散就布满你的山冈。
要是你的女儿
违反阿密留下的规矩，
要是你的女儿
违反阿密留下的俗章，
那时我就要抄你的家园，
那时我就要包围你的住房，
我要砍光你家的金竹笋，
我要拉断你家的母猪腿和肠，
我要破开你家的牛肚，
我要剥掉你家的羊皮，
我要踏平你的山岭，
我要踩烂你的村庄。
那时你的盐巴不够我做盐碟，
那时你的柴火不够我烧光，
那时你不要怪我凶残，
那时你不要怪我狂妄，
天未下雨我先打伞，
地方未乱我先定规章。

布　觉：
未开亲是两家人，
开了亲是一家人。
多心多意不和你们开亲，
无心无意不和你们结戚。

广西龙胜
红瑶女子衣绣花

一块骨头不能哄两只狗，
一个南瓜不得哄两只猴，
一蔸枇杷不得结两样果，
一蔸李果不得开两样花。
男不和女斗，
鸡不和狗斗，
男的身价贵八百，
女的身价贵一千。
男的不当家不成户，
女的不出嫁不发达，
男的本是办事去远方，
女的本是出嫁住新房，
男的本是在母腹二百七十天，
女的也在娘胎九个月长，
太阳本是陪月亮才增辉，
高山本是陪河水才巍嵬。
今天燕子要飞去外乡，
今日蜂儿要离开自己的暖房，
你们收下我家的金花瓣，
你们收下我家的银花环。
鸡叫头遍妹崽还坐家堂，
鸡叫二遍妹崽梳妆离开爹娘。
吉日良辰上路，
蜜蜂按时飞进你家的厅堂。
花不逢春不乱开，
女不好样不嫁郎，
弓弩不过硬不开张，
人不巧乖不办事。
不是山中的硬木不做头柱，
不是世上的好瓦不盖房。
我把好姑娘嫁给你家当媳妇，
我把好花栽到你家的菜园。
我嫁女不嫁骨头，

我卖菜不卖种子，
我女到你家你要细心地教，
她不懂得俗理你要好好地带。
有贵客上门她要懂得招呼，
有亲戚到家她要懂得招待，
她要懂得双手递烟杆给贵宾，
她要懂得抬板凳请坐亲戚，
鸡叫头遍她要懂得起来磨米，
鸡叫二遍她要懂得起来烧火塘，
鸡叫三遍她要懂得背竹筒去打水，
鸡叫四遍她要懂得煮好稀饭，
鸡叫五遍她要懂得点蜡烧香。
两家相好结亲戚，
两人相爱才同床，
相爱才换鸡做种，
相亲才换羊做根。
从今天起他们是美美的一对，
从今日起他们是甜甜的一双，
上山劳动他们要同走一条路，
下地种蓝靛一人开行一人放种。
上街卖烟肩并肩，
一同买盐回家转，
往返同走一条路，
和和气气把家当。
你们不要乱说我女儿的坏话，
你们不要乱吹我女儿的冷风，
羊不进别人的地不要乱讲坏话，
鸡不进别家的菜园不要数短长。
你们不要让我女儿
去陪老虎做妻，
你们不能把我女儿
配给蟒蛇做一双，
你们不能用刀枪吓唬我的姑娘，

广西龙胜红瑶女子衣绣挑花

你们不能用木棒抽打她的胸膛。
要是我妹崽面前流血像黄河，
要是我女儿背后流血像长江，
那时我就像天上的雷公吼，
那时我就像海里的龙王叫，
那时我就像密洛陀下令
打掉多余的太阳，
那时我就像密洛西命令
射落多余的月亮，
那时我就像山中的猛虎怒吼，
那时我就像山上的雄狮狂跳，
那时我就像夏天的雷公劈山，
那时我就像四月的冰雹打房。
未曾煮饭先烧火，
未曾拜鬼先烧香，
一个讲话一个要记好，
一人唱歌一人要记清。
希望他俩结成美美的一对，
祝福他俩结成甜甜的一双，
缠着妈妈献的背带繁衍后代，
穿着妈妈缝的衣裳打扮儿郎，
生男能上天去捉月亮，
育女可以下海去擒龙王。
个个聪明伶俐，
人人会做文章。
生七男能砍完一座山的柴，
育七女能挑干一张塘的水，
男的一箭能射中蓝天的飞鸟，
女的巧手能绣出繁花的世界，
男的牙齿颗颗像钢锉一般粗，
胡须根根像筷条一样圆，
女的脸庞像桃花绽开，
眉毛像月儿弯弯，

他们讲话铿锵有钢音，
他们办事果断像官长，
他们上山打虎是能手，
他们入海擒龙是内行。
管好七男和七女，
儿女成才家业兴。
大崽勤劳谷满仓，
二崽伶俐走四方，
三崽开口文章好，
四崽骑马拜殿堂，
五崽多谋管车队，
六崽进城当省长，
七崽上山打得虎，
为民除害美名扬。
大女精灵游世界，
二女刺绣绘花卉，
三女读书上金榜，
四女多艺登舞台，
五女手到百病除，
六女理财当厅长，
七女从军守边疆。
七个妹崽个个像斑鸠亮丽，
七个妹崽个个像黄蜂身腰，
呐哈的满崽看见口水流，
呐咩的男儿望见睡不甜，
老鹰飞见都要停下来望，
银燕高飞部要停下来瞧。
七男七女像山中的蜜蜂辛勤，
七男七女像树梢上的画眉伶俐，
他们像玫瑰花绚丽，
他们像石榴花可爱，
仙人也来拜见，
贵人也来赞扬。

广西龙胜红瑶女子头帕织锦花

## 第十一章·诉衷情

由于密洛陀的草药灵验，受包办婚烟之害的一对恋人终于获得新生，背带歌继续对唱。

布　桑：
密洛陀给我们创造天空，
密洛陀给我们创造大地，
天空高得我们望不尽，
大地宽得我们走不完。
只要我俩打同年，
就会和天地一样稳定。
太阳是密洛陀用金子做的，
那是你的一颗心，
月亮是密洛陀用银子做的，
那是我的一颗心，
只要两颗心连成在一起，
我俩的恩爱一定到百年。
天上挂彩虹，
我们谢天得喜雨，
东方升起红太阳，
我们谢天得阳光，
密洛陀开恩，
我们得同走一条爱路。
密洛陀留下的第一条背带，
代代相传情意长。
感谢呐常的巧手，

我们共装在一个鸟笼里。
感谢栽花人，
让我们飞舞在一朵花瓣上。
感谢栽树人，
让我们共坐在树荫下乘凉。
感谢制造蓝靛的人，
让我们同坐井边来染布。
感谢种烟人，
让我们共抽一杆香烟。
感谢制造筷条的人，
让我们每次上桌是一双。
我们像两朵彩云，
围在月亮的身旁；
我们像两颗星星，
夜夜闪光在蓝天上；
我们像一对蝴蝶，
一起游戏在一口水塘上；
我们像一对蜜蜂，
一起飞舞在花枝旁；
我们像一对鲤鱼，
一起畅游在河中；
我们像一对斑鸠，
一起落在一蔸树上；
我们像一对岩鹰，
一起盘旋在悬崖上；
我们像一对燕子，
一起衔泥来垒窝；
我们像一对金鸡，
一起飞进一处草蓬；
我们像一对凤凰，
一起飞翔在高天上。
亲爱的独邦哟，
春暖不要忘记严冬寒，

湖南隆回瑶族女子围裙挑花

干旱莫忘春雨降。
我们这条爱路，
不是一条直直的路，
我们的情网，
不是一口静静的井水。
我们的爱路，
像阿密开拓山间的弯路；
我们的爱情，
像阿密劈山造河遇险浪。
我们走过高高的山冈，
我们走过长长的河水，
水到滩头必然回头转一转，
人爬到高高的山顶上，
必然回头望一望。

布　觉：

当初我陪阿却○上山去砍柴，
路经却邦的菜园旁，
我俩走近却邦的菜园边，
看到菜园里鲜花开放。
蜜蜂对我们说，
你们应当停下来闻一闻；
蝴蝶对我们讲，
你们应当停下来望一望。
弄得我们心中怦怦地跳，
惹得我们心头慌慌张张，
急得我俩赶快跑，
弄得我俩脸膛直发烫。
跑到坳上我俩歇一歇，
登上山顶我俩才回头望。
看见却邦的竹楼冒烟火，
啊哟，
是不是却邦用火烟来追情？

○是哥对弟的爱称

是不是却邦情急如火烟冒？
是不是却邦要花朵来引线？
是不是却邦因用火烟来逗情？
我俩一个对一个这样说，
我俩一个对一个这样讲：
好像却邦坐在竹楼边引线绣花巾，
你说像不像？
好像却邦背竹筒去河边打水，
你说像不像？
这样讲像不像？
那样说像不像？
一千个像不像？
一万个像不像？
数去又数来，
我俩忘记上高山砍柴，
说来又说去，
半天我俩还待在老地方。
我们这样说对不对？
我们这样猜对不对？
不晓得她心里想的怎么样？
我们应该赶路了，
我们爬上高高的山冈。

第一天我俩这样上山砍柴，
第二天我俩打猎又上山冈。
太阳落山了，
我俩抬一只野猪路经却邦的竹楼，
竹楼里没有冒出火烟，
菜园里没有飘来花香。
我俩赶紧把路赶，
我俩急忙抬野猪到坳上。
紧得汗满身，
坳上风爽好凉快。
飞鸟碰着树叶还要看一看，

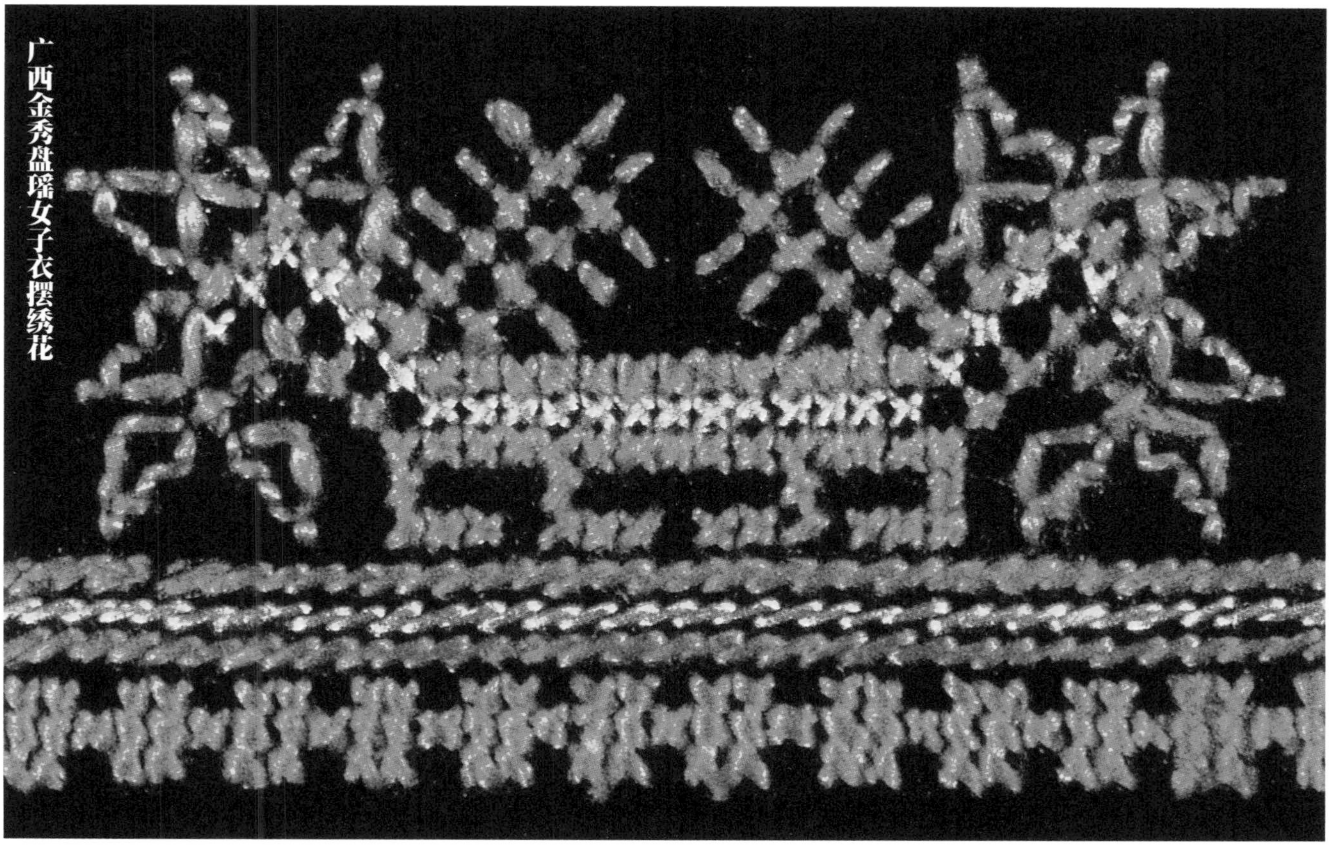

广西金秀盘瑶女子衣摆绣花

蜜蜂采花还要把路望一望，
我们坐在坳口的青石板上，
发现对面坡上并排坐着两个姑娘。
她俩交头接耳攀谈，
好像朝着我俩张望。
真的不错，
她俩正偷偷地瞧着我俩，
真的碰巧，
她俩正轻轻地唱着萨旺○：
什么鸟飞过我们的山坳？
羽毛那么漂亮。
什么人走过我们的山路？
眼睛把山坳照亮。
停下来吧！
让我们抽一袋烟。
坐下来吧！
让我们说一段细话。
太阳落山了，
有星光把路程照亮。
你家不算遥远，
有心就坐在我身边。
禾苗最喜欢春雨，
严冬就想列火塘。
我俩丢过去一串歌，
我俩抛过去一片心意。
那边山的蝉虫唱什么？
是呼风还是唤雨？
那边的树叶摆什么？
是谢星星还是向月亮？
你的名字是金子包的，
有心就打开来看一看。
你的名字是银子包的，

○布努瑶的一种细语情歌

有意就打开来望一望。
你们是哪一家的姑娘？
歌声像山泉水丁冬响。
你们是哪一寨的却邦？
歌词打动了我们的心房。
我们的歌声刚落地，
她俩的歌声又来还：
开口就高声呼地，
开腔就大声喊天，
不喊别人哟喊独邦，
专和你俩兄弟来对唱。
喊鸟嘛鸟又飞回林间，
叫蜂嘛蜂又飞回老房，
喊云彩嘛云彩又飞上蓝天，
叫花朵嘛花蕊未开放。

歌越唱越多，
话越谈越长。
姑娘用手巾去挡住星星，
我俩用小刀箩去装上月亮。
星星还是露出了笑脸，
月亮还是洒下了光辉。
我问却邦要一条绣花巾，
却邦问我要一个小刀箩。
却邦递过一条双龙戏珠绣花巾，
我捧给一个真心可爱的小刀箩，
就像蜜蜂在花瓣上留下的脚印，
就像蝴蝶在菜园中留下的芳香。
下次赶圩在十字路口相会，
下次走弄场约在坳口乘凉。
你们回你们的木楼去，
我们回我们的茅草房。
百鸟飞回它的竹林，

广西金秀坳瑶女子腰带挑花

蜜蜂飞回它的暖房。
我们三步一回头，
你们四步停下望。
我们五步摇动一次头巾，
你们六步又把小刀箩摇晃。
你们说要我们先走，
我们说要你们先行。
谁也不愿先起步，
谁也不愿先起程。
露水开始在芋叶上结晶，
爱情的种子开始在各人心中萌发。
相约五天后相见，
重逢的日子快来临，
约会的地点在圩上，
相逢的日子定在却邦的家中。
约会的头夜却邦难得入睡，
约会的头晚却邦忙得手脚不停。
赶绣彩色头巾的最后一根线，
再把糯米来蒸。
独邦要赶编完小刀箩最后的一根，
再把最香的烟叶来装。
却邦梳妆了，
独邦打扮了，
金珠银链披挂在周身上。
缠上绚丽多彩的花头巾。

却邦彻夜不得入睡，
却邦整夜难以合眼。
鸡叫头遍，
我就去拍门呼唤友伴；
鸡叫二遍，
你就去喊随伴的姑娘。
我们的心一样跳动，
我们的脚步一样不停，

我们在这边街头往那边街尾张望，
我们又转到那边街尾
往这边街头瞧瞧。
只见蜻蜓在街头的天上飞去飞来，
只见蝴蝶在街尾的天上舞来舞去。
我看了一千个人身段不像你的样，
我望了一万张人脸不像你的容颜。
我的心怦怦地跳，
乌鸦在树上拼命地叫：
喔呀喔呀！
今天河水暴涨，
姑娘过不了河，
却邦过不了江。
我见姑娘在对河待着，
我见红花在对岸开放。
她求商船渡过河，
商船摇头划向远方。
她求金鱼帮摆渡，
金鱼摆尾游回河里。
老鸦我在树梢上喔呀喔呀地叫，
姑娘理解我饿扁了肚肠，
她向我丢了一棒玉米，
我高兴地接上。
她可怜我饿坏的样子，
我同情她不能过河的悲伤。
姑娘要我飞过河来说，
姑娘要我飞过岸来讲。
乌鸦叫声停止了，
它又飞向远方。
第一次约会被河水冲断了，
第一次重逢被大江挡住了。
夜里梦见我和却邦，
一同走在高山上，

## 捌 蜂与蝴蝶

与苗族古歌中蝴蝶妈妈繁衍人类的传说不同，瑶族的『密洛陀』是用蜂蜡造人，她的第十、第十一个儿子都是裸蜂，满女桑勒山是繁殖飞虫及蝴蝶的女神，死后化作蜂。『洛陀怀念满女，后人称赞群蜂』，并且『交待布努把蝴蝶编进情歌，告诉东努以蝴蝶比喻情恋』。在瑶族的织绣图纹中，真的可见情恋的蝴蝶，多是双双对对交接之状，显然是取其生子繁殖的意象。蜂与蝶的叫法在民间往往具有连带性和模糊性，或许神话中的蜂原来就是蝴蝶，而蝴蝶曾是古代许多母系部族的图腾。

瑶族生命符号 第六四页

白天我在榕树下乘凉也想起却邦。
高山挡路也不怕，
河水挡道也无妨。
踏着火山也要走这条爱路，
踩着大海也要去会见却邦。
再远的路程双脚也可以走，
再宽的河面也不怕，
双手也可以划船到对岸。
祝著节是约会的日子，
五月二十九的歌我俩要唱。
蜘蛛在辛勤地吐丝，
蚂蚁在忙碌地搬泥，
独邦再次买了烟叶，
备足了香饼和红糖。
祝著佳节终于来到，
唢呐在歌海中吹响，
铜鼓悬挂在舞堂中央，
却邦和独邦蜂拥到歌场。
山路上小伙子成群结对，
竹楼边姑娘一帮又一帮。
铜鼓咚咚响了，
密洛陀的古歌唱开了。
一千个姑娘的脸庞我看过了，
没有发现却邦那秀丽的容颜。
满天的乌云总要泛起红光，
忽然发现大榕树下坐着一位姑娘，
她手捧着小刀箩，
东张又西望。
姑娘依偎在石头边，
手捧着红鸡蛋躲躲藏藏。
铜鼓不逢节日不乱敲响，
独邦拉着却邦的手急登场，
我俩在歌场上唱了一整天，
我俩在歌场上敲打铜鼓一整夜。

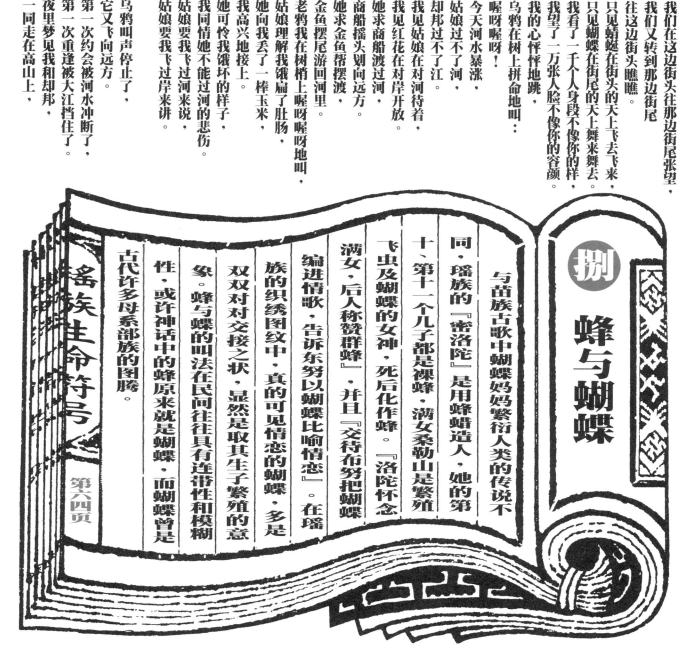

飞鸟含草回去造窝，
蜜蜂采花回自己的暖房，
鹞鹰成双飞回高高的树上，
月亮张开着笑脸，
看我俩走在回家的路上。

星星洒下金辉，
照着我去却邦家访情。
我带着烟叶去做客，
我带着饼糖去拜见却邦的爹娘。
去看金竹笑不笑，
去看竹叶摇不摇，
去看却邦的父母欢迎不欢迎，
去看却邦的兄弟姐妹怎安排？
走到山坳上，
望见竹楼灯光亮。
走到房屋边，
望见却邦的阿妈舂米忙。
走近楼梯旁，
闻到却邦的阿爸熬酒喷喷香。
却邦带我进到堂屋坐，
全家喜洋洋。
满弟双手给我递坐椅，
满弟双手给我传烟杆。
阿爸下楼提项鸡，
阿妈架锅烧水忙，
阿哥去内房打酒，
阿姐又揭酒缸掺蜜糖。
全家把我当贵客，
入桌要我坐上方，
鸡头先挟放我的碗里，
鸡肝先挟放我的碗中。
布努的天下我走去一半，
未见这样的好爹娘，

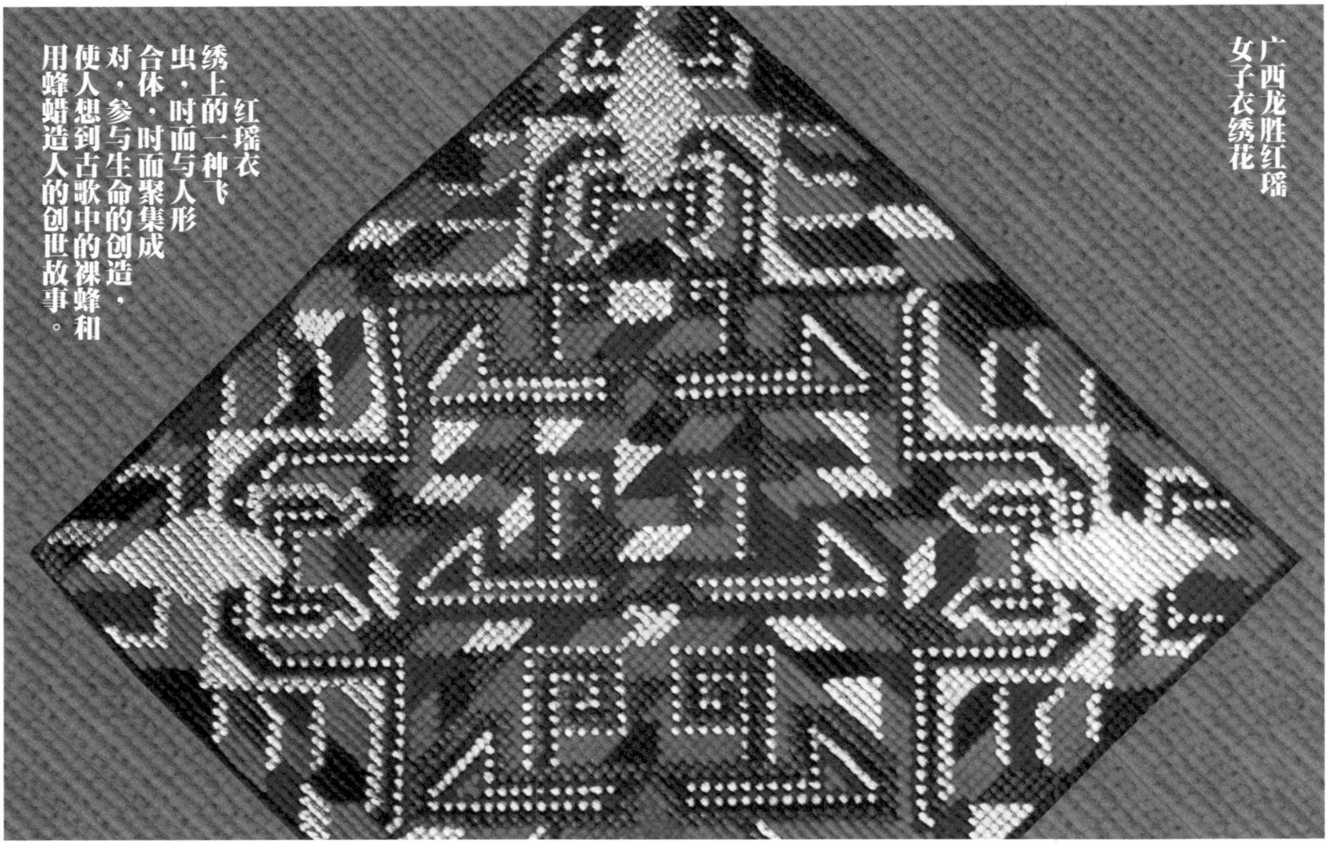

广西龙胜红瑶女子衣绣花

红瑶衣绣上的一种飞虫，时而与人形合体，时而聚集成对，参与生命的创造，使人想到古歌中的裸蜂和用蜂蜡造人的创世故事。

山寨我游了千百个，
未见这样的待客情。
吃罢头一餐，
房族又请客。
吃完东家到西家，
踏进南户走北门。
山珍得吃够，
海味得品尝。
香酒敬我一碗又一碗，
鸡翅挟了一双又一双。
糯米饭吃了一团又一团，
甜果尝了一个又一个，
深情我领了一次又一次，
萨旺得对了一堂又一堂。
入夜对歌到太阳起，
早上又唱到星子亮。
访情三天过去了，
独邦应该转回乡。

鸡叫头遍，
阿爹起床烧香；
鸡叫第二遍，
妈妈烧火塘；
鸡叫第三遍，
却邦忙梳妆；
鸡叫第四遍，
我牵马装鞍；
鸡叫第五遍，
起程上路别爹娘。
吩咐门前芭蕉树，
告诉门后青竹林，
你们坐下心安定，
我别山别水泪淋淋，
告诉亲人我上路，

# 佳意背带

却邦随后来送行。
我上前一步，
她跟后面跟后，
一个舍不得一个，
一人离不得一人。
鸭儿离不得溪塘水，
我离不开却邦。
你也不上前一步，
我也不退后半分。
我俩并排坐在山坳上，
唱起那难舍难分的萨旺歌。
还未登坳先唱歌，
还未翻坡歌不断。
唱了一首又一首，
对了一箩又一箩。
鸟儿飞近也不看，
蝴蝶采花也不瞧。
唱了一整天，
太阳下西山。
天未下雨先打伞，
天未刮风赶回房，
这是布努人的戒规，
这是布努人的俗章。
萨旺继续唱，
歌堂继续摆，
彻夜唱欢歌，
通宵达旦歌声扬。
父母心欢喜，
房族心欢畅，
半夜刣小猪，
酒又掺蜜糖。
酒不醉人人自醉，
深情厚意暖心房。
刀劈不断桥下水，

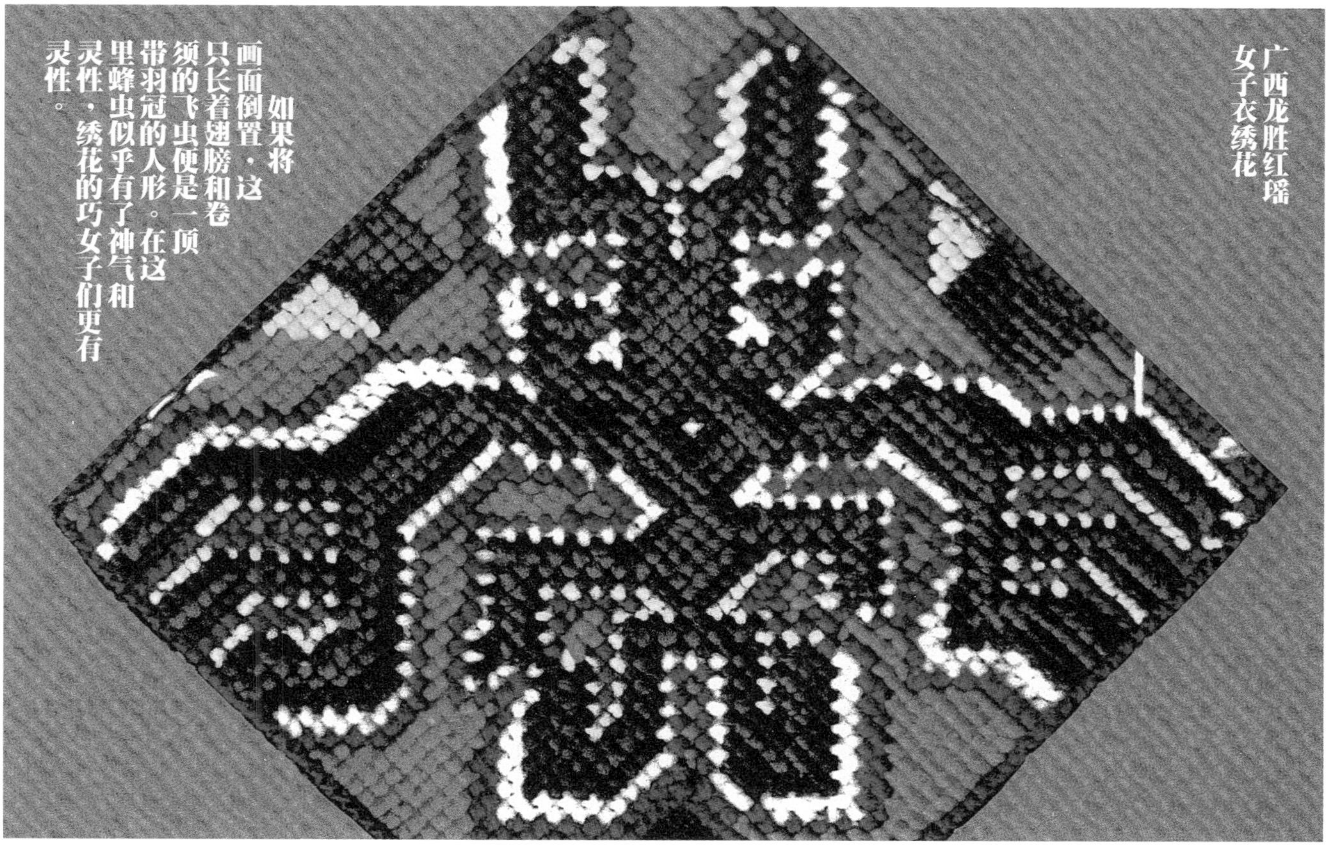

广西龙胜红瑶女子衣绣花

如果将画面倒置，这只长着翅膀和卷须的飞虫便是一顶带羽冠的人形。在这里蜂虫似乎有了神气和灵性，绣花的巧女子们更有灵性。

火烧不枯芭蕉心。
访情多逗留一夜，
感情多增加一层。
流水有时也会静，
相亲相爱暂分别。
鸡叫头遍，
阿妈调色染红蛋；
鸡啼第二遍，
蒸熟粽粑一箩筐。
粽粑赠送了二十一个，
红鸡蛋赠送了二十一双。
送了花头巾，
又赠脚绑带。
鸡叫第三遍，
开门来相送。
送过了一山又一山，
送过了一坳又一坳。
一个舍不得一个，
一双离不得一双。
我登上东山坳，
你站在西山岭。
我的头巾晃了一次又一次，
你的围裙摇了一回又一回。
你的爱影陪我回家乡，
我的魂魄伴你回楼房。
你给我的头巾就是你的身影，
我给你的小刀箩就是我的魂魄。
你的爱影天天陪我上山砍柴，
我的小刀箩日日伴你下地劳动。
银燕离不开蓝天，
星星离不开月亮。
你的歌词铭刻在我的心中，
我的话儿深深地印在你的心房。

山上的甜果摘不尽，
我俩的情谊深又长。
独邦你说我讲得对不对，
独邦你说我唱应当不应当？
你来引你的歌路，
我随声再开嗓。

布　桑：
白面○不知树有果，
老鹰不知鸡在笼。
你独邦射天得飞鸟，
我早已明白在心中。
你背柴刀上高山，
我挎竹箩随后跟。
你扛野猪过村边，
我暗藏在屋旁。
蜜蜂含花粉飞过村上，
我早已闻到它的馨香，
蝴蝶成双飞过村旁，
我早已暗中盯梢；
蜻蜓飞舞在水池上，
我早已羡慕它的身影；
斑鸠结队飞过我的竹林，
我早已看见它丰满的身躯。
十个看见十个都爱，
九人看见九人都赞扬。
春天盛开的桃花，
香到九里长；
春天盛开的李花，
香飘进楼房。
我的心早已为你牵挂，
我的歌早已要对你唱。
涌到嘴边的话，

○指果子狸。

广西龙胜红瑶女子衣绣花

密洛陀不要我先讲。
汇拢到喉咙的歌儿，
阿妈不要我先唱。
我想了九十九天，
我梦了九十九夜。
我话只好对星星说，
我歌只好对月亮唱。
阿妈问我想什么？
爸爸问我想什么？
我说有病在身上；
我说有病缠心房。
只有鱼才懂得水的温度，
只有鸟才懂得窝在林中间。

正月初一想到你，
我摆出一双筷条，
一条是你的身影，
一条是我的心意。
二月初二想到你，
我面前摆着小刀箩和花头巾，
小刀箩是你的身影，
花头巾是我的心意。
三月初三想到你，
我摆出两只红鸡蛋，
一只是你的身影，
一只是我的心意。
四月初四想到你，
我摆出两粒糯玉米，
一粒是你的身影，
一粒是我的心意。
五月初五想到你，
我摆出两粒绿豆，
一粒是你的身影，
一粒是我的心意。

六月初六想到你，
我摆出两张烟叶，
一张栽到你的烟斗，
一张装到我的烟锅，
我抽一半留给你一半，
下次约会我捧到你的面前。
七月初七想到你，
我摆出两杯蜜糖，
一杯收藏留给你，
一杯我饮下肚肠，
等到下次约会，
我亲手递给你尝一尝。
八月初八想到你，
我摆出一对粽粑，
一只留着给你，
一只我吃来充饥，
等到下次会见你，
我要亲手递给你尝一尝。
九月初九想到你，
我拿出两个红薯，
一个留着给你，
一个我烧来吃，
等到下次约会，
我要给你煨。
十月初十想到你，
我抬头望见天上两颗星星，
一颗是你的身影，
一颗是我依偎在你的身旁。
冬月十一想到你，
我站在江边望见一对鲤鱼，
一只是你的身影，
一只是我陪伴在你的身旁。
腊月想到你，
我拿镰刀去割草修路，

广西龙胜红瑶女子衣挑花

让你春节来路通畅。
日盼你出现在我的身旁，
夜盼你坐在我的身边。
这是我对你的衷情，
这是我对你留恋的萨旺。
这就是我的真心话，
这就是我的实情歌。
鱼不懂得林中鸟，
鸡不知道河里虾。
你想我半斤，
我想你八两。
谁的情心重，
请独邦你好好称一称。
谁的情义厚，
请独邦你拿尺子来量一量。
称多余的是你的名分，
量剩下的是我的心肠。
万花我只爱一朵，
千树我只爱一蔸。
这朵花就是你的心花，
这蔸树就是你的心树。
我的歌词就是这样唱，
看你的歌路怎样摆堂？
布　觉：
我碰着春风，
它说要吹向远方；
我遇着夏雨，
它说要飘洒到另一方。
我碰见一蔸辣椒，
它伤心地诉说：
主人心太狠，
我结一粒他摘一粒。
我碰见一蔸竹子，

它悲愤地说：
主人心太毒，
刚长到半截就挥刀来砍。
我碰见一蔸柑果，
它痛哭诉说：
主人太无情，
我结果未红透就被摘掉。
我碰见一蔸椿木，
它流泪哭诉：
主人不要良心，
我刚纵身向上长就拿刀来劈。
我碰见一只香獐子，
它说山崖已有人占用。
我碰见一只蛤蚧，
它说白崖已有人占领。
我碰见一只蝴蝶，
它说红花已有人来采。
我碰见一只蜻蜓，
它说水池已有人来恋。
我碰见一只燕子，
它说屋梁上已有鸟飞行。
我碰见一只斑鸠，
它说树上已有鸟造窝。
我碰见一只青蛙，
它说山塘已有人养鱼。
我碰见一只黄野鹿，
它说嫩草已有人割光。
我碰见一只锦鸡，
它说草篷已有人破坏。
我碰见一个赶街的人，
他说圩场上已有人摆货卖。
我碰见一条背带，
它说已有人给它挑花刺绣。
千碰万见哟，

广西龙胜红瑶女子衣绣花

汇成一句话：
有人和你共栽培蓝靛地，
有人和你共唱萨旺歌。
世上的人最怕伤心事，
山中的树木最怕剥掉皮。
有心喝清水也觉饱，
无意吃龙肉也是饥。
这损肝裂肺的消息，
把我烧焦了半截。
我把信托给鸟，
鸟衔信飞回林中。
我把话托给风，
大风呼呼飘四海。
我把话托给赶街的人，
世人到处有歪心。
画龙画虎难画骨，
知人知面难知心。
人家见我们栽下的禾苗壮，
暗中割下几蔸。
人家见我们安的水车常旋转，
暗中持刀割水槽。
人家见我们种下的水果黄，
暗中摘了几个。
山猴见我们的黑榄果熟透，
偷摘几箩上高山。
野猪见我们的玉米黄，
夜间偷吃了许多棵。
野鸡见我们的红薯地，
白天偷来晚上抢。
竹鼠见鲜嫩的芭芒蔸，
穿洞挖窿来偷吃。
千事我们不害怕，
万事我们不忧愁。
一花有病万花哭，

一水断流万溪干。
只要却邦你心稳定，
不怕寒风来侵袭，
只要独邦你心坚强，
不怕夏天惊雷轰。
世间千奇百怪事，
需要你却邦来解释。

布　桑：
春风轻轻地吹，
想到我俩甜甜的话；
夏雨绵绵地下，
想到我俩共打一把伞。
我看见两蔸辣椒，
那是我俩亲手捧土栽培，
它的根深叶茂，
结籽青里透红。
我碰见两蔸竹笋，
那是我俩共同移栽，
竹枝随着春风雨露成长，
我俩的情线也随之拉长。
我碰见两蔸甜果树，
那是你陪我上街买果苗来栽，
结的果实累累，
一年更比一年甜香。
我碰着两蔸红香椿，
那是我俩共同挖土下种，
香椿一年增加一层皮，
我俩一年增加一层情。
我碰见两只香麝，
那是我俩共同喂养，
好像它对我们说，
你们应该结成甜甜的一双。
我碰见两只蛤蚧，

## 玖　蛙——雷神

密洛陀的五子阿坡阿难因造雨而被封为雷神，他催雨的方式是敲击母亲给的神鼓和神锣。当我在瑶族的织绣纹中看到蛙的形象时，不由得把它与雷神联系到一起。蛙鸣的鼓噪之声与锣鼓喧天不相上下，且广西民间有『青蛙鸣叫，天可降雨』的说法，与英国人类学家弗雷泽在《金枝》一书中所说『青蛙和蟾蜍跟水的联系使它们获得了雨水管理者的广泛声誉』极符合。当然，瑶族衣上的蛙常常与鸡的纹符作阴阳对应，可引申为日月的象征；有时又与人形符号并列，在此『蛙』亦为『娃』。在母系氏族家庭中，娃崽们取像于作为雷神的舅父塑造自己，是再自然不过的了。

瑶族生命符号

第七〇页

那是我俩同修白崖圈养，
好像它对我们说，
你们要结成双鸭共游滩。
我碰见两只蝴蝶，
那是我俩的灵魂共开一朵花。
我碰见两只蜻蜓，
那是我俩的灵魂共戏一池水。
我碰见两只燕子，
那是我俩的灵魂并飞在高天。
我碰见两只蜜蜂，
那是我俩的魂魄同居在暖房。
我碰见两只乌鸦，
那是我俩的灵魂含草同造窝。
我碰见两只青蛙，
那是我俩的灵魂游池塘。
我碰见两只野鹿，
那是我俩的灵魂同游在山冈。
我碰着两个赶街的人，
他们说留一处给我俩摆摊卖烟叶，
我在街上货摊看见一条背带，
那是我要买来携背儿郎。
千碰万见哟独邦，
汇成一句歌：
你的身影伴我去栽蓝靛，
你的音容随我来唱萨旺。
天下的人最爱自己的父母亲，
我留九分九爱你的真心。
有心有意来相会，
无心无意难相逢。
我父母亲不收哪家的烟叶，
独邦何必伤心？
我姐妹不收哪个后生的小刀箩，
独邦你何必偏信？
有心我俩共随明月同发亮，

有意我俩同伴星子齐放光。
有疑你应到我家来问，
有歌你应到我家来唱。
山中无老虎，
不要乱说山中有老虎；
寨上无小偷，
不要乱说寨中有小偷。
乱猜疑只怕独邦心不宁，
乱偏信担忧情路不久长。
河水沿着河床滚滚地流去，
水车顺着急浪正常地旋转。
年轻人连情不要断线，
红水河后浪推着前浪往东流。
花瓣正朝着我俩开，
清泉正迎着我俩流，
春风可以催得千树生长，
阳光可以使得万物发青。
蚂蚁可以搬掉千座山头，
黑蜂能够吓跑万只猛虎。
有情人能够感动三代皇帝，
有情人父母也会顺水推舟，
无情人无法沟通爱情之乡。
无情人扁担难拗过门门框。
有情人可以到街上买背带，
无情人有好布也裁不成衣裳。
有情人歌声能打掉皇帝的威风，
无情人三岁小孩也不望你一眼。
这就是我的一颗诚心，
这就是我的一番实话。
独邦你的歌应该怎样继续唱？
独邦你的话应该怎样继续答？

布 觉：

上街那天我看了千人的笑脸，

广西融水花瑶女子衣挑花

没有一张向我微笑。
赶集那日我望了百个货摊，
没有一人陪我选购货物。
我碰着一条五彩绚丽的背带，
没有一位姑娘和我选购。
从街头转到街尾，
不见你的笑貌；
从街尾来到街心，
不见你的身影。
急得我买糯米粑也吞不下，
急得我买杯糖水也喝不甜。
约会为什么人不见？
约见为什么人不来？
难道我的却邦忘记？
难道我的却邦患病？
我起了一百个疑心，
我打了一千个问号。
我口问累了心肝，
我心肝也问累了嘴唇。
乱麻我要用利刀砍，
石头滚下坡我要弄清原由。
我决定拍马上路，
去访我的情乡。
去探望我敬爱的却邦父母，
去会见我亲爱的却邦。
也许他们会对我迎笑，
也许他们会对我痛哭，
也许他们会对我设宴接待，
也许他们会对我冷若冰霜，
也许他们全家吉庆呈祥，
也许他们全家正在拜神烧香，
也许他们全家的香花开满园。
也许她独自在厅堂求神赎魂，

# 娃崽背带

也许她爹正在熬糯米香酒，
也许她妈正护守在她的身旁，
也许她弟正在家门口笑迎客来，
也许她妹正泪痕满腮。
也许她正在内房找绣花巾，
也许她正梦游病乡，
也许她坐在内屋绣背带，
也许她病危卧床泪汪汪。
一堆乱麻也许会理出一条线，
一万个秘密也许会漏出一个底。
真的不出我所料，
真的不出我所想。
我骑马来到山坳，
树上有只斑鸠咕咕叫。
斑鸠这样说，
斑鸠这样唱：
你的却邦正在山地种蓝靛，
你的却邦正坐在地角绣花巾。
我喜在眉头笑在心，
跃马来又上路。
到塘边碰见一只蚂𧊅，
它正在塘中呱呱叫。
它对我这样说，
它对我这样唱：
你的却邦起不了身，
你的却邦正病危在床上，
千个亲戚正在堂中拜鬼，
百家亲友正在床前哭泣。
我急在心哟痛在肝，
挥鞭跃马赶路程。
碰到云崖我拍马闯过去，
遇到窄路我抖缰飞行，
碰到江河我骑马不下鞍，

广西龙胜红瑶女子衣挑花

遇到险路我飞马奔腾。
我恨自己不会变成一只岩鹰，
三下两下就会飞到她的屋旁；
我恨自己不会变成一只蝴蝶，
两下三下就会飞到她的床边。
我把马缰勒紧，
我把路程赶行。
飞过了九十九个弄场，
翻过了九十九座高山；
越过了九十九个白天，
冲过了九十九个黑夜。
路程刚走去一半，
情海行舟到中途。
我继续把千山丢在后头，
我继续迎接万岭在眼前。
马终于奔到了情乡，
人终于赶到山坳上。
真的不出我所料，
真的不出我所想。
乌鸦在喔呀喔呀怪叫，
她家门前挂满了白幡，
她家亲人在披麻追悼。
高山低首，
万树垂泪，
河水再也没有响声，
蚂蚁停止了搬泥，
蚂𧊅停止了蹦跳，
月亮在悄悄地流泪，
星星痛苦地闭上眼睛，
觅吃的猫头鹰不飞了，
萤火虫扑在花草上静听，
山峰在摇头叹息，
酸风拍打着人们的心灵。

我该怎么行？
我该怎么办？
我该怎样上她的家门？
我该怎样登她的楼梯？
叫天天不应，
喊地地不灵。

我正在为难，
我正在心伤。
突然一朵红云飘到我的眼前，
云朵变成一位白发老人。
他问我为何叹息？
他问我为何悲伤？
我老老实实把话说，
我从头到尾把话讲：
拜求老人帮忙，
拜求老人施法。
老人送给我一蔸草药，
要我喂水给却邦喝，
老人说她家住在六里坡，
名字就叫密洛陀。
她又对我说，
她又对我讲：
天上有一颗金星已经陨落，
世上有一个却邦已经逝世。
我可以帮你救她一命，
我可以为你唤回春天。
她需要两个条件才重生，
她需要两个秘方才康复。
一是我的这蔸草药，
二是要你到场痛哭。
请把你俩的爱情哭诉，
请把你俩的恩爱表明。
让她的家人都落泪，

湖南江华瑶族织锦带花

让她的亲戚都惋惜。
然后你用草药放在却邦的脸旁，
我的佛法会灵验，
你的却邦会复活人间，
日后不要忘记我老人，
每年祝著节给我补粮祝寿。
老人说的每一句话我都点头，
老人说的每一句话
我都铭记在心上。
我连连作揖三次，
老人立即变成一朵红云，
红云飘上山头，
红云飘上蓝天。
我拿到草药，
暗喜在心间，
把马拴树下，
忙把路来赶。
一杆烟的功夫赶到却邦屋边，
听见阿妈在呼天唤地：
天有眼呀地有情，
天有情呀地有义，
为何魔鬼要砍我的嫩竹笋？
为何妖怪要收去我女的魂？
大婆鬼你还吃不吃猪头？
家公鬼你还喝不喝香酒？
你们要还我女的魂，
你们要救我女的魄。
我登上屋堂，
见阿爸正在烧一捆香，
见阿哥正在蹲火塘，
见阿姐哭肿了眼睛，
见阿弟拜跪在厅堂，
见魔公正在跳马，

闭上眼睛胡说话。
我向祖宗神位作揖，
我向父亲拜跪，
我向母亲叩首，
我向阿姐安慰，
我扶阿弟起来。
一百对眼睛齐望着我，
一百种愁容齐迎着我。
我求父亲开恩，
我求母亲答应，
让我进内房，
让我看尸魂，
双亲都答应，
众人都应承。
揭开蚊帐见一张瘦白的脸膛，
我的却邦不能再动弹。
我蹲在却邦的尸体旁，
我的头巾抹着却邦的腮边，
我放声痛哭呀，
好像竹篾割肝肠。
我要向天神求情，
我要向地神呐喊，
嘛强吧！○千不好万不好之意
穷的却邦！○我心爱的情人之意
嘛央吧！○千不妙万不妙之意
卡功群卡铁！○天呀天，地呀地之意
你才病了九天，
怎么倒在床前？
我还没来看你，

广西龙胜红瑶女子衣挑花

你怎么闭上眼睛？
我趴着你的身子摇呀，
我抓着你的衣裳喊，
千声呼呀万声唤，
千声万唤你都听不见！
我哭一声呀，
给你灌一杯蜜糖。
我哭两声呀，
给你喂口米汤，
我哭三声呀。
给你喂杯姜茶。
你不吱声也不答应，
不见你嚼不见你咽。
你年纪轻轻呀，
二十岁还不到。
你害的哪样病呀，
为何这般危险？
我都还未见你的面，
你为何匆匆离开人间？
我是你的独邦呀，
难道你不思恋？
难道你不挂念？
我俩共买的背带有五彩呀，
我俩结下五年的情义呀，
难道你舍得丢？
我俩共打过一把花伞呀，
难道你忍心扯烂？
我俩共敲过一面铜鼓呀，
难道你忘记它铿锵的声音？
我俩共唱过萨旺呀，
难道你忘记共坐过一条板凳？
我俩共栽过一盆蓝靛呀，
难道你忘记它开花红艳艳？
我俩共抽过一张烟叶呀，

难道你忘记了烟味的醇香？
我俩共抽过一个烟斗呀，
难道你忘记了烟杆的铿亮？
你一天留给我一截相思烟呀，
难道你忘记了烟短情长？
我俩一起背竹筒去打水呀，
难道你忘记了清清的山泉？
我俩相送过长长的盘山路呀，
难道你忘记了阴凉的山坳？
你倒无牵挂地去了，
叫我怎么不哭断肠？
我的心呀，
乱得像团麻。
泪水流满了胸前，
湿透了你昔日奉献的彩锦，
两眼昏花看不见。
这个时候呀，
我已悲伤得全身发软；
这个时候呀，
我已哭得泪水枯干。
我双手扶着床沿站起来，
缓缓走到篱笆边，
取下那张白木制作的弓弩，
嗖嗖射出五支利箭，
利箭穿云破雾去报丧，
带着我的哭声飞上蓝天。
利箭飞到天宫，
月亮流出同情的眼泪；
利箭飞到海洋，
龙王淌出悲怜的泪珠；
利箭飞到红水河边的东山，
千村百寨的亲戚多心寒；
利箭飞到盘阳河畔的西山，

## 瑶族生命符号

第七五页

在古代先民『万物有灵』的思想中，图像同样具有生命的灵性。女娲用黄土造人，密洛陀用蜂蜡造人，乃至民间的巧妇剪彩为人，这首先是意识到人多势众的必要性，企图以此壮大自我应对外部侵袭的心理力量。

瑶族织绣中的人形，有成千上万牵手集结为长阵的，有独自站立于初开混沌的，有头顶横板、伸臂叉腿作『天』字形的，有曲张四肢如蛙之状的；有身着羽衣的窈窕淑女，有展露男根的雄壮汉子……这些人形符号作为护符或替身，可帮助有血有肉的真人抵挡一切灾难。无论如何，这是人类意识到主宰世界成为可能之后对自我的首先肯定，也是人类最初的自画像。

### 拾 人形——自我

千寨百村的朋友也心酸；
响箭飞到云层里，
星星眨眼哭得更凄惨！
邻居的姐妹聚拢来了，
远道的亲人穿上了白头巾，
哭声汇成了一片海，
泪浪拍天！
这时我的心最难过呀，
口吃蜜糖也不香甜，
好像嚼着石头块哟，
好像吞着木渣片。
这时我的心最痛苦呀，
听着众人哭声我的双手就打颤，
不是我患着咳嗽病哟，
是我的心像千刀万剐。
这时我的心最悲伤哟，
听见众人哭声浑身就冒冷汗，
不是夏天太阳猛哟，
是我的心像放进油锅熬煎。
寒风对我说，
岩葬却邦吧。
夏雨对我说，
应把却邦埋在泉水边，
泉边曾是我和却邦洗脚的地方哟，
清泉丁冬响，
我怎么吃得下饭？
呢么[○]要把却邦埋葬在山冈上，
那是我俩上山砍柴的地方，
风声惊着却邦，
我心中不安然！
我怎样合得拢眼？

○指道公

还是我亲口说的好，
请求把却邦埋葬在屋后竹林间。
那曾是我俩萨旺的地方，
那里有我俩讲细话的遗址。
那里一年四季有蜜蜂采花，
那里一年到头有画眉歌唱。
倾听竹叶沙沙作响
我寻找却邦的身影，
看竹枝起舞我寻找却邦的脚印。
阳光灿烂的白天，
我曾陪却邦在竹阴下绘画绣花中；
月朗星稀的夜晚，
我曾和却邦在竹丛旁促膝谈心。
就把你埋葬在那儿吧，
我每天开门就看得见你的身影，
就让你安息在那儿吧，
我每晚睡梦就陪伴在你的身边。

我心中的人呀，
我的好却邦，
你快快醒过来吧！
蜜留下的背带等着你，
蜜留下的襁褓等着你，
蜜留下的鸽子等着你，
蜜留下的画眉等着你。
你要踏进我的家呀，
你要进入我的房哟，
你要陪我去放牛呀，
你要陪我去养羊呀，
你要陪我去喂鸡呀，
你要陪我去舂米呀，
你要陪我去挑水呀，
你要陪我去打柴呀，

广西南丹白裤瑶女子衣背部蜡染花

你要陪我去种玉米呀，
你要陪我去种蓝靛呀，
千百样事情都需要你呀，
你一刻不要离开我。
你快快醒过来吧，
你快快睁开眼睛望着我吧，
我亲爱的情人！

我亲爱的却邦呀，
快快醒过来吧！
牛在栏里叫唤，
马在槽里嘶叫，
那是叫我俩快去给它加料。
猪在圈里声声叫，
那是叫我俩快去给它加草。
鸡在笼里咯咯地叫，
那是叫我俩快去造窝给它下蛋。
画眉在笼中歌唱，
那是叫我俩快提笼游乡去打斗。
蜜蜂在箱子里嗡嗡地叫，
那是等着我俩快去开箱取蜜糖。
所有的亲人等着你醒来呀，
所有的亲人盼着你还魂哟，
我们舍不得离开你呀，
我们渴盼你转活过来！

我亲爱的却邦呀，
快快醒过来吧！
你躺在床上听见没有？
阿蜜正站在家门口，
催你快快去打水给她喝。
阿甫坐在厅堂上咳嗽呻吟，
催你快快去灌汤喂药。

却强○正在火塘边蹲坐，
○指独邦的弟弟
催你快快去给他缝对绣花鞋。
却拨○正在拿着布匹，
○指独邦的妹妹
等着你快快去教她刺绣挑花。
却论○正在地上打滚嚎哭哟，
○指独邦的满弟
催你快快去背他到野外打山雀。
一家老少都盼望着你呀，
你怎能忍心丢下他们？

我亲爱的却邦呀，
你快快醒吧！
我俩感情最深厚，
我俩心心相印。
你早晨约我去山上唱萨旺，
直喝到晚上才回来。
你的萨旺唱得我留连忘返，
你的声音暖和了我的心怀，
你的歌词多优美呀，
我越听越爽快。
听完你唱的相思烟歌呀，
我双脚好像千斤重难把步子迈，
听完你唱的恋情歌呀，
句句真情往肚里埋。
亲爱的却邦呀，
快快醒过来吧！
以前我俩像一对蜜蜂飞舞花枝间，
以前我俩像一对蝴蝶盘旋水塘边。
每逢赶街的日子，
我俩相逢在山坳上。
你披金挂银在前头走，
我新衣新装在后头跟。

广西融水花瑶女子衣挑花

你穿着千褶白波的花裙在前头飘，
我缠着万挑千绣的头帕随后摇。
我俩走在大街上，
走去游来肩并肩。
我赶紧出卖野兽皮，
卖了兽皮又卖蜂蜜，
卖完山货又买东西，
我陪着你行走在大街上，
你陪着我旋转在货摊边，
你帮我选购黄烟叶，
烟叶拿回去敬父母，
我为你买五色绣花线，
花线拿回去缝衣绣背带，
我为你买只银手镯，
你为我买只狩猎的锦袋。
两颗心紧紧连在一起，
四只脚共踩出一行印。

我亲爱的却邦哟，
你还记得吧！
以前我每年要上你家访情三次，
每次访情我在你家逗留三天。
我陪你上山去砍柴，
你陪我下地去种蓝靛。
你在地头先开窝，
我随后头撒种忙，
一天种了九斤蓝靛种，
一天扯了五丘地杂草。
累了就坐在地边歇息，
困了就坐在石板上抽烟。
你打萨旺问我的腰杆酸不酸？
我打萨旺问你脚杆疼不疼？
你说有我陪伴腰杆不会酸，
我说有你陪伴脚杆不会疼。

# 佳意背带

因为我们两颗心连在一起呀，
哪里还会觉得酸和疼。
我们两颗心相连呀，
我们两双脚相印。
青山留下我俩的歌声，
地边留下我俩的身影。
太阳公公可以作证，
月亮婆婆可以证明，
蝉虫在树上伴我俩萨旺，
画眉鸟在草篷里伴我俩合音。
这就是我俩的千层意，
这就是我俩的万层情。
河水干涸了我俩感情还存在，
石板破裂了我俩的心紧相连。

亲爱的却邦呀，
以前我俩各住在一方，
我家住在太阳升起的东山，
你家住在月亮落下的西山，
隔山隔水不隔心哟，
我俩好像共住在一个家。
每天我想到你百次，
每夜你念到我百回。
我上山打猎想到你，
想到你我心乱如麻，
太阳升东又落西，
望不见你我无心打猎转回家。
我下地劳动望不见你，
坐在地边抽烟望着山坳眼不眨，
望去望来不见你，
只见树上几只乌鸦叫喳喳。
傍晚望不见你，
只见天边飘着几朵云。
我在梦乡里见到你，

广西融水
花瑶女子衣挑花

心里乐得开了花。

亲爱的却邦呀，
山山水水留下我们的恩爱身影，
可爱的情人哟，
一草一木留下我们的笑语歌声。
你还记得吧，
每次到你家访情，
星星挂满天，
我俩早早就起身，
背起竹筒去打水，
又去洗你的百褶裙，
褶裙本来不很脏，
洗来洗去洗不完，
只为拖延时间好谈心。
凌晨山雀叫喳喳，
泉水哗哗流不停，
我俩坐在泉边不打水，
假装洗裙又洗脸，
洗好脸来又洗裙。
我俩将竹筒打水转回程，
你背着竹筒前面走，
我挑着木桶后面跟，
崎岖小路不能并排走，
一前一后说笑好开心，
竹筒木桶清水晃悠悠，
借着月光照见我俩的身影。
我俩一刻也不想离开呀，
离开半步心也疼，
没事找事同路走，
就像画眉鸟离不开金竹林。
晚上洗脚你也为我倒水，
早上洗脸你也为我搓脸巾，
只要我俩能碰见，

心中就增加一层情。
两张笑脸贴笑脸，
四只眼睛对眼睛，
一对情人呀，
白头到老紧相拥。
亲爱的却邦呀，
你快快醒吧！
睁开你的双眼，
望一望你的心上人！

亲爱的却邦呀，
我恩爱的情人。
往事涌心头，
深情在心间。
铭记密洛西的教诲，
采用密洛陀的草药。
拯救我的情人，
要她重返人间，
要她枯苗重飘芽，
要她干藤获新生，
要她花重开放，
要她瘪果重香甜。
我把草药在却邦脸旁摇三次，
却邦的面容渐渐显红光。
我再摇三次，
却邦透气『哎』一声，
我赶忙把草药去煎水。
扶起却邦亲手喂，
半碗汤药服下肚，
却邦眼睛渐渐亮。
头天好许多，
当夜能翻身。
次日好蛮多，
当夜能说话。

广西龙胜红瑶女子衣挑花

五天全好转，
笑声复笑声，
和我诉病情，
和我唱萨旺。
千山又微笑，
万水又欢歌。
阿爸熬香粥，
阿妈蒸糯饭，
阿哥刣肥鸡，
阿姐绣花巾，
阿弟射飞鸟，
阿妹缝绑带，
众人来宴请，
家家户户我登门。
鸡头敬我吃了九十九个，
鸡肝我吃了九十九块，
香酒敬我一碗又一碗，
糯饭敬我一团又一团，
大家都知却邦是我的情人，
大家都说却邦是我救醒，
亲戚都说却邦是我的人，
由我选吉日良辰来接亲。
我们的事情就是这样定，
我们的事情就是这样办。
密洛陀在六里坡可以作证，
密洛西在六里坳可以开恩。

我俩虽隔千条山，
我俩虽隔万重岭，
隔山隔水不隔情，
心心相印共条心。
我俩本来都是半壶酒，
何必分作两壶装。
我俩本是同坐一条板凳，

何必分作两家人。
我俩本是一条藤的瓜，
何必分作两窝种。
我俩本是同一荚的黄豆粒，
何必分作两坡长。
我俩本是同一蔸芝麻生，
何必分作两坡撒。
我俩本是一碗米，
何必分作两锅煮。
我俩本是同塘的鱼虾，
何必另选大河游。
天合地合我俩合，
天该地该我俩该。
择吉日良辰，
接你到我家去住，
我的父母在盼望，
希望我俩的衣服共装一个箱。
千人在等待，
万人都着急，
月亮也盼望，
星子为我俩闪光。
高山的柴火等着我俩同去砍，
崖边的泉水等着我俩同去挑，
燕子等我俩去修窝，
蜜蜂等我俩去修箱，
蝴蝶等我俩去栽花，
蜻蜓等我俩去修塘，
坡上等我俩去开荒，
山地等我俩去收粮，
小鸡等我俩去撒米，
小鸽等我俩去唤回房，
牛羊等我俩去割草，
菜园等我俩去栽秧，
枇杷等我俩去收果，

云南金平红头瑶女子裤脚绣花

柑橙等我俩去品尝，
李果等我俩去背卖，
桃树等我俩去修枝，
金竹等我俩去移栽，
筒竹等我俩去破篾编箩，
栎木等我俩砍作头柱，
红瓦等我俩去盖房，
蓝靛等我俩去染布，
枕头巾等我俩去绣花，
棉花籽等我俩去下种，
棉纱等我俩去织布，
布匹等我俩去剪裁，
背带等我俩去刺绣，
画眉等我俩去编笼，
五谷等我俩去修仓，
铜鼓等我俩去敲打，
唢呐等我俩去吹响。
金子是我们的传家宝，
要变成手镯戴在你的手上；
银子是我们的祖传家财，
要变成项链挂在你的脖子上。
烟筒本是挂在墙角，
它等着我俩去抽烟，
香炉摆在神龛上，
它等着我俩去烧香。
亲戚在等着，
乡亲在盼望。
等着我们结成美美的一对，
盼着我们结成甜甜的一双。
却邦你说合理不合理？
却邦你说应当不应当？
我俩像芭蕉，
都是一条心。

# 娃崽背带（下）

我俩像一朵花，
开在树枝上。
种子下土随着雨露慢慢冒芽，
禾苗入土随着阳光慢慢生长，
我俩的意伴随日月同生辉，
我俩的情像水长山高。
独鸟飞不遍山坡，
独猴爬不满山崖，
独树不会结果，
独花不会馨香，
独竹不会发桠，
独种不会生米粮，
独个不成一家亲，
独人不成一房族，
独木不成一丛林，
独人当不成官长，
独脚难以走路，
独手难以攀崖，
独个星子不会闪亮，
独朵彩云难布满天堂，
独鸡不成群，
独凤难以成双，
独只蚂蚁难以搬泥，
独只蚂蚜无法叫塘，
独鱼难游一条大江，
独虾难长在河滩。
话得回头说，
萨旺得回头唱，
为何我患这场重病？
为何我要住鬼的地方？
根源在哪里？
道理在何桩？
我要对你说一说，

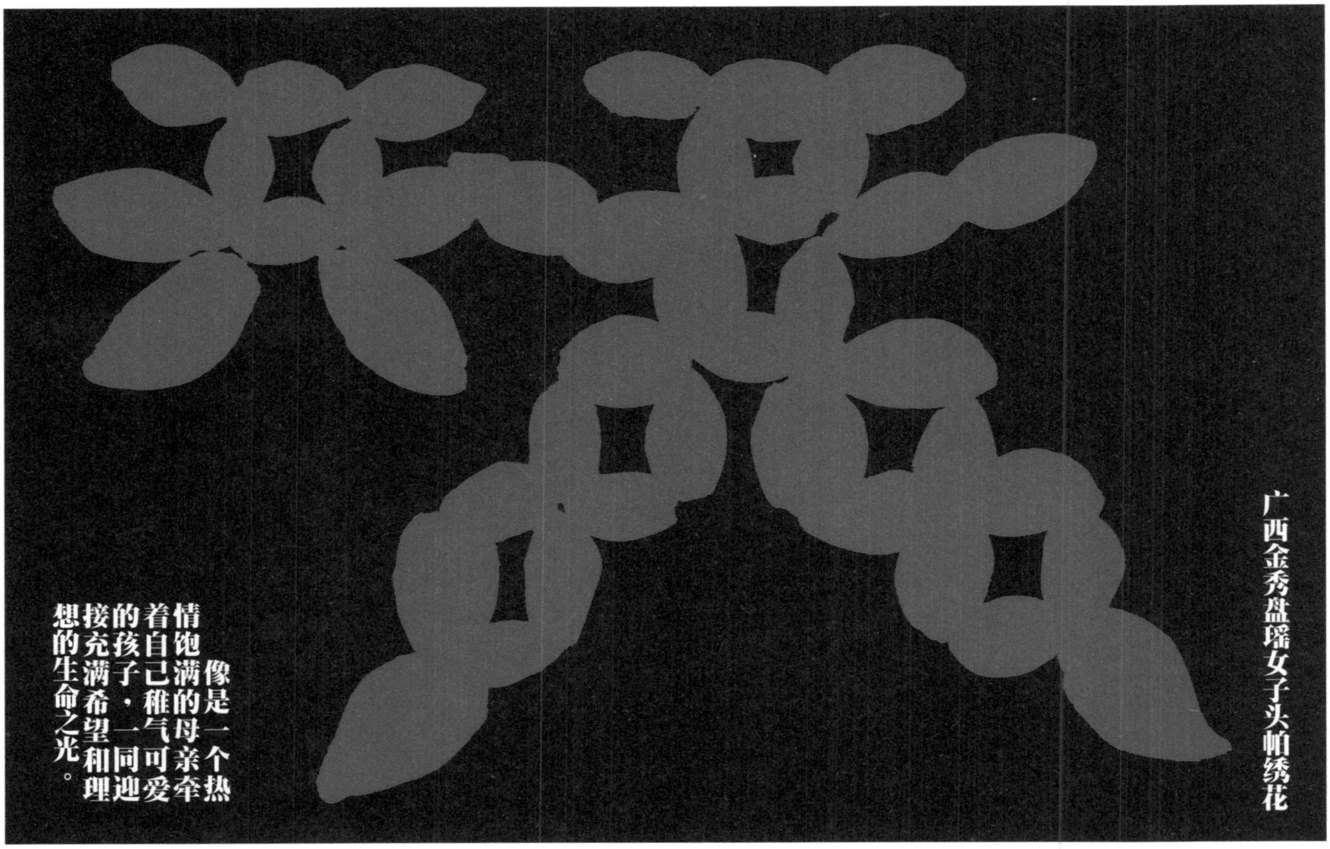

广西金秀盘瑶女子头帕绣花

像是一个热情饱满的母亲牵着自己稚气可爱的孩子，一同迎接充满希望和理想的生命之光。

我要对你讲一讲：
我俩已唱了九年九个月的歌，
我俩的情谊已有九年九个月长，
十分感情我们有了九分九，
十个小伙子我选了你独邦。
我缝绣了一条五彩背带，
我缝制了小孩的红绿衣裳，
我把底细跟妈妈说，
我愿意和你结成一双。
辛勤的蜜蜂也有火蜂来袭扰，
恩爱的情人也有魔鬼来戏弄，
魔公闭上眼睛，
跳马在厅堂，
喃喃地乱说一遍，
滔滔地胡讲一场，
说我俩命相克，
不能结成一双，
说你命是属水，
说我命是属火，
水火不相容，
水泼火就灭，
从此不许我俩见面，
从此不许我俩来往。
父亲也偏信魔公的鬼话，
母亲也轻信魔公的胡言，
硬要把我配给魔公的猴子崽，
逼我和魔鬼共住一个房。
我哭了九十九天，
眼泪流了九十九摆长，
哭干了眼泪，
饿扁了肝肠。
我望天没有了光亮，
我看日月不再生辉，
我听画眉鸟不再歌唱，

我的铜鼓无人来敲响。
九年的情我记在心中，
九年的意我装在心房。
你独邦比蜜蜂还要辛勤，
我铭记在心上。
你上天摘得星星，
你下海捉得鳖王，
你上山似彩虹，
你下山如猛虎，
你讲话有钢音，
你办事像官长，
脸膛比初开的山桃花还红润，
心地比十五的月亮还明光。
我想了九十九天，
我哭了九十九夜，
从此我就病倒，
从此我就卧床。
要我配魔鬼，
不如去见阎王，
活着不如死的更好，
米饭不如泥土馨香，
活着白受罪，
死了更安然。
多亏独邦你的好心肠，
使死鬼的我变成活姑娘。
世间的江河没有一条直流，
山中的树木没有一棵直长，
一对情人就是这样的痛苦，
一对好友就是这样的悲伤。
我的心早已刻印在你的心坎上，
我的血早已溶化在你的血管中。
我的话已给你讲得清清楚楚，
我的萨旺已给你唱得明明白白。
这就是我的意愿，

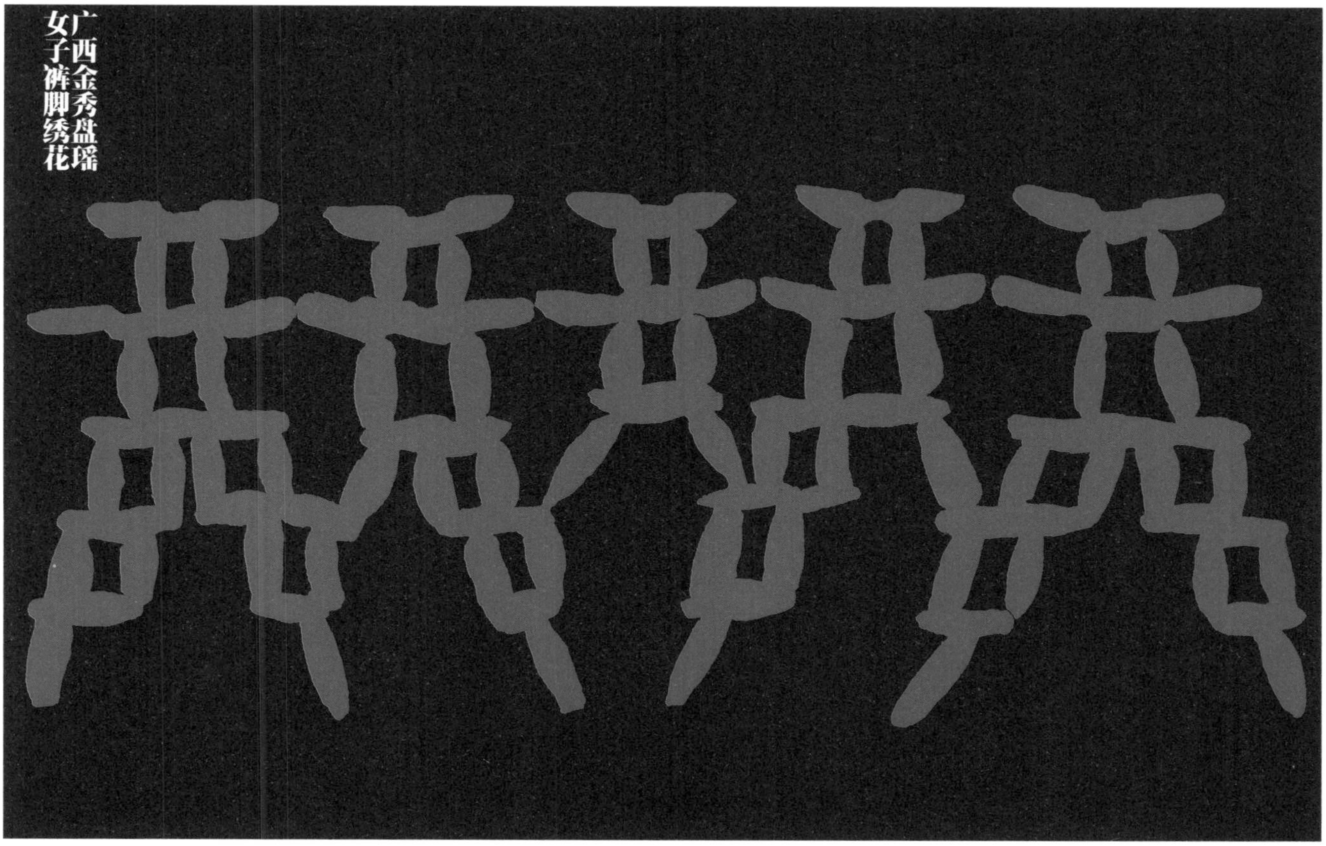
广西金秀盘瑶女子裤脚绣花

这就是我的心肠。
葵花朝太阳旋转，
你自己知晓。
却邦的心向何方，
你心中明白。
该不该选择吉日良辰，
你自己知道。
该不该派人来接亲，
你自行安排。
我妈缝绣的背带该谁来要，
你自己懂得，
我妈缝制的小孩衣裳该谁来拿，
你自己清楚。
永远奔流。
我俩像长江黄河，
我俩像一对凤凰，
永远飞翔。

## 第十二章·劝世词

密洛陀的后代如何做人？如何珍惜背带和传承背带？《劝世词》从哲理上回答了这些问题。

布桑
布觉：
阿密造天很辛苦，

阿密造地很劳累。
阿密留下的背带贵如金，
阿密留下的襁褓贵如银。
千世不忘父母恩，
万代不忘父母情。
弯木怕墨线，
学坏众人嫌。
人怕理亏马怕鞭，
蚊虫猖狂怕火烟。
人来世上讲道理，
敬老尊贤才成人。
父喊爹叫忙答应，
莫要如雷吼大声。
高声应答天地动，
不敬父母愧为人。
在堂敬奉十六两，
后代儿孙还半斤，
堂前若有父母在，
大树脚下好安身。
千哭万哭一张纸，
千拜万拜一座堂，
灵前供奉千般有，
不见爹娘把口吞。
儿孙哭时肝肠断，
阎王不肯放回程，
黄土盖面千万层。
只见一副黄木板，
千两黄金万两银，
有钱难买父母身，
十字街前千般有，
不见哪人卖爹娘。
劝你今世敬父母，
后代儿孙还你恩。
儿女长大要孝顺，

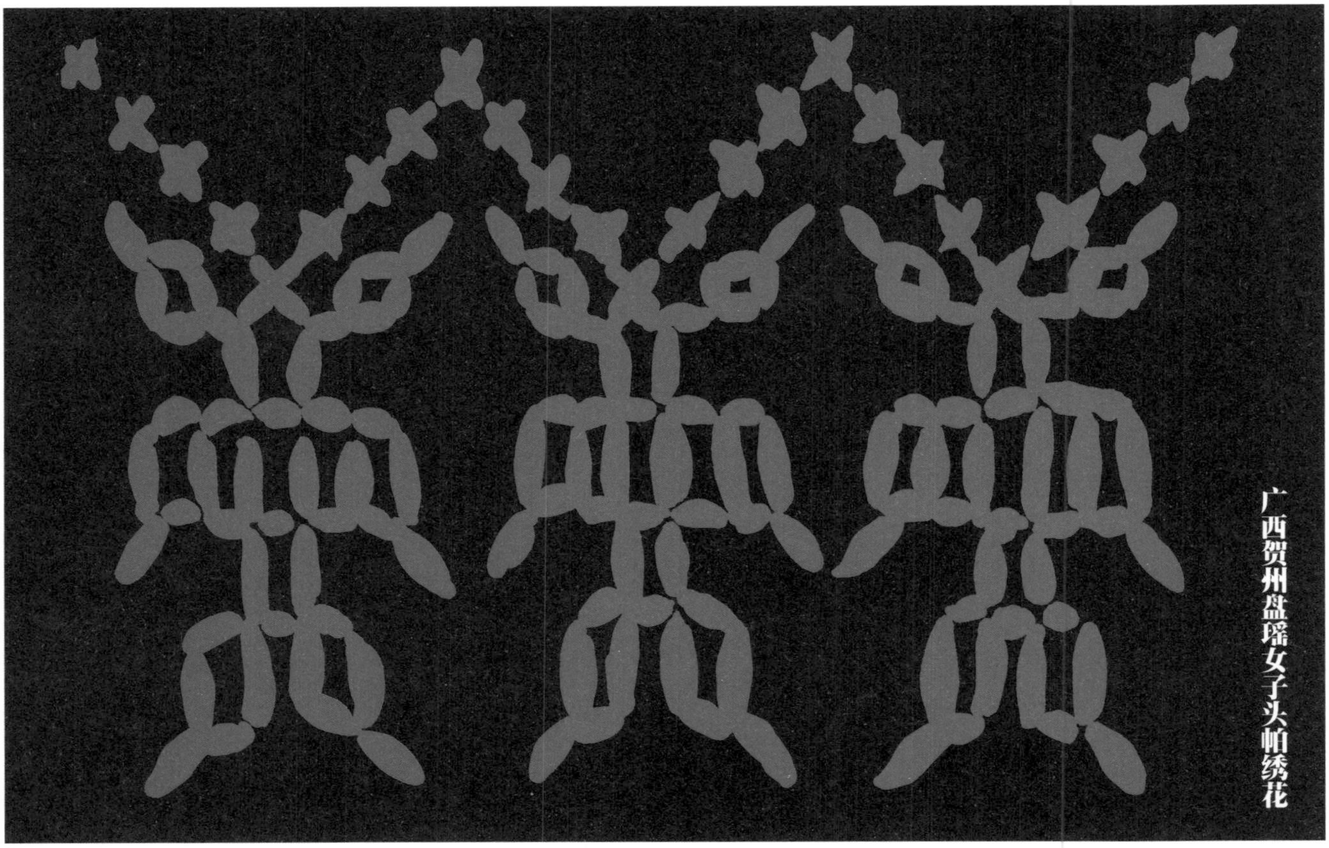

广西贺州盘瑶女子头帕绣花

母有三年受苦辛，
一边干来放儿睡，
一边湿透娘周身，
若是两边都湿了，
把儿抱在肚中温。
冷天霜雪落得大，
时时不离亲娘身，
把儿放在床上睡，
不知是冷还是热，
时时挂念儿和女，
求得成人才放心。
儿女知道娘辛苦，
理当长大报娘恩。
一日吃娘三道奶，
三日吃娘九肚浆，
儿女长大成人了，
不要开口骂爹娘。
来世要懂千般理，
要听父辈劝善言。

一劝世间耕种人，
背带携背你长成，
是农也要千分勤，
这是父母的本能。
勤耕苦种千般有，
懒惰穷困乞求人。
凡是勤家都起早，
早起三朝当一工，
一年只有春一季，
不要误了半时辰。
劝你吃得苦中苦，
打把锄头挖树根，
黄毛岭上也有宝，
锄头口内出黄金。

日晒雨淋多辛苦，
皇天不负有心人，
富贵也是勤耕起，
别让生意误前程。
是人依顺古时话，
一心只把春来耕，
冷菜冷饭都吃过，
饥寒病痛苦难当。

二劝世间读书人，
背带携背你长成，
读书之人明道理，
莫要忘记父母情。
读书用功莫偷懒，
书中自有万两金，
人生常有紧急事，
乐于助人有阴功。
金钱不是万能通，
孝顺父母世人颂，
勤耕是个随身宝，
做官也要勤问政。
黄金用尽书还在，
知书识礼不愁穷，
进退自然会掌握，
智勇双全永扬名。
书中道理为珍宝，
教育儿孙做好人，
天下好人书中写，
接人待物明理人。
家有儿女不读书，
枉在凡间一世人。
被人辱骂做蠢子，
错过时光枉做人。

湖南江华瑶族女子头帕绣花

三劝世间老年人，
老年之人听原因，
莫要忘记少年时，
父母背带携在身。
人老头上添白发，
眼老昏花看不明，
耳老不听人说话，
舌老言词语不清，
鼻老时常流清水，
嘴老吐呕不安宁，
手老难提物四两，
脚老难往远处行，
身老全然不自主，
腰弯背驼低了头。
人老有此难堪事，
人在世间困难多，
日思夜想何不愁。
只怕阎王把簿勾，
有朝一日断了气，
满门儿女哭断魂。

四劝世间夫妇们，
听我逐件说原因，
亲家两条花背带，
你俩养崽做传人。
有情夫妻到百年，
阿密前功修得好，
夫若不听妻劝告，
一棒打来散鸳鸯。
妻若不听夫良言，
雷轰好瓦烂半边。
夫妻恩爱同到老，
莫要猜疑过一生。
妻无夫来身无主，

# 娃崽背带（下）

夫无妻来家不成，
夫妻好比同林鸟，
大难来时各自分。
若是夫前妻是后，
好似凤凰拆了群。
今生修来结夫妇，
未必来世得相逢。

五劝世间兄弟们，
一条背带背两人，
弟兄听我说原因，
莫要忘记父母情。
都是同父同母养，
千朵桃花共根生，
弟兄相合家兴旺，
若不相合两下分。
阿密前功修得好，
今生都是手足人。
小时同在娘怀内，
同行共坐长成人。
弟兄要学老前辈，
几代同堂乐融融。
弟兄有事同论议，
不要各人管各人。
兄宽弟忍要和气，
欢欢乐乐过一生。
有朝一日命归阴，
弟兄分别泪淋淋。
分别好似滩头水，
奔流入海不回程。

六劝世间婆媳们，
背带背过两代人，

广西金秀盘瑶女子衣襟边绣花

婆媳听我说原因，
时刻不忘背带情。
阿密前功修得好，
相扶相伴过一生。
婆婆要学密洛陀，
媳妇要学冬家西。○

○密洛陀最贤慧的媳妇

婆媳相亲又相爱，
一心一意创家业。
媳妇侍婆过平生，
罗裙包土垒婆坟。
媳的孝心如山大，
至今世代永传名。
劝你婆媳多和气，
和气如同宝和珍。
有些儿媳不孝顺，
父母时常忧在心。
学习古人好样子，
无忧无愁过平生。
婆媳相处要和气，
不论贫富忍三分。

七劝世间姐妹们，
一条背带缠两人，
姐妹听我说原因，
莫要忘记父母情。
一家所生几姐妹，
长大成人各西东。
当了媳妇多行孝，
敬老爱幼过平生。
东一个来西一个，
相会一时各自分。
父母得见心头痛，
眼泪汪汪落纷纷。

# 佳惠背带

姐妹高低千世忍，
孝顺公婆记在心。
公婆当作亲父母，
经常关照不放松。
说不尽的家常事，
略提几句给你听。
姐妹之人手足情，
你费精神记在心。

八劝世间妯娌们，
两条背带连同心，
妯娌听我说原因，
两命相合共家人。
都是各父各母养，
今生才得共一门，
妯娌相和共屋住，
莫要吵闹多宽容。
有一家人爱吵闹，
失了和气也失财，
全家和气力量大，
财也发来人也兴。
弟兄相和家不败，
妯娌相和家不分，
六亲四眷来行走，
以礼相待暖如春。
轻重好歹要分担，
和和气气过一生，
妯娌有儿同抚养，
养大成人家业兴。

九劝世间邻里人，
都是背带缠过身，
邻里之人听原因，
亲疏都是背带情。

七个小人拉着手，无数个小人拉起手，拧成一根绳，结成一股强大的力量，护卫着生命的尊严。

远水难来救近火，
远亲不如近邻人。
有事邻里来相劝，
风雨同舟奔前程。
邻里相和好商议，
大家扭成一股绳。
急难之时求邻里，
转忧为喜几多情。
和得邻里如珍宝，
还去哪里认弟兄。
田地相连门相对，
世代同居莫相争，
早不相逢晚相见，
欢欢喜喜共一村。

十劝世间众姓人，
哪个忘得背带情。
众姓人等听原因，
千万不忘父母亲。
世间多少不平事，
人人不知半毫分。
又有父母双健在，
也有父母都无存，
又有父来无母亲，
也有母来无父亲，
又有兄来又无弟，
也有弟来又无兄。
又有多少好快乐，
也有多少受苦辛；
又有多少无价宝，
也有多少富贵人；
又有多少人扶持，
也有多少专扶人；
又有多少住家里，

也有多少住外村，
又有多少老来死，
也有多少少年亡；
又有夫妻同到老，
也有夫妻半世人；
又有为善修桥路，
也有为恶打劫人，
看够世间不平事，
来来往往度光阴。
说不完的世间事，
道不尽的劝世词。

奉劝世间做贼人，
也是背带缠过身，
做贼之人听原因，
父母为你受苦辛。
别样生意都可做，
劝贼莫害世良民。
白日是人夜是鬼，
挖墙凿壁偷金银。
撬人房间难生回，
吉少凶多跳火坑。
偷摸扒窃半条命，
总有一天坐牢笼。
量刑问罪不容情，
要想死来不得死，
要想生来不能生，
喊声天来天不应，
喊声地来地不灵，
披枷戴锁最难过，
十磨九难命归阴。
世间多少门生意，
何必做贼失良心？
不信你到牢边望，
脚镣手铐度光阴。

耕种之人拿去唱，
六畜兴旺五谷丰。
读书之人拿去唱，
智力开通榜上名。
年老之人拿去唱，
延年益寿乐融融。
婆媳之人拿去唱，
和睦相处过一生。
姐妹之人拿去唱，
桃李之花更争荣。
夫妻之人拿去唱，
白头偕老好家庭。
做贼之人拿去唱，
悔过自新学好人。
读书之人拿去唱，
勤奋好学夺魁名。
劝世之词暖人心，
世间歌舞又升平。

这就是布努瑶人背带的史话，
这就是布努瑶人背带的诗章。
我们的背带歌已唱了很多很多，
我们的背带歌已唱了很长很长。
再唱十天也不断，
再唱十夜也不尽。
一千个竹篓也装不下，
一万个箱子也装不完。
留下歌词，
化作喜雨洒向人间。
留下歌声，
飞上蓝天去伴太阳和月亮。

## 结语——讲透了难

人类的早期认识及创世经历都是大同小异的。在由蒙昧走向文明的艰难、漫长的历程中，人类不断地认识世界，不断地调整和确定着自己的位置——由崇拜神灵到自然万物，由崇拜动物到人自身。这期间，优越的或相邻的民族文化的互渗，符号内容或形式的自身变异，民间传承方式的不确切性，以及文化主流霸权的干预等因素，都会使我们看到的文本或图像出现纷杂或矛盾。就此而言，瑶族创世神话出现两个主要系统是情理中事。我看『密洛陀』，更着重于人类社会初始阶段作为母系氏族首领开辟天地、繁衍生命的热烈，而『龙犬盘瓠』为男性，可视之为父系社会一个部族的创始人。

瑶族生命符号 第八七页

**附：搜集、翻译、整理者简介**

**蓝正祥**　瑶族，一九三九年生于广西巴马，自一九六一年开始搜集整理布努瑶民间文学，作出了很大的成绩。曾参与《中国歌谣集成》的编辑工作，并有许多作品在各种报刊发表。历任公社管委主任、县文联副主席。现为巴马瑶族自治县县志办副主任、中国民俗学会会员、中国民间文艺家协会会员。

**蓝克宽**　男，一九四四年六月生，瑶族，大学中文系本科毕业，先后在教育界、戏剧界工作了十六年，继而从事专业的民族法学和民族文化研究工作，有著作多种。现为广西民族研究所民族法学研究室主任、副研究员、《广西民族研究》副主编、广西瑶学学会副会长、中国民间文艺家协会会员。

**传唱者简介**

**蓝甫红**　男，一八八一年生，卒于一九八三年，布努瑶著名歌手，系巴马东山乡文钱村人。

**蓝茂良**　男，一八九〇年生，卒于一九九八年，布努瑶歌手，老红军，系巴马东山乡文钱村人。

**杨正规**　男，一八九六年生，卒于一九九八年，布努瑶歌手，老红军，系巴马西山乡巴纳村人。

**罗奻金**　女，一八八三年生，卒于一九九二年，布努瑶歌手，系巴马东山乡文钱村人。

**蓝东仁**　男，一八八八年生，卒于一九七六年，布努瑶歌手，曾任红七军连长、巴马东山区副区长。

瑶族生命符号
第八八页
在趋向平和的时空中，人类的共性总是难免的，共性大背景下呼喊的个性之声，往往只不过是生命个体的挣扎，能跳出如来佛掌心的屈指可数。可以说，文系多杂的瑶族文化是融会或涵盖西南乃至更大疆域范围内不同民族文化的多元卷宗，其中保留下来的生命符号，应是人类最美的图画，应当值得今日世界的回味。
生命的乐章余音不绝，生命的符号于无声处惊破混沌之梦，吟唱世界祥和、民族昌盛……
生命符号再回味

**罗乜洪**　女，一八九三年生，卒于一九八一年，布努瑶歌手，巴马东山乡科桃洞人。

**蒙老二**　男，一九〇四年生，布努瑶歌手，巴马东山乡弄冠村人。

**蓝海祥**　男，一九三一年生，布努瑶歌手，曾任巴马东山乡乡长。

**罗桂金**　男，一九三八年生，布努瑶歌手，现在大化板兰乡政府工作。

**蓝正昌**　男，一九四七年生，布努瑶歌手，现在巴马电业公司工作。

**罗美秀**　女，一九四八年生，布努瑶歌手，巴马平洞乡厚华洞人。

**卢美合**　女，一九五一年生，布努瑶歌手，巴马西山乡弄林村人。

**蓝正洪**　男，一九三六年生，布努瑶歌手。

**蓝敏江**　男，一九五〇年生，布努瑶歌手，广西巴马东山乡干部。

**蒙孟权**　男，一九六〇年生，布努瑶歌手，广西大化板兰乡养殖个体户。

**杨　宏**　男，一九六〇年生，著名歌手，广西巴马人。

**蓝海峰**　男，一九六一年生，著名歌手，广西巴马东山乡人。

**卢梅金**　女，一九五六年生，著名歌手，广西巴马平村人。

**蓝有田**　男，一九四二年生，著名歌手，广西巴马东山乡干部。

终

42-43

30

49

48

45

31

46-47

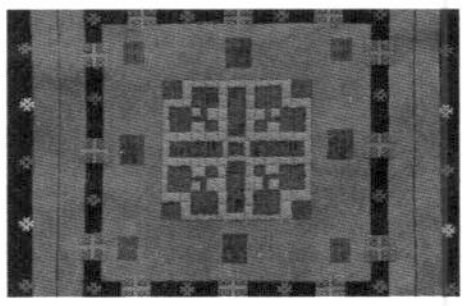
32

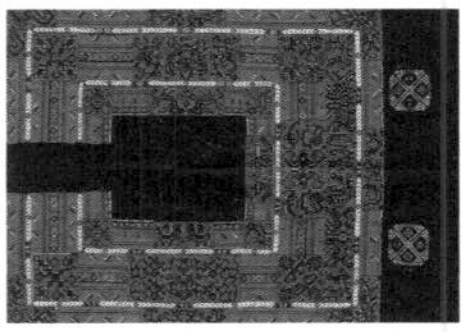
33

59

56

51

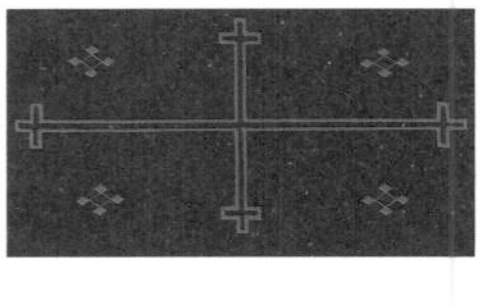
34

58

57

52

36

65

37

63

55

39

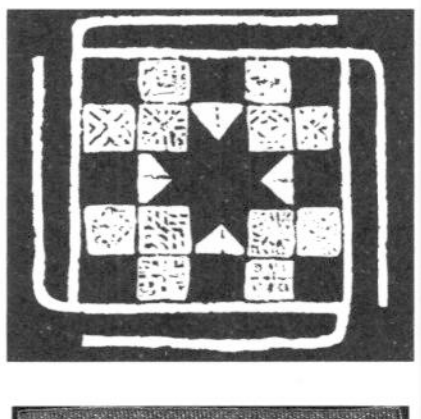
38

64

61

53

40

66

62

54

41

生命符号再回味

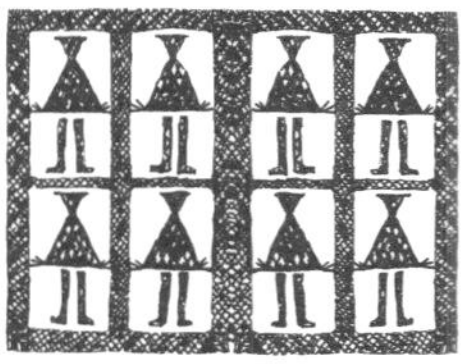
101

90

79

67

102

91

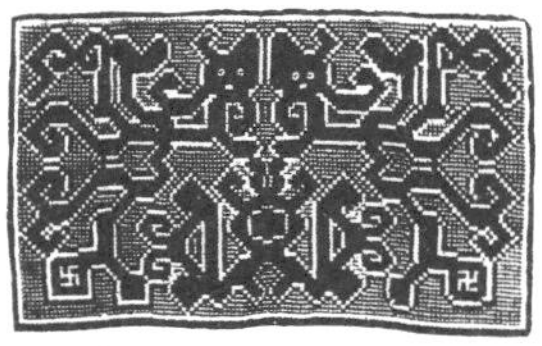
80

68

103

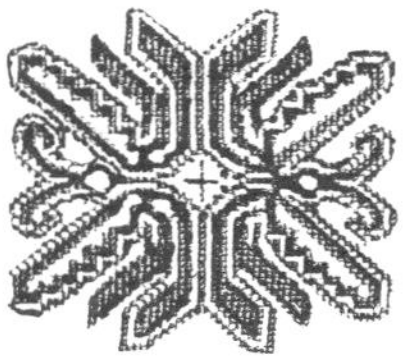
92

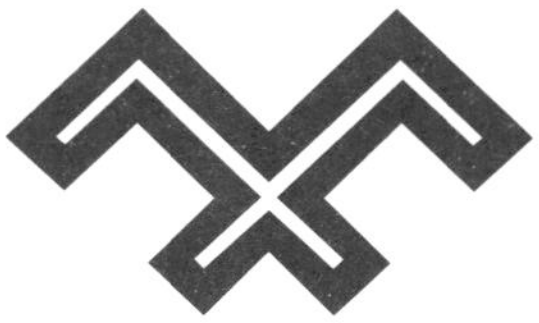
82

70

104

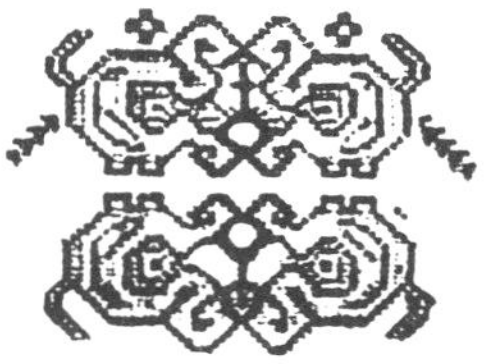
93

83

71

105

94

84

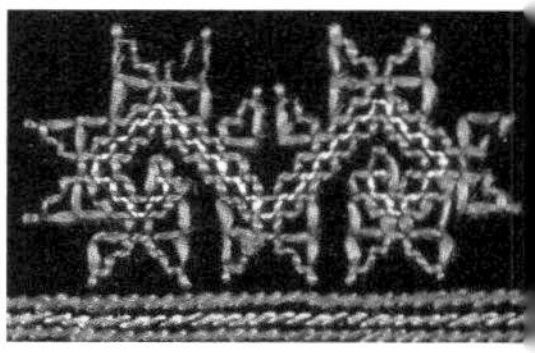
72

106

96

85

73

107

97

74-75

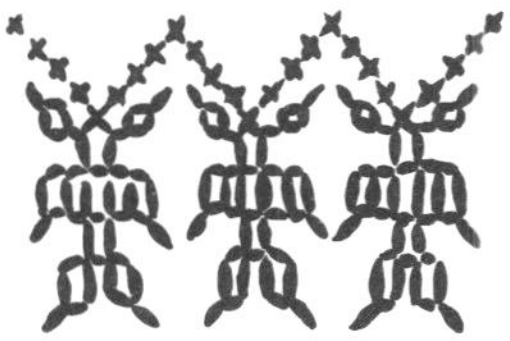
108

98

86

76

109

99

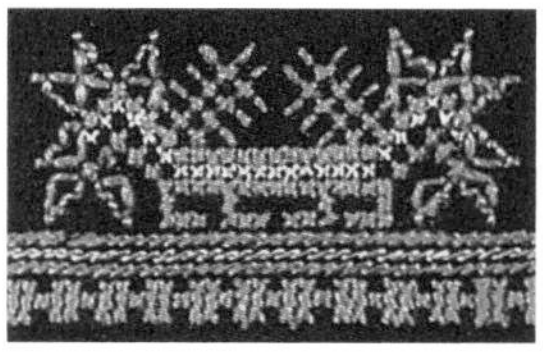
87

77

110-111

88

78

这是创世女神的肖像，她端坐在太阳之上，流云之中，正孕育着生命。生命，从此绵延不断……（广西龙胜红瑶衣挑绣花）

下页两条绳纹的阑干分开了天地人三界，一个全方位的空间被勾画为一张平面的彩图，又将它制成衣服披挂在瑶家女子的身上——领口开处，生命的容颜从图画中拱出。从周围的一切已告知：这是我们所在的位置。（广西龙胜红瑶女衣挑绣花）

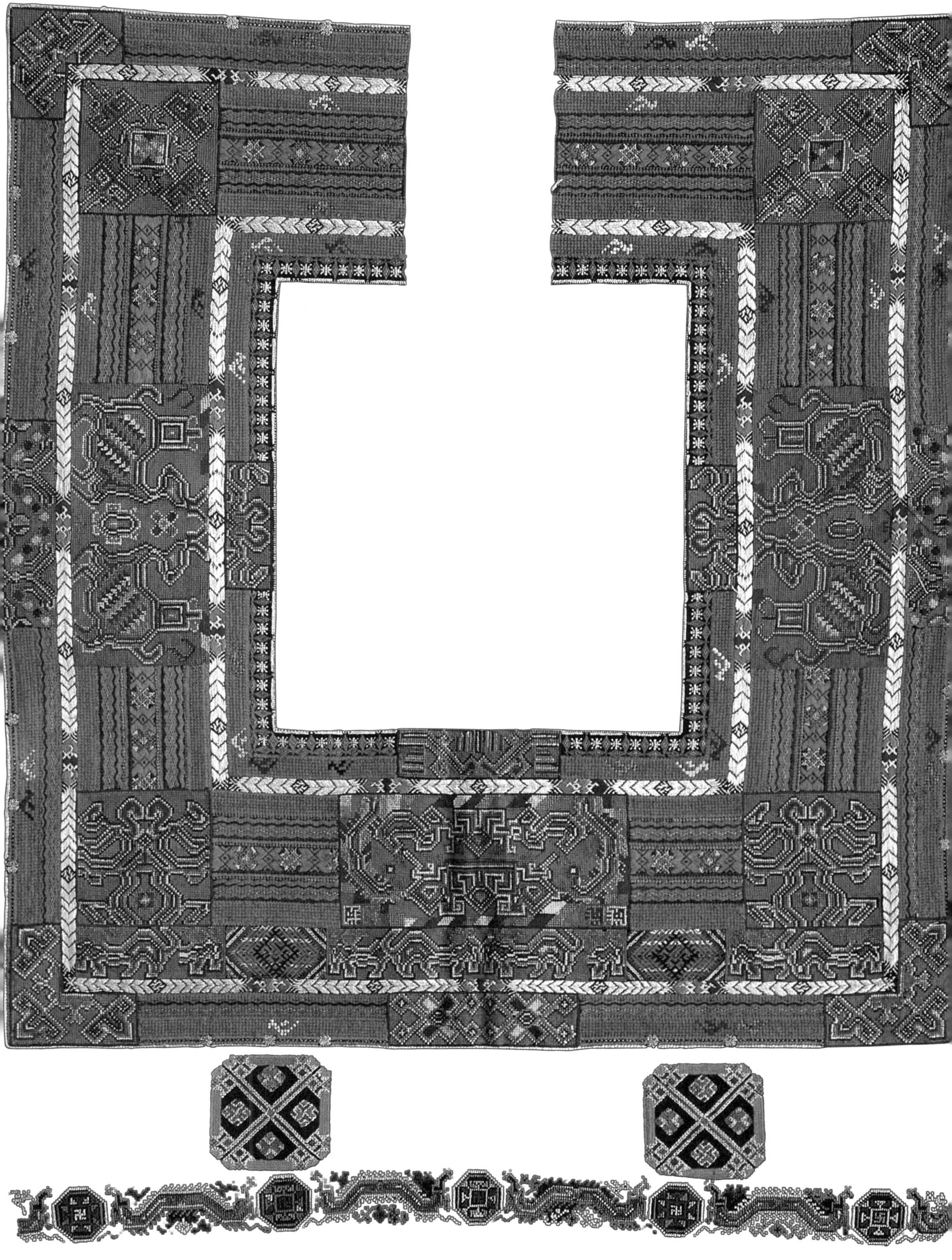

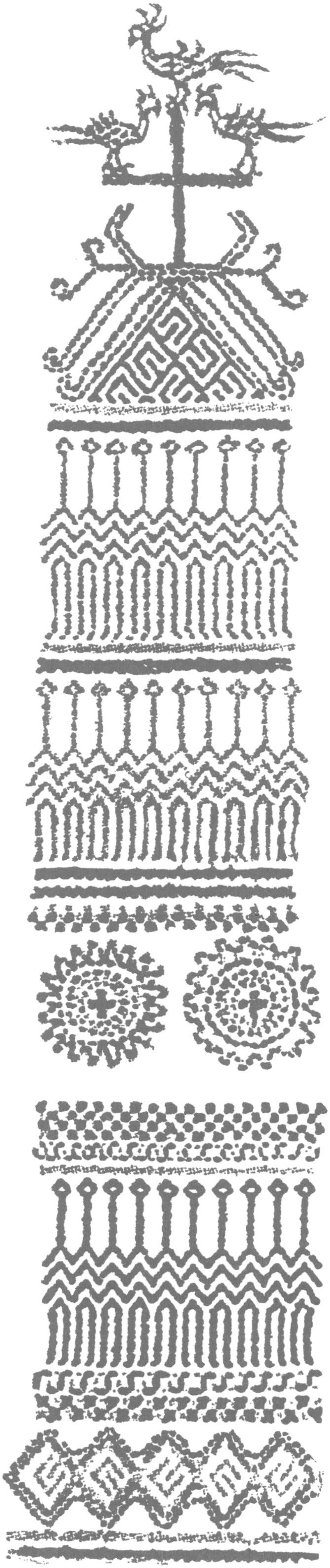

上页 八角的太阳花将光芒射向四面八方，四面八方都撒下太阳的种子——无数个小太阳温热着无数个生命，无数个生命托起永远的太阳。（广西金秀盘瑶头帕）

天因太阳而明，地因太阳而灵，人因太阳而生，天、地、人共同构筑起两座祭祀太阳的神塔，接迎太阳母亲的光临。（贵州麓川青裤瑶衣挑花）

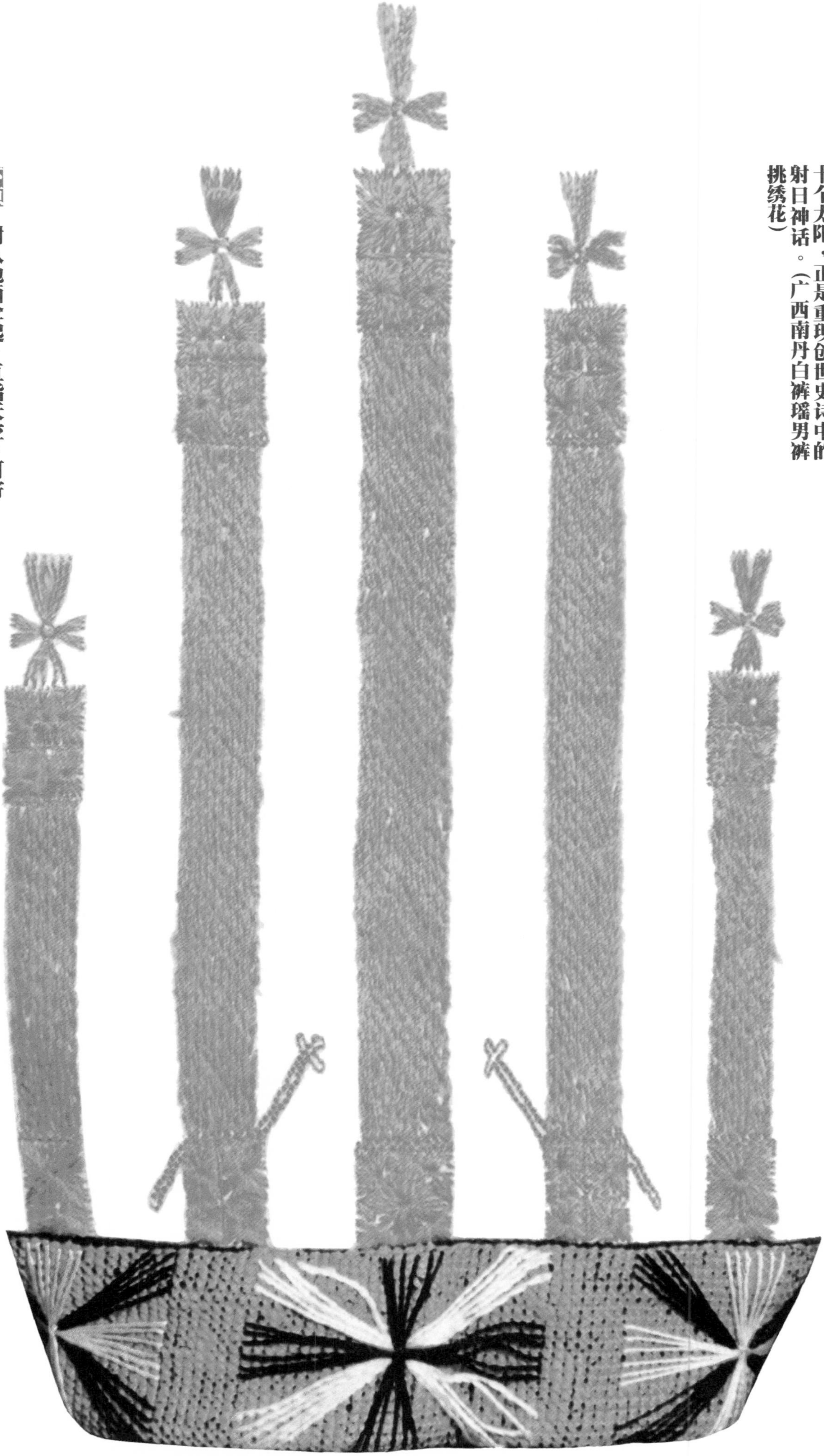

绣在裤膝部的这个曾被人们解释为『血手印』的图符，其实正是创世神话中顶天立地的神竿，而竿顶部的十字符号是太阳的象征。神竿有箭头为顶部的造型，可释之为男性的符号。两边膝上的十支神竿——箭，射向十个太阳，正是重现创世史诗中的射日神话。（广西南丹白裤瑶男裤挑绣花）

下页　树从地面笋起，直指天空，可寄托人类与天相接、与日相交的理想和愿望。因之，人们选择树作为生命欲求的支撑，让天地沟通，万物有了繁盛的空间。（云南河口瑶族围裙挑绣花）

上页神竿在此已变成一支支雄健的神箭，穿透一个个火热的太阳。这不是人类对太阳的仇视，而是表现在以女性为天日的母系氏族时期，生命得以灿烂辉煌的人之常情。（云南麻栗坡盘瑶衣边绣花）

蝴蝶在古代民族中曾被作为部族的图腾，在瑶族史诗《密洛陀》中，蝴蝶又是男女恋情的象征。硕大的蝴蝶扑伏下彩翅与卷须，似在孵化着混沌中的生命。（广西龙胜红瑶衣挑绣花）

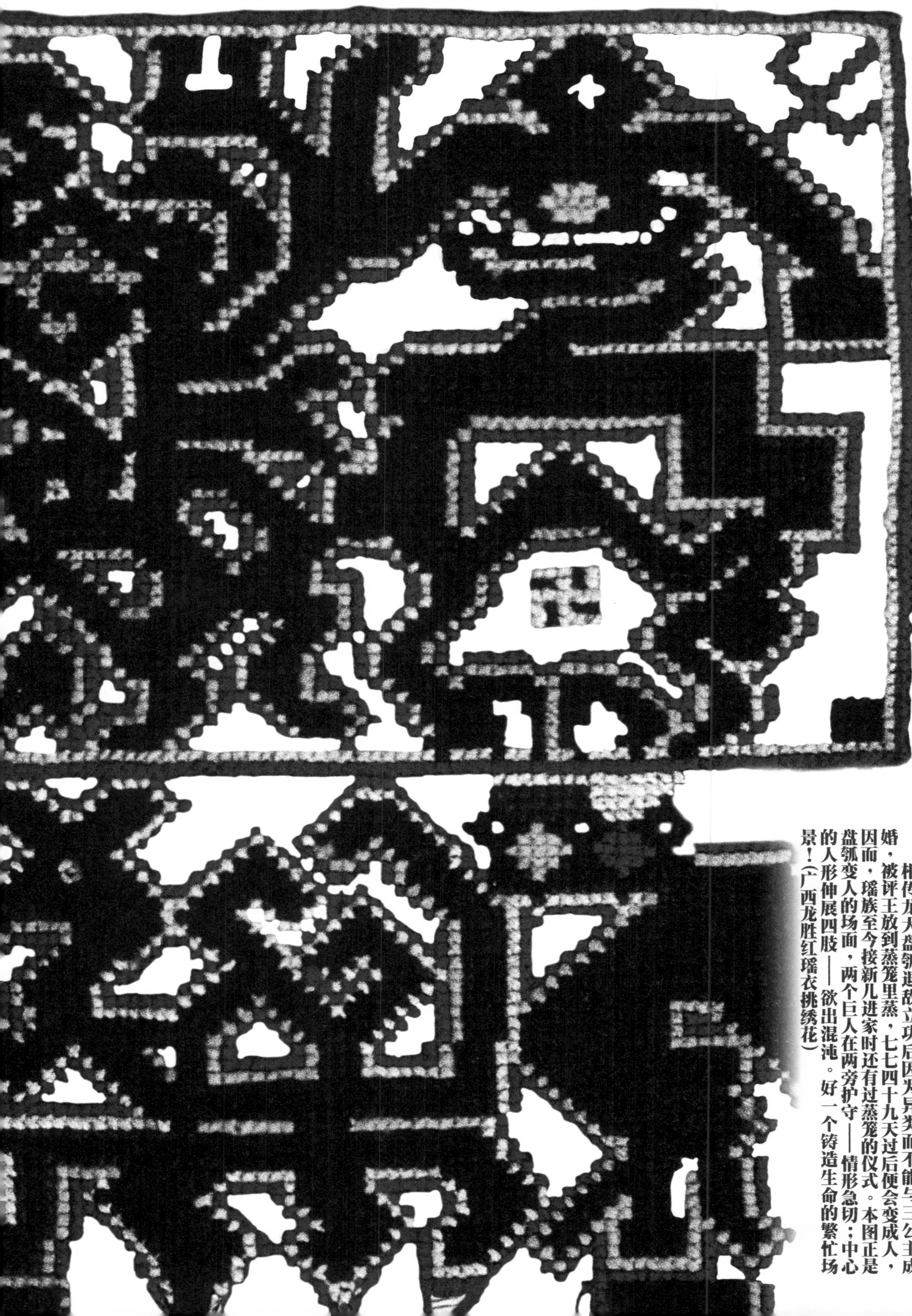

相传龙犬盘瓠退敌立功后因为异类而不能与三公主成婚，被评王放到蒸笼里蒸，七七四十九天过后便会变成人，因而，瑶族至今接新儿进家时还有过蒸笼的仪式。本图正是盘瓠变人的场面，两个巨人在两旁护守——情形急切；中心的人形伸展四肢——欲出混沌。好一个铸造生命的繁忙场景！(广西龙胜红瑶衣挑绣花)

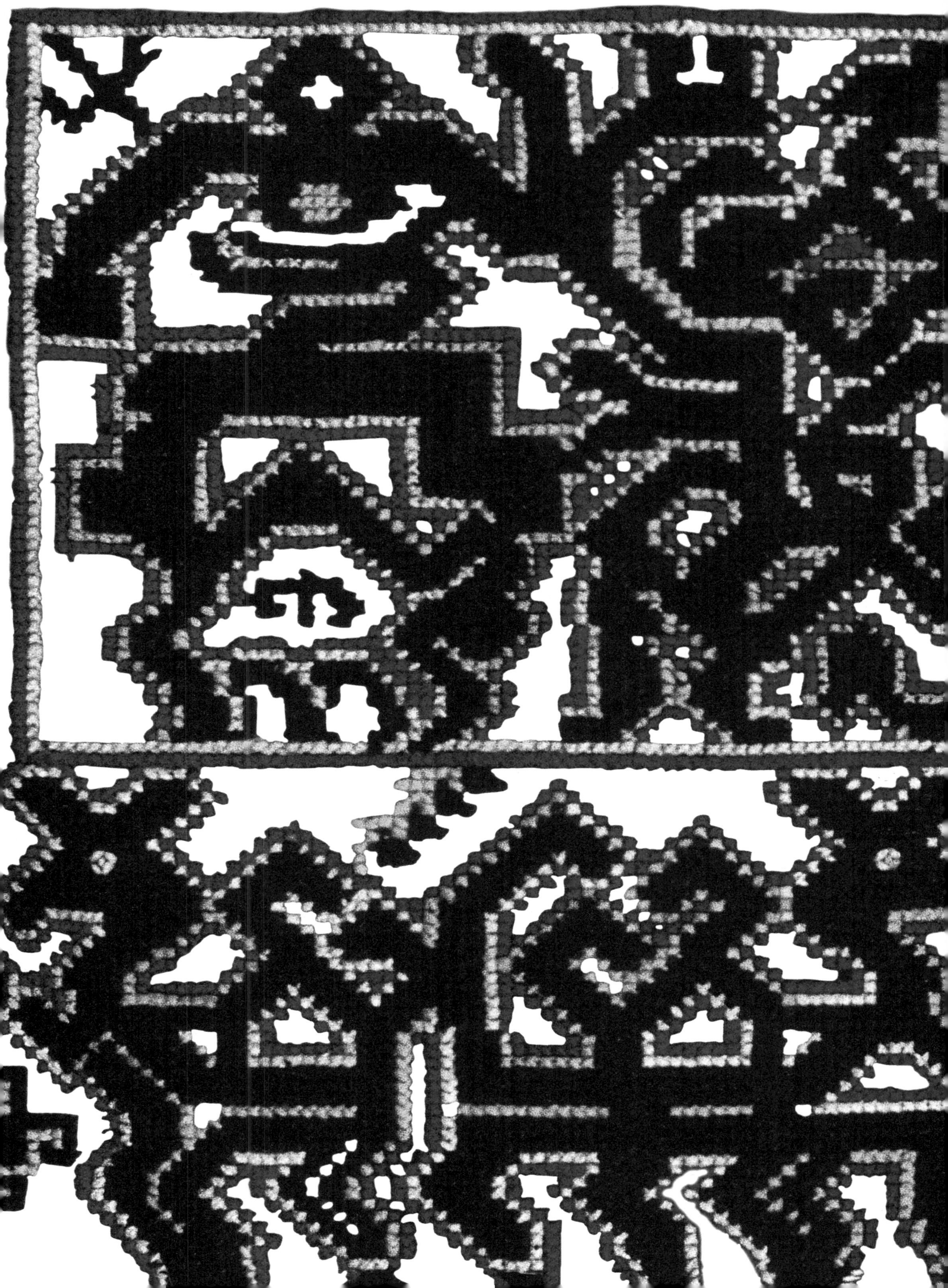

满身万字纹——太阳纹的大鸟是太阳的化身。太阳的鸟驮着太阳，也驮着太阳的子孙。（广西龙胜红瑶衣挑绣花）

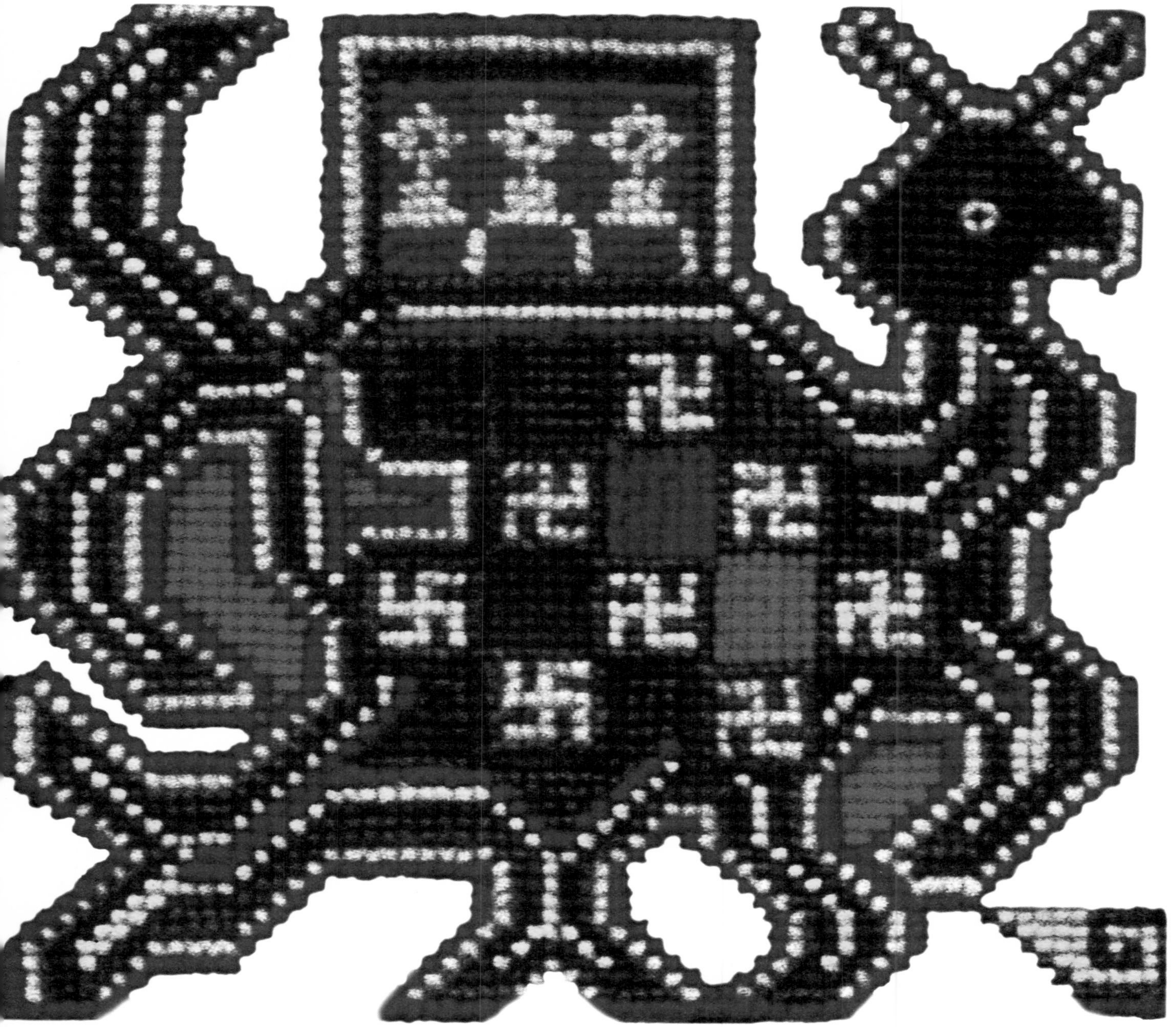

半人半兽的龙犬盘瓠，是人类从动物性向着人性转换过程的一个具有典型意义的象征。（广西龙胜红瑶衣挑绣花）

近人庞新民《两广瑶山调查》说：『瑶人头饰，女人帽之尖角，像狗之两耳，其腰间所束之白布中，必将两端作二三角形，悬于两股上侧，系狗尾之形。又男子裹头巾将两端悬于两耳之后，长约五六寸，亦像狗之两耳，男人腰中结纽于腹下，如上述之垂以若干铜钱者，像狗之生殖器。瑶人相传彼祖先乃一狗头王，故男女均耳像狗之意。』图中人形正如文中所述，是瑶人的形象写照。（广西龙胜红瑶衣挑绣花）

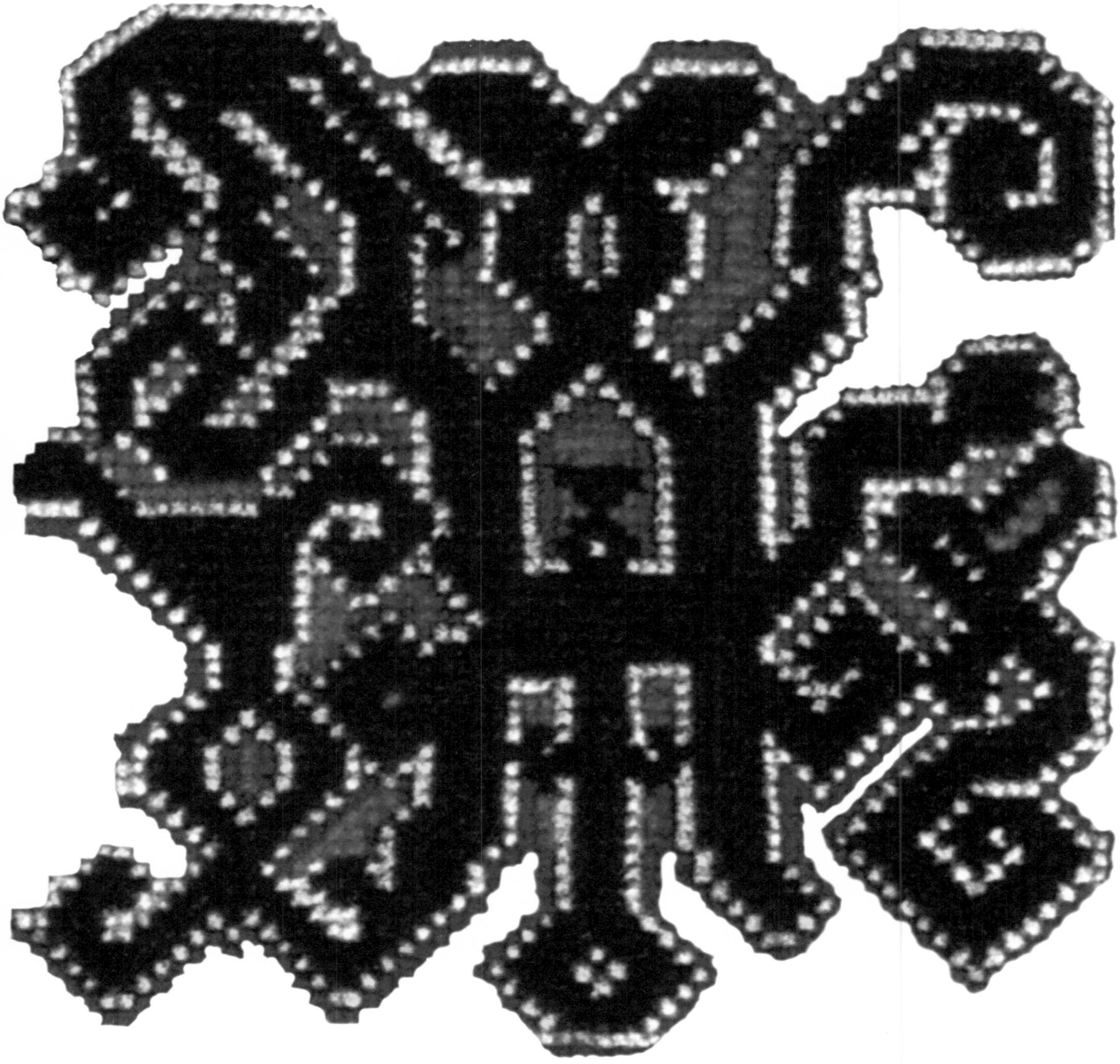

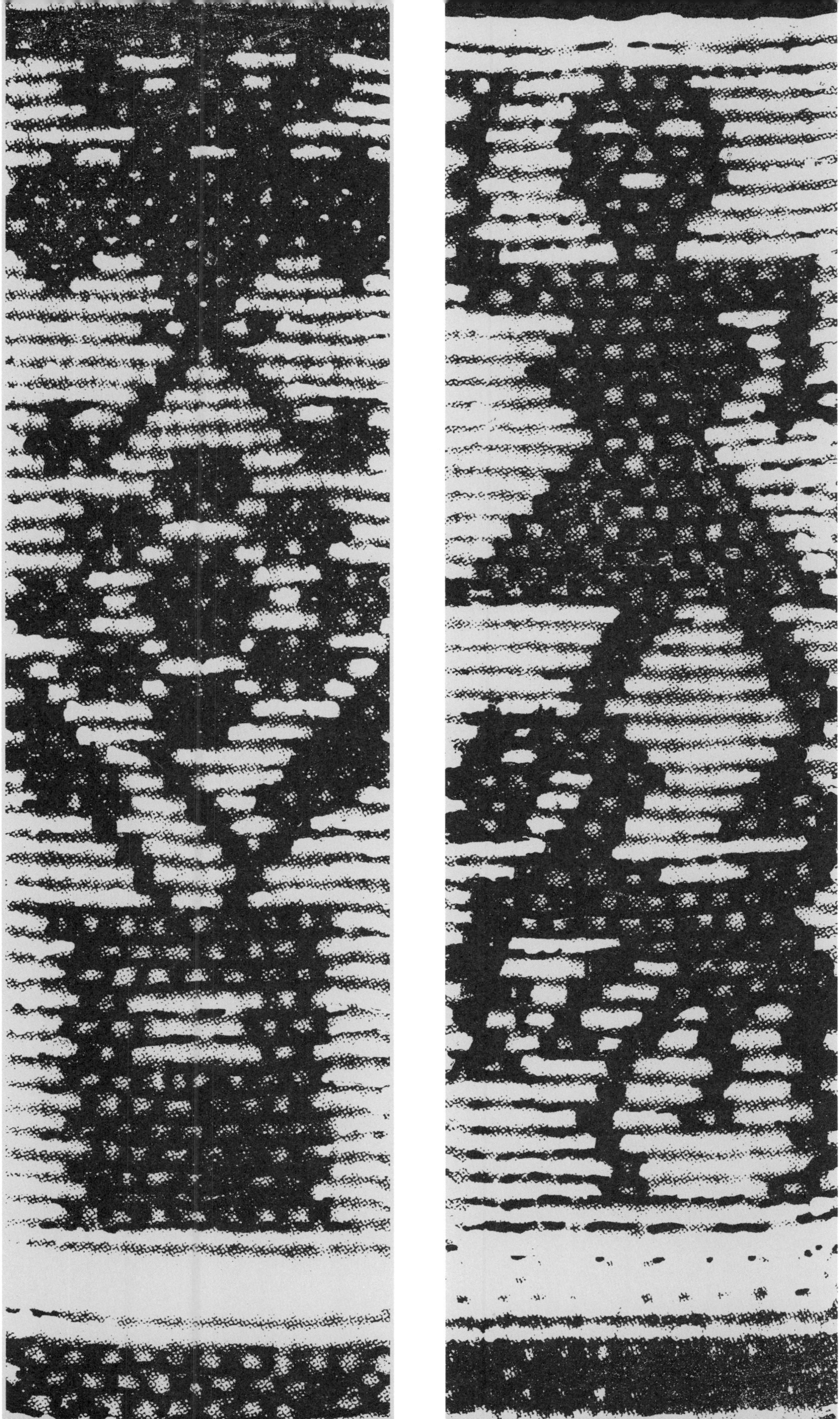

这个被称为『盘王过海』的画面并没有惊涛骇浪的描写：一个肥硕的女人，裙下一只展露雄性的狗；一盆八瓣花，也是太阳花，扑下一只丰满的蝴蝶——这分明是祈求生子繁衍的图像——龙犬盘瓠与三公主将留下子孙万代。(湖南江华瑶族八宝被织锦花)

在长期的历史演进中，瑶人崇龙犬的形式也不断发生着变化。这里的龙犬已可视为马的形象，但其卷尾却仍露出了端倪。犬被冠之以龙或附会于马，或许可以更加振奋民族的精神，这种『龙马精神』的昂扬，却不应抹去犬始终对人的亲近。（湖南隆回瑶族围裙挑花）

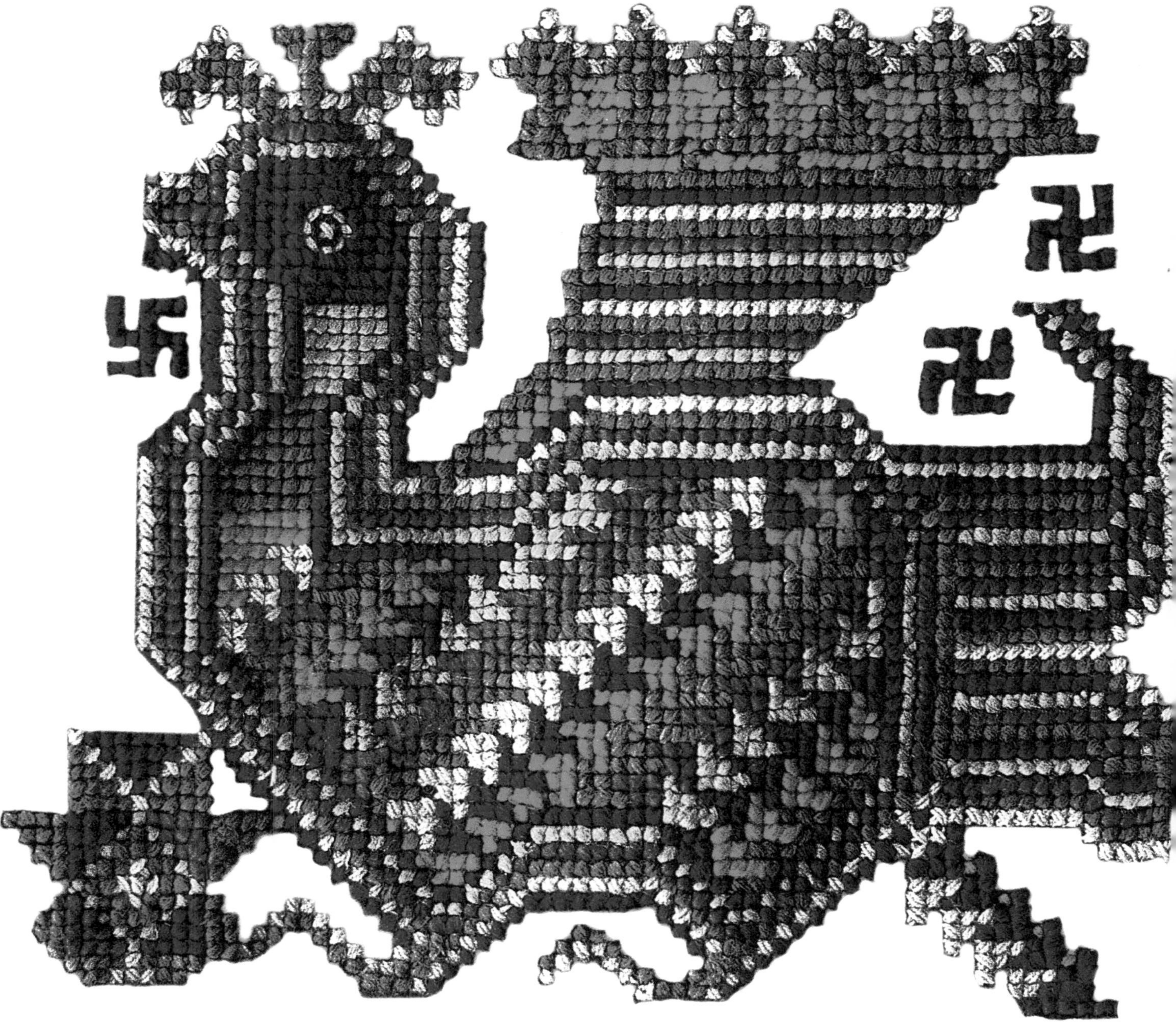

巨鸟的羽翼捧托着人形，职守着运载太阳的使命。鸟给生命带来温暖，也使人类的精神得以飞升。（广西龙胜红瑶衣挑绣花）

蜘蛛的身体中有太阳的图纹，这与侗族创世女神萨天巴的形象相一致——一个兼具太阳和蜘蛛两种化身的女神。（广西龙胜红瑶衣挑花）

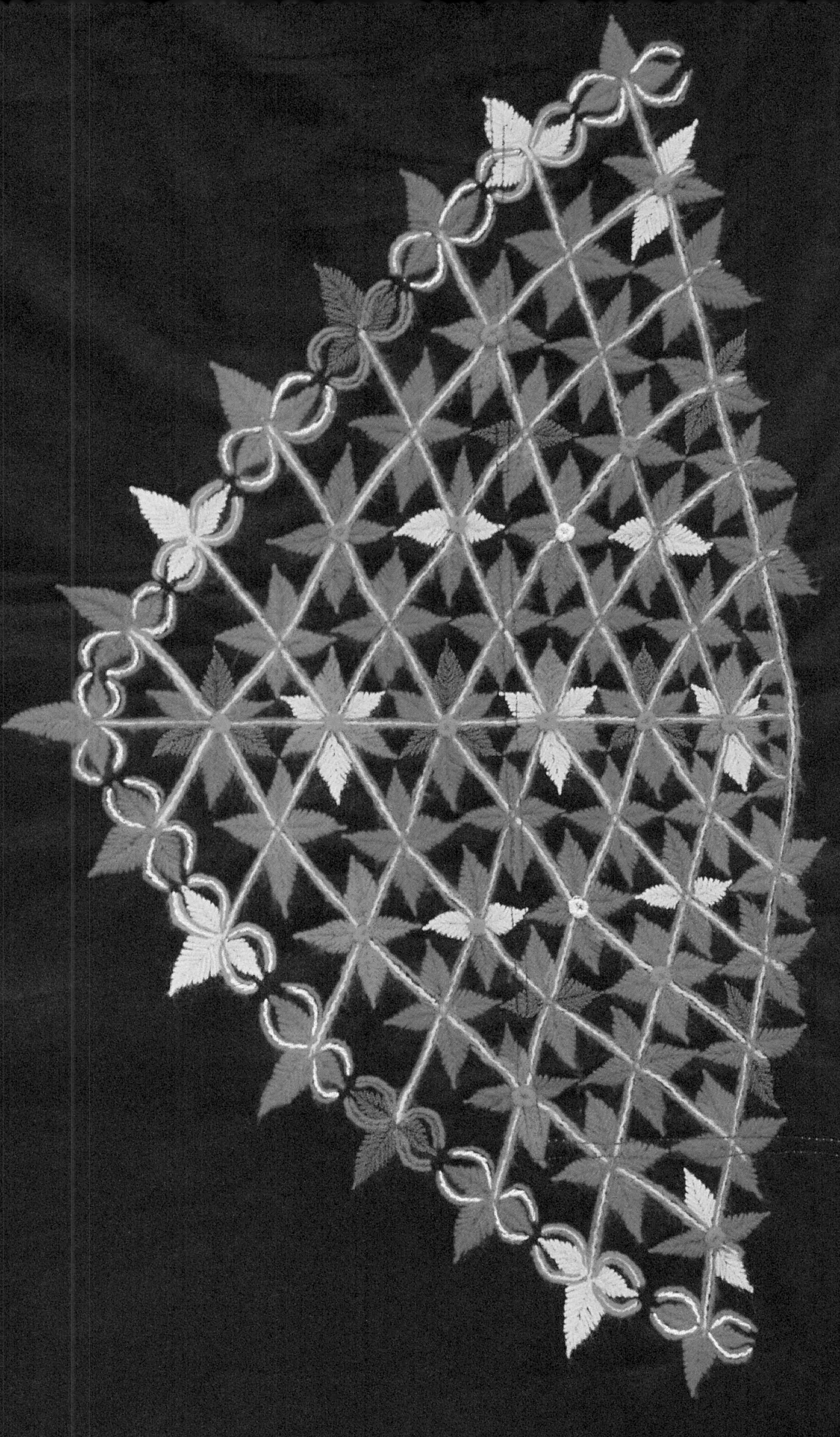

绣在围裙上的蛛网缝眼中透出的太阳花鲜艳夺目，当系结之后，两片合一成为整张，挂垂在女子的臀下部。是形容女人的善织，还是把女人比拟为拉网的蜘蛛——远古创世的母祖形象？（广西全州东山瑶女裙绣花）

人驯服、驾驭龙的图像古已有之，说明龙原本不是皇权的象征。在古代创世神话中，龙多被认为是在地上善兴风作浪、在天上可行云布雨的水神。（广西龙胜红瑶衣挑绣花）

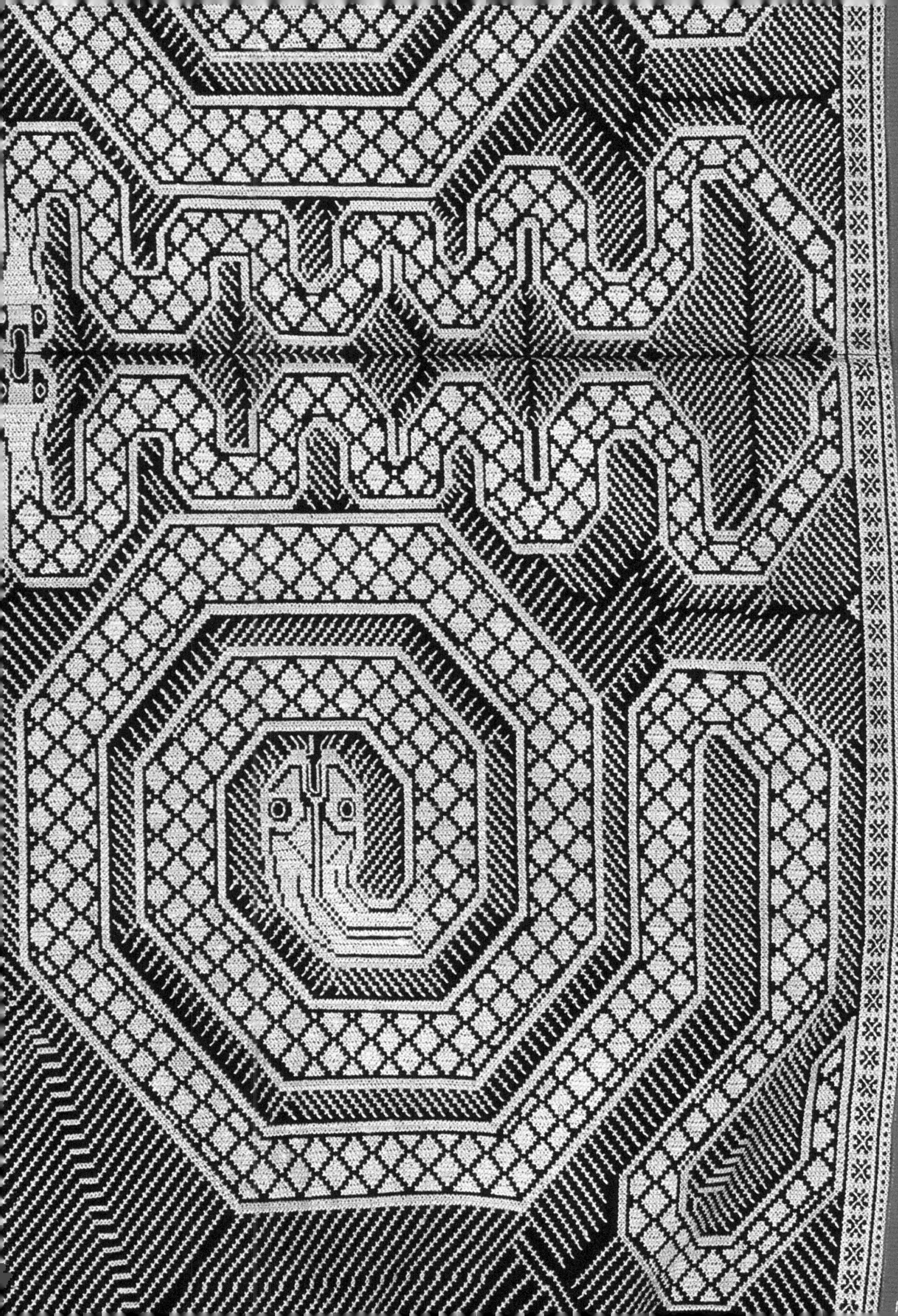

湖南江华一带瑶人历史上曾击败清官兵的侵袭，当地民瑶盛传『金龙出大洞，海马归池塘』，将本民族的骁勇与龙蛇相比。蛇能曲能伸，柔里藏刚，水中可游，土里可遁，地面可攀崖上树，行走如飞可腾空，成为人们虚幻的龙的原型。（湖南隆回瑶族围裙挑花）

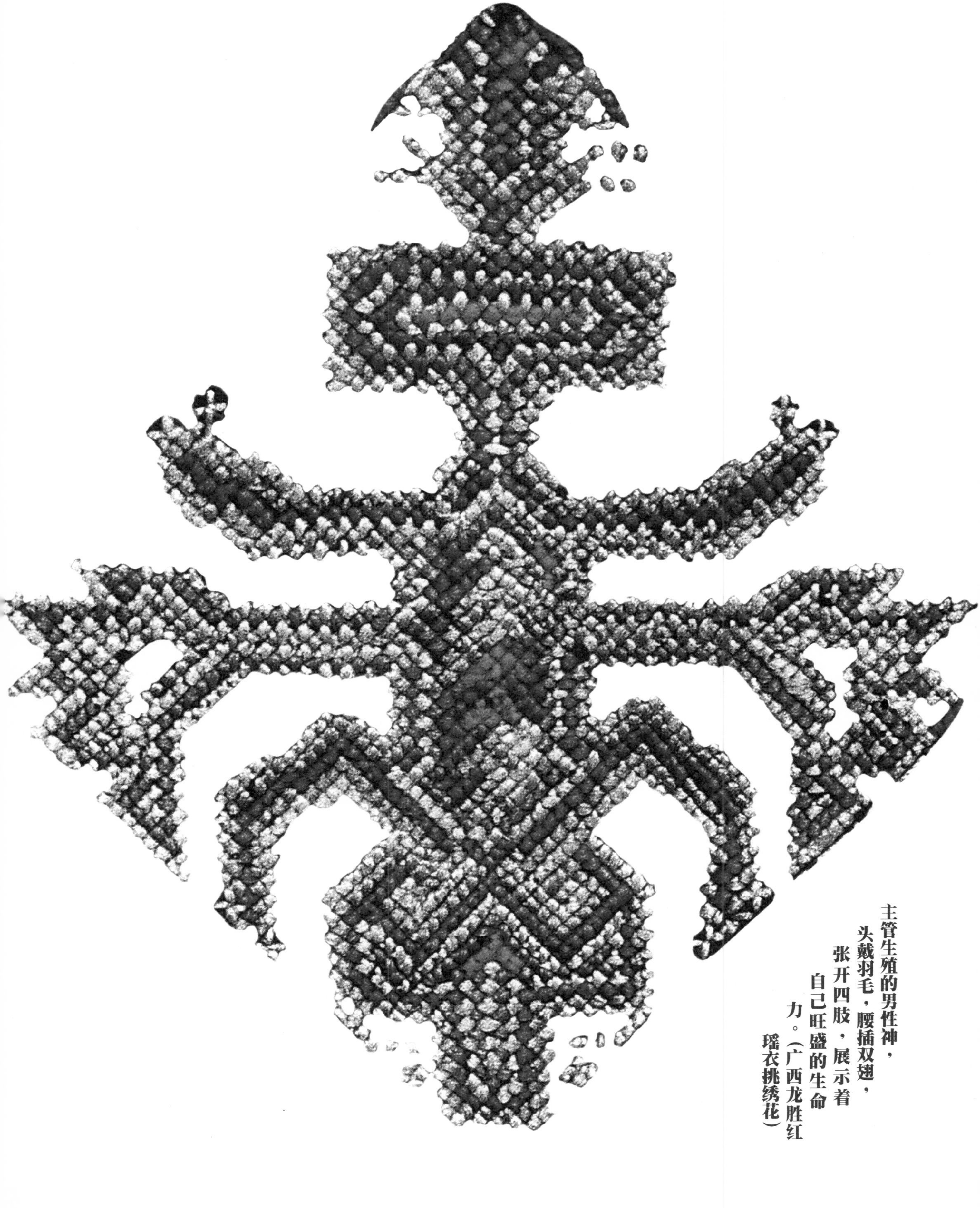

主管生殖的男性神，头戴羽毛，腰插双翅，张开四肢，展示着自己旺盛的生命力。(广西龙胜红瑶衣挑绣花)

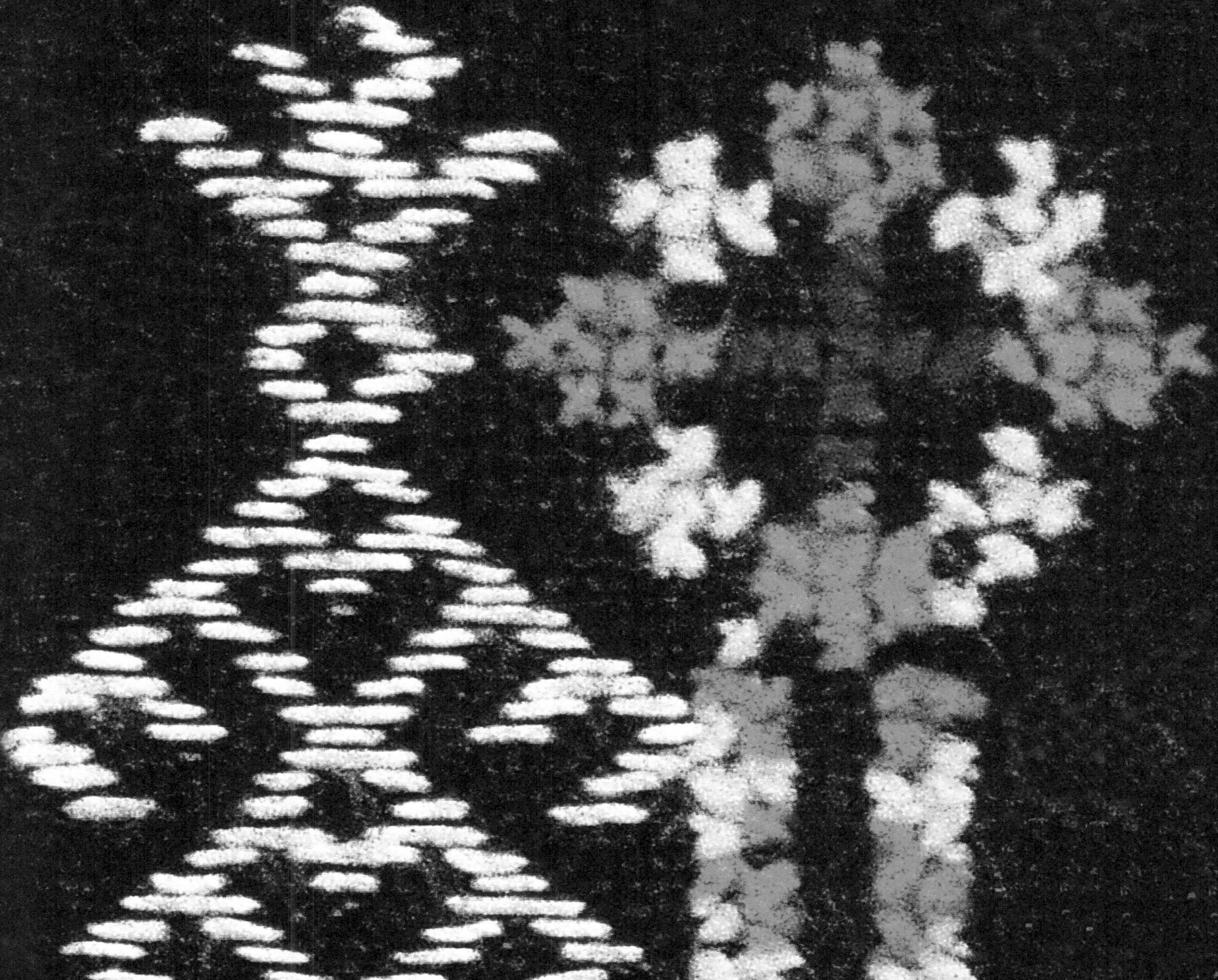

头顶羽冠、身着羽衣的女子·在太阳的花树丛中叉腰起舞·活脱是瑶家坡会上寻找情哥的盛装瑶女。(广东乳源瑶族围裙挑花)

四个头戴华冠的男子围成四方，展露出硕大的生殖器，指对着中心的八角花太阳纹——这明确证实了原始部族曾有以女人为太阳的象征时期。（广西龙胜红瑶衣挑绣花）

三只蜂虫环绕着两个人面，狗耳的人形，使人想起密洛陀以蜂蜡造人的故事。不同的创世神话系统同样选中蜂虫作为造人工程中的重要角色，可见它的不凡身手。（广西龙胜红瑶衣挑绣花）

忠厚朴实的龙犬盘瓠总是背负着护佑子孙万代的沉重使命，整个身心装满了安闲舒适的人形。盘瓠的神奇之功与父性的责任，使它成为人类尽情依靠的精神温床。龙犬承担着整个民族向着世界的时空走动，也带着平静中的芸芸众生。（广西龙胜红瑶衣挑绣花）

这不是现代都市中的广厦高楼，也不是会场中正襟危坐的听众，这是民族迁徙的舟船在江海上漂行。盘王及时地导正迷失方向的航船，引导着民族的方舟驶向新的家园——一曲唱在远古神话中的『大海航行靠舵手』！（广西龙胜红瑶衣挑绣花）

护在衣襟边上的图案，缀着成千上万个人形，作为生命有灵性的替身，可随时替人类抵挡外来的侵害。（广西金秀盘瑶衣襟边挑绣花）

天地的化身托举着太阳的国度，拉着手的三个人形象征了生命的无穷和万物的昌盛。天地就是人类的父母，他们创造生命、护佑生命的功德与日月同辉，永存于一方祥和的世界。(贵州荔波瑶族头帕挑花)

广西民族风俗艺术卷贰

# 娃崽背带

生命符号再回味

终

汲取着大地的乳汁，滋补着高天的元气，生命绿洲的种子破土而出，如一棵幼苗长成大树，顶天立地贯通起天地之间的呼吸。请认识这些生命的符号吧！只要人类生命的交响曲不谢帷幕，它就永远跃动在我们的谱本里。（广西金秀茶山瑶裤脚挑绣花）

# 看山寨母亲怎样背娃崽

文 吴崇基（侗族）
图 刘钻

三江侗族背娃崽的方法

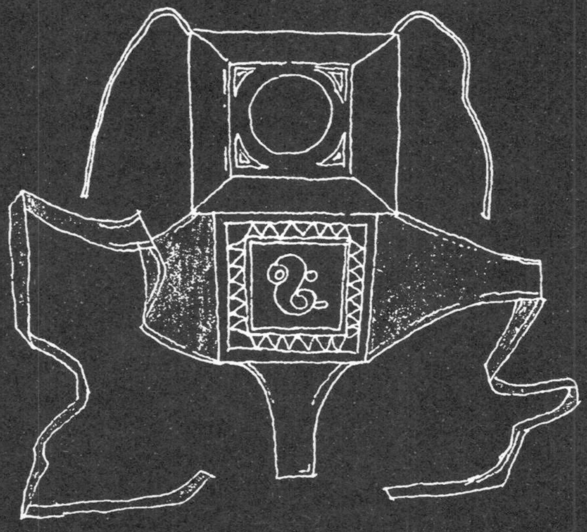

①妈々躬身将娃崽平稳地放在背上，先将背带盖在娃崽的背上，再将长带从娃崽胳膊下穿过，搭过自己肩头，双手紧抓长带。

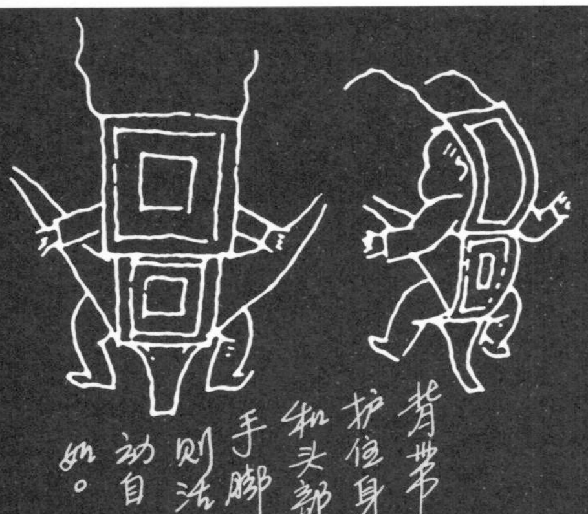

背带护住身和头部，手脚则活动自如。

②左手轻托娃崽的臀部，确认娃崽稳当地靠在背上，双手将长带在胸前中央绞上两转。

③将长带分边绕过背后，在娃崽的臀部后中绞上两转。

④将长带从娃崽胯下绕过，提至腰前。

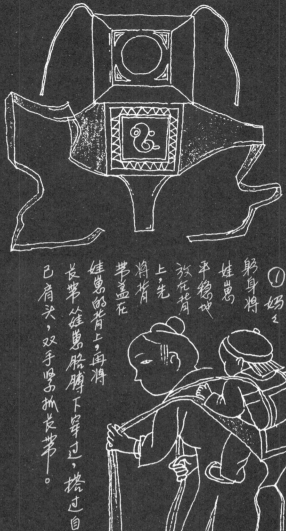

# 娃崽背带

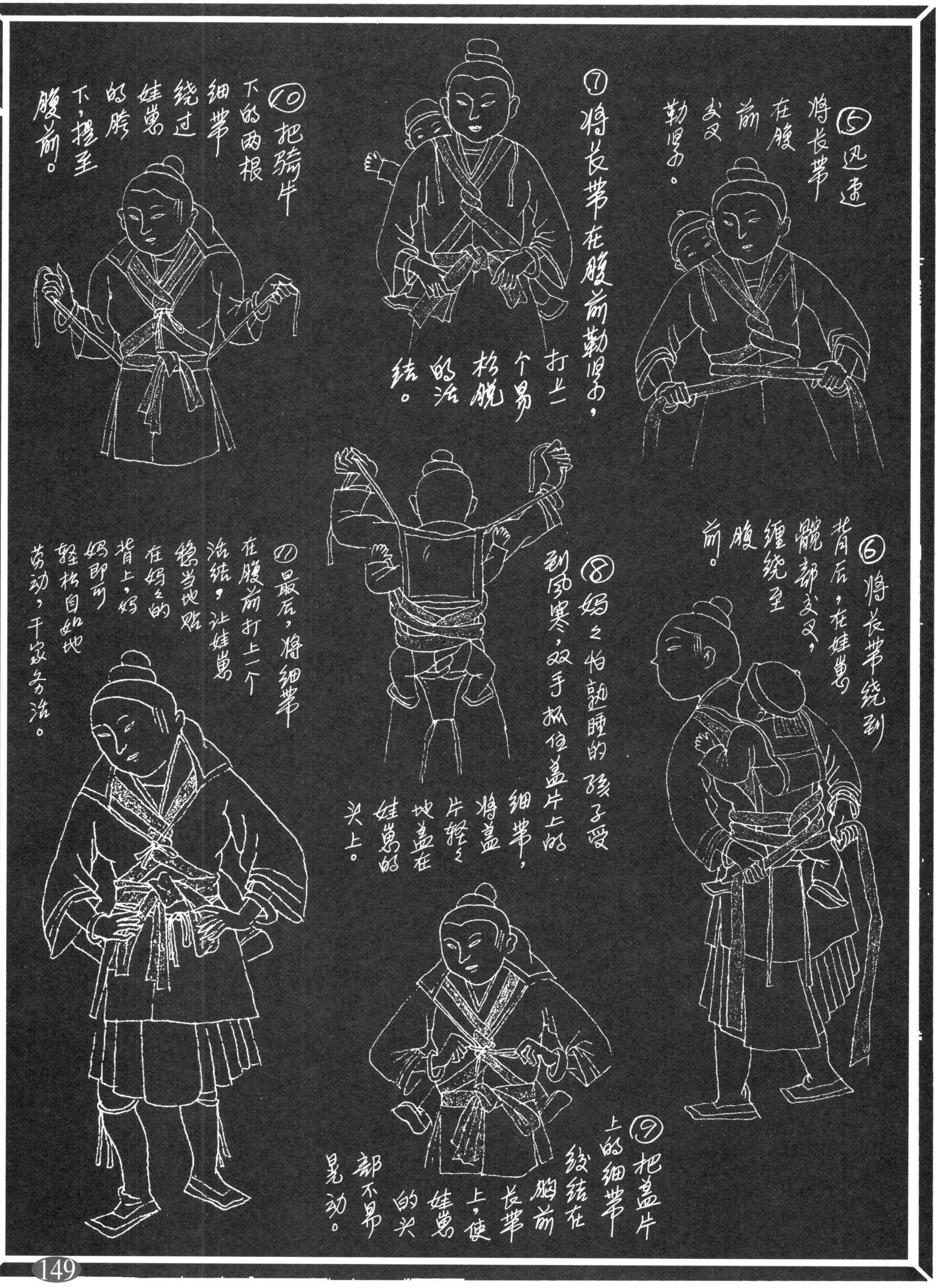
⑤迅速将长带在腹前交叉勒紧。
⑦将长带在腹前勒紧，打上一个易松脱的活结。
⑩把骑片下的两根细带绕过娃崽的胯下，提至腹前。
⑥将长带绕到背后，在娃崽髋部交叉，缠绕至腹前。
⑧妈妈怕熟睡的孩子受到风寒，双手抓住盖片上的细带，将盖片轻轻地盖在娃崽的头上。
⑪最后，将细带在腹前打上一个活结，让娃崽稳当地贴在妈妈的背上，妈妈即可轻松自如地劳动，干家务活。
⑨把盖片上的细带绕结在胸前长带上，使娃崽的头部不易晃动。

## 三江侗族背『侬细』方法

①用抱毯把侬细胳膊以下身子包起来。

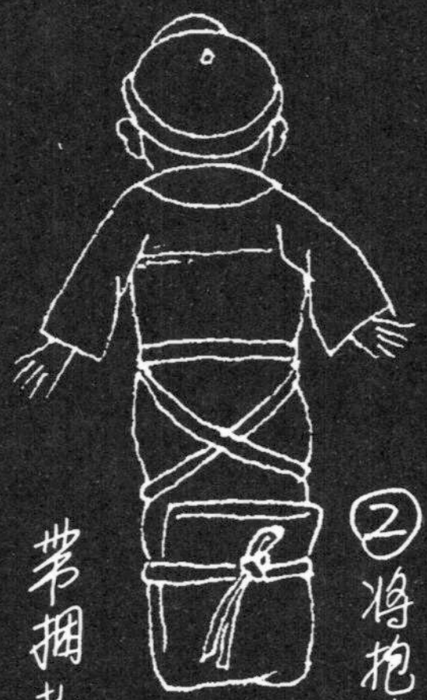

②将抱毯长出来部分翻折至后面，用细带捆扎、固定。

③妈妈将侬细放稳在背上，先将长带从侬细的胳膊下穿过，然后将长带在胸前绕两转。

『侬细』，侗语指未满周岁的娃崽。

④将长带分边绕到背后，在侬细的臀部处交叉勒紧。

⑤再将长带绕至妈妈腹部前勒紧打结。

## 三江侗族背『侬』方法

①将侬对角放在铺平的四方形棉毯上，分开腿。

②将侬胯下的片角折盖至腹前。

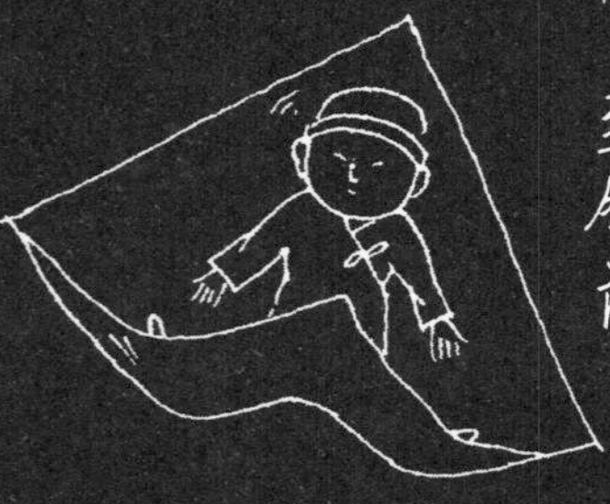

③将棉毯的右面片角折盖至侬腹前。

④左面片角盖在右面片角后，用细带沿中部将其捆牢。

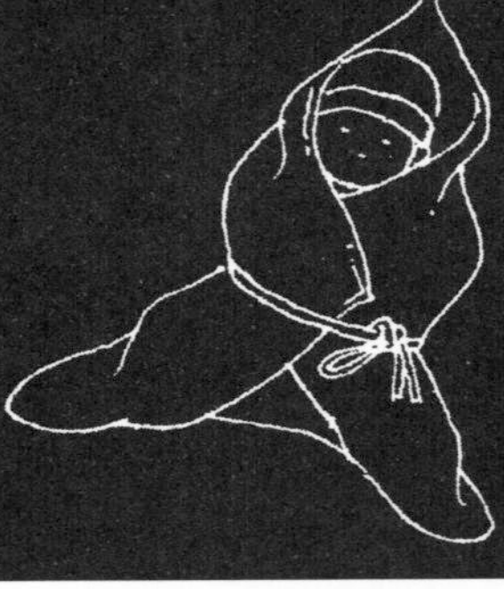

『侬』，侗语指娃崽的意思。

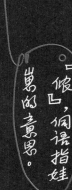

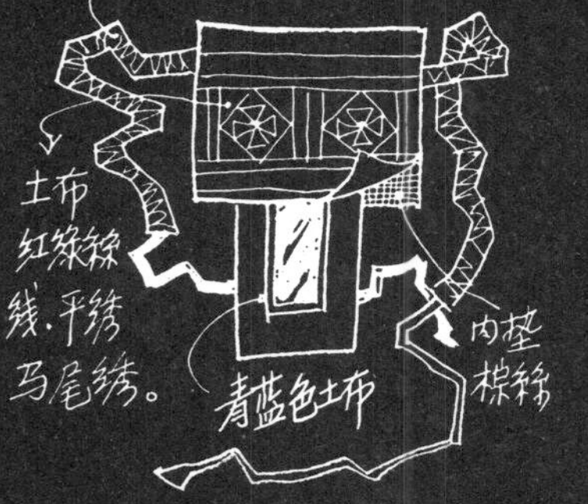


# 清水苗背法

①妈妈躬身，小心将娃崽平稳地放在背上，然后将背带盖在娃崽的背上，手中的长带从娃崽的胳膊下穿过，搭过自己的肩头。

②双手抓紧长带在胸前交叉。

③再将长带分边绕过背面，在娃崽的臀部交叉。

④将长带从娃崽大腿下绕过，提至腹前交叉勒紧。

⑤将长带再次绕到背后，在娃崽臀部稍下部位勒紧，打一个活结，娃崽即舒适稳当地贴靠在妈妈的背上。

⑤妈妈将侬背起，先将背带的长带搭在侬的肩上，搭过自己的肩头，然后，右手抓紧长带，左手将侬托上。

⑥快速地将长带在胸前绕上两转。

⑦将长带绕到后面，在侬的臀部处绕上两转，再绕过侬的腋下，提至妈妈腹前，勒紧后打活结。

三江侗族

# 娃崽背带

南丹壮族

隆林偏苗

巴马布努瑶

南丹壮族

南丹壮族

金秀盘瑶

巴马布努瑶

隆林偏苗

南丹壮族

南丹壮族

南丹中堡苗

# 娃崽背带

三江侗族

南丹壮族

南丹壮族

融水瑶族

南丹壮族

南丹壮族

# 佳崽背带

看山寨母亲怎样背娃崽

终

# 尾声·遥望远方的花背带

文 吕胜中

说了过多的花背带，大约读者也在我自言自语的伴奏下饱览了背带的里里外外、前前后后。我们似乎沉浸在温暖背带的甜梦之中，享受了一次久违的母爱。然而，梦总是要醒，却只不过是一次短暂的民俗文化的『观光旅游』。

我们都已是成人，即使是刚刚出生，也会瞬间融化到现代文明成熟得几乎苍老的肌体之中——这足以成为一个充分的理由挑明梦幻扑灭热情——我及我们的后代恐怕都难以有坐在背带中初次或重复度过童年的可能。那么，我及我们的未来对它的梦游还有意义吗？这个问题会敲着有意无意『观光』了背带的每一个人。

在一次电视谈话节目里，我听到人们对于一个新疆老人尝试制作中国古代『木牛流马』事件的争论。一位十八九岁青年学生的说话给了我更强的敲击。她说：西方有那么多现成的先进科技，赶快去拿过来还来不及呢，怎么还有时间鼓捣这玩艺儿？中国科技就是落后，这玩艺儿在现在能顶什么用？（大意）……

她说得很认真，也很激动，却使我悲凉的心绪倒理出了清醒。

我在对自己说：『拿现成』、『拿来主义』都是当下时髦的字眼。正像中国的四大发明曾推动人类文明的进程一样，西方现代文明的成果也可视之为人类共同创造的财富，我们并非不可使用。但我们不想为世界再做点什么新鲜的了吗？何况西方世界已觉察到了他们自己文明方式中的种种恶果，他们正在反省，正在竭尽全力地纠正。我们

欲吃的现成饭中，是否会有将要被丢弃的残羹剩菜？

我隐隐觉得：如果我们不再简单地相信历史没有纰漏，已对我们民族的传统作过全面而准确的鉴定，我们便会以今天的判断力重新选择；如果我们不再以自闭的眼睛把民族的遗产当成自己的遗产，我们就再也不会是狭隘的民族主义；如果我们不再急功近利一夜暴富，我们就会有长远的自在；如果我们不再愿意当寄生的菟丝，我们就会从脚下的泥土当中汲取，我们就强壮，我们就不会发生全身心的消融……

扯远了，也沉重了，我们还谈背带。

背带是育儿的一种古来已久的方式，它带给母与子很多方便和好处。怎么都市及较为发达些的乡村都不用了呢？

说到育儿，我想起欧洲流行的一种防止小儿吃手而设计的塑料『口塞子』，在中国也已有『引进』。这样的『口塞子』一下子把孩子的嘴堵住了，是『科学』了，没法吃手了，但叫我觉得别扭，多少生出些侵犯人权的味道。不过，去欧洲的时候，我倒是在威尼斯狭窄的巷子里，在柏林地铁的车厢内，不止一次地见到过用宽布带把孩子兜捆在背上或者腹部的男子。倘若西方某家公司将这种方法也作为一种『技术』出口，没见过这本书的年轻人，会不会也不远万里去『引进』使用呢？

有一个黄昏，我站在广西最西北角的隆林县德峨乡一条通往深山的路口，我想在傍晚的秋风之中独自待会儿，沉淀和清理一下几天来采风经历过的激动。一个背着孩子的苗家妇女从我身边擦身而过，向着远方伸延的土路疾步前行渐渐远去。她背上的花背带美丽的花纹却抓住了我的视线，跟随着那团亮着的色彩直到被厚重的暮色遮盖。花背带给了我许多艺术与非艺术的种种诱惑，我却不知道该做些什么。

一位哲人似乎在说：一个成人是不能再变成儿童的，否则就变得稚气了。但是儿童的天真不使他感到愉快吗？他自己不该努力在一个更高的阶梯上把自己的真实再现出来吗？

一九九八年十月二十八日于煤渣屋

终

图书在版编目（CIP）数据

娃崽背带：全2册／吕胜中主编．—2版．—南宁：广西美术出版社，2015.11
（广西民族风俗艺术；1）
ISBN 978-7-5494-1473-4

Ⅰ．①娃… Ⅱ．①吕… Ⅲ．①少数民族—服饰—广西—摄影集 Ⅳ．①TS941.742.8-64

中国版本图书馆CIP数据核字（2015）第259795号

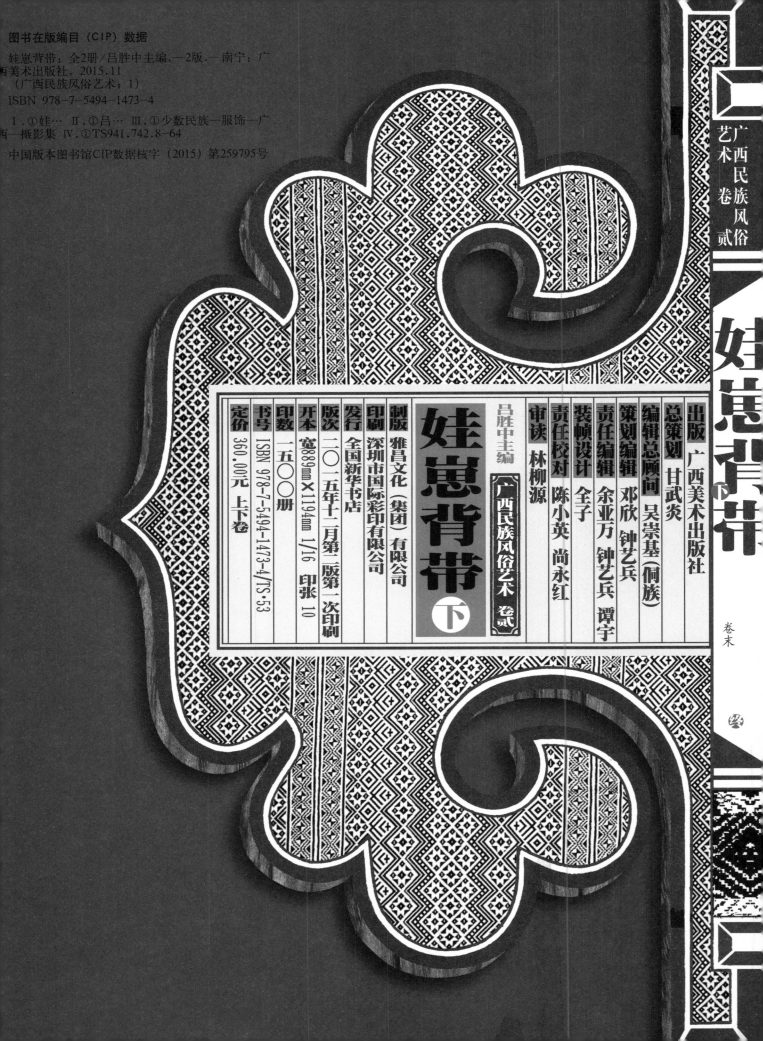

# 娃崽背带（下）

广西民族风俗艺术 卷贰

吕胜中主编

出版 广西美术出版社
总策划 甘武炎
编辑总顾问 吴崇基（侗族）
策划编辑 邓欣 钟艺兵
责任编辑 余亚万 钟艺兵 谭宇
装帧设计 全子
责任校对 陈小英 尚永红
审读 林柳源
制版 雅昌文化（集团）有限公司
印刷 深圳市国际彩印有限公司
发行 全国新华书店
版次 二〇一五年十二月第二版第一次印刷
开本 宽889mm×1194mm 1/16 印张 10
印数 一五〇〇册
书号 ISBN 978-7-5494-1473-4/TS·53
定价 360.00元 上下卷

广西民族风俗艺术 卷贰

娃崽背带（下）

卷末